工程伦理案例分析

黄少波　陶晓玲　编著

西安电子科技大学出版社

内 容 简 介

工程伦理教育已成为当今工程教育体系的重要组成部分。开展工程伦理教育有利于完善工程型人才的素质培养体系，服务社会经济的健康发展，以及建设工程教育强国。

本书以培养学生的工程伦理理念和素质为核心目标，依托工程案例对相关的工程伦理问题进行分析。全书共 10 章，第 1～4 章介绍并分析了工程与伦理，工程中的风险、安全、责任，工程活动中的环境伦理，工程师的职业伦理等工程伦理基本问题；第 5～10 章分别选取土木工程、水利工程、化学工程、核工程、生物医药工程、信息与大数据技术 6 个领域，讨论了相关伦理问题。书中每章前均设置了影片导入和学习目标，并通过案例导入、启发思考、案例分析等多个环节，构建了实践性强的工程伦理案例分析与学习模式。

本书可作为普通高等学校计算机类、机械类、材料类、自动化类等相关专业师生的教材或参考资料。

图书在版编目（CIP）数据

工程伦理案例分析 / 黄少波，陶晓玲编著. -- 西安 ：西安电子科技大学出版社, 2024.12. -- ISBN 978-7-5606-7509-1

Ⅰ. B82-057

中国国家版本馆 CIP 数据核字第 20248ED542 号

策　　划　陈　婷　汪　飞
责任编辑　郭　静
出版发行　西安电子科技大学出版社（西安市太白南路 2 号）
电　　话　（029）88202421　88201467　　　邮　　编　710071
网　　址　www.xduph.com　　　　　　　　电子邮箱　xdupfxb001@163.com
经　　销　新华书店
印刷单位　陕西天意印务有限责任公司
版　　次　2024 年 12 月第 1 版　　2024 年 12 月第 1 次印刷
开　　本　787 毫米×1092 毫米　1/16　印 张　12.5
字　　数　292 千字
定　　价　35.00 元

ISBN 978-7-5606-7509-1

XDUP 7810001-1

*** 如有印装问题可调换 ***

前　言

现代工程规模日益庞大，现代工程对各种现代技术的综合运用深刻影响和改变着人们的生活，这使人们在享受现代科技带来的便利的同时，也承受着现代工程带来的各种潜在风险。现代工程中蕴含的工程伦理问题也越来越受到人们的关注，这对工程专业人员提出了更高要求——工程专业人员除了要具有扎实的理论基础和专业的技术水平外，良好的职业道德素质和工程伦理素养也不可或缺。

高等学校作为培养工程专业人员和卓越工程师的主阵地，在开展工学类专业课程教学的同时，必须注重加强学生的工程伦理教育。从国际上看，工程伦理已逐渐渗透到工程专业教育的培养目标、课程设置、工程科技研究以及工程认证标准之中，课程评价体系不仅要考查学生的工程技术水平，亦着重考虑公众福利、安全需求等工程伦理问题。从国内看，以"卓越工程师教育培养计划"和"新工科建设"为标志的高等工程教育改革，要求毕业生"要具有良好的工程职业道德"。随着经济社会的发展和高等教育的改革，我国的工程教育取得了瞩目的成就，但是工程教育的整体推进不尽如人意，仍有一些亟待解决的问题，需要进一步总结经验，提高工程技术管理水平。

本书以培养学生的工程伦理意识和社会责任感，使其系统掌握工程伦理规范、提升自身的工程伦理素养为目标，从多角度、多行业领域论述了工程伦理问题。本书共 10 章，主要内容包括工程与伦理，工程中的风险、安全、责任，工程活动中的环境伦理，工程师的职业伦理，土木工程的伦理问题，水利工程的伦理问题，化学工程的伦理问题，核工程的伦理问题，生物医药工程的伦理问题，信息与大数据技术的伦理问题。

本书将概念、理论与案例相结合，试图运用案例式分析模式，不断提升学生的伦理意识和伦理素养。书中共分析和讨论了 35 个工程伦理案例，并通过影片导入、启发思考、案例分析等环节，帮助读者理解工程的内涵和意义、培育工程伦理理念并提高运用工程伦理思维解决工程实践问题的能力。

本书由黄少波和陶晓玲编著。在编写过程中，编者参考了大量的工程伦理相关优秀教材、专著和资料，在此向相关作者表示衷心感谢！

由于作者水平有限，书中难免存在不妥之处，恳请读者批评指正。

编　者

2024 年 6 月

目　录

第1章 工程与伦理

【影片导入】《侏罗纪公园》剧情概要

《侏罗纪公园》(Jurassic Park，1993)主要讲述了哈蒙德博士及其他科学家偶然发现了凝结在琥珀中的史前蚊子体内还保留着6500万年前的恐龙血液，便利用现代科学技术提取了血液中的恐龙遗传基因进行修补培育，使灭绝了的史前恐龙在地球上再次复活，并着手在努布拉岛上建立恐龙乐园，即"侏罗纪公园"。在哈蒙德博士打算将努布拉岛建成一个大型游览公园的过程中，他发现了其中潜在的商业价值。为了吸引游客和促进科学研究，他甚至大量人工繁殖了凶猛的食肉恐龙，如迅猛龙和霸王龙，渐渐地，他失去了科学研究的道德和安全伦理意识，变成了一个只看重商业利益的商人。一天，德兰特和伊安·马康姆博士到"侏罗纪公园"参观时，他们隐隐感到一种潜在的危机。果然不出所料，当他们乘坐游览车行至公园正中心部分的时候，一场突如其来的飓风摧毁了岛上的电力通信系统，同时哈蒙德手下的一名员工为了谋私利，企图将某些恐龙基因偷偷带出去，擅自关闭了园中的防护电网和安全系统，导致大批恐龙纷纷冲破防护网，开始对岛上的所有员工大开杀戒，酿成了人间惨剧。

对于该影片，请大家思考如下问题：

(1) 该影片涉及哪些生物技术？

(2) 哈德蒙手下员工的行为是否违背了工程师的职业伦理？

从人类的发展来看，工程实践活动有悠久的历史。可以说，人类社会的发展始终伴随着不同类型的工程行为。埃及金字塔、中国万里长城等闻名遐迩的伟大建筑，既是人类文明的重要遗产，也是古代浩大工程的典范。比如公元前256年李冰父子修建的都江堰水利工程至今依然福泽川蜀。但值得注意的是，在人类文明的发展中，人类大规模改造自然的工程行为不可避免地会涉及人与自然、人与社会、人与人的关系等诸多问题，多重价值追求、不同的利益诉求会导致工程行为选择上的困境和冲突，并引发人们对工程行为的意义与正当性的反思。因此，人类的工程实践不仅是一种改造自然的技术活动，也是一种关系人、自然与社会的伦理活动。这是"工程伦理"作为一门学科建立和发展的现实背景。

对工程伦理的研究始于 20 世纪 60 年代。工程伦理是一门工程学、哲学、伦理学与社会学交叉的新兴学科。在规范性意义上，"工程伦理"指工程中得到论证的道德价值，明确为嵌入工程活动中的"德行"(virtue)和"裨益"(excellence)。在描述性意义上，工程伦理关注的是工程实践中出现的特定伦理问题和伦理困境，通过践行并不断完善伦理规范和规则来实现"有限的伦理目标"，为应对工程中出现的具体伦理问题提供指导。

本章将重点探讨工程和伦理的概念，分析工程实践中可能出现的各种伦理问题，提出处理工程实践中的伦理问题的基本原则。

学习目标

(1) 理解工程的概念、过程及其与技术的联系和区别。
(2) 分析工程实践中的伦理问题。
(3) 掌握处理工程实践中的伦理问题的基本原则。

1.1　工　程　概　述

"工程"一词最早出现在中国南北朝时期。在西方，"engineering"(工程)首次出现在 18 世纪的欧洲，来源于拉丁文 ingenium(表示古罗马军团使用的撞城锤)。探讨工程伦理问题，分析人类工程实践中出现的伦理困境，首先要明确"工程"的概念。

1.1.1　工程的概念

工程最初主要用于指与军事相关的设计和建造活动。近代之后，工程的含义越来越广泛。学界对工程的概念存在各种说法，学者徐长福认为工程是一种成规模的建造活动；学者李伯聪认为工程是包括设计、制造活动等的大型生产活动，与科学、技术有密切联系，是通过集成-建构或造物形成"人工实在"的过程。虽然各学者对其定义有所区别，但都认为工程的本质在于利用各种要素进行造物，强调工程的目的是人类利用各种要素能动地改造自然、创造人造物。

1828 年，托马斯·特雷戈德(Thomas Tredgold)提出了"工程"的定义，认为工程是驾驭源于自然界的力量以供人类使用并为人类提供便利的艺术。这一定义有以下特点：第一，把工程看作通过控制和变革自然界以驾驭和利用自然界力量的工具和技能；第二，突出工程的最终目的是为人服务，为人们更好地利用自然界提供便利；第三，强调工程是一种艺术或创造，并不限于军事方面。

随着工业化进程的推进，人类对于自然力量的控制和利用越来越紧密地与近代以来的科学发现和技术发明联系在一起，因此，工程往往也被视为对科学和技术的应用。1998 年，美国工程与技术资格认证委员会对工程职业作出界定：工程职业是通过研究、经验和实践所得到的数学和自然科学知识，开发能有效利用自然的物质和力量，为人类利益服务的职业。

在现代社会，工程概念的应用更加广泛，也形成了狭义和广义的工程概念。

(1) 广义的工程概念：工程是由一群人为达到某种目的，在一个较长周期内进行协作活动的过程。这种广义的概念强调众多主体参与的社会性，如"希望工程"等。

(2) 狭义的工程概念：工程是以满足人类需求这一目标为指向，应用各种相关的知识和技术手段，调动多种自然与社会资源，通过一群人的相互协作，将某些现有实体(自然的或人造的)汇聚并建造为具有预期使用价值的人造产品的过程。狭义的工程概念不仅强调多主体参与的社会性，而且主要指针对物质对象、与生产实践密切联系、运用一定的知识和技术得以实现的人类活动，如"三峡工程""载人航天工程"等。

1.1.2　技术与工程

进入现代社会后，人们的工程活动都要以技术为基础，对技术的选择和应用直接或间接地影响工程的进步及发展方向。因此，在进一步研究工程伦理的相关问题之前，必须先厘清技术与工程之间的联系与区别。

在西方文化中，技术意指对造型艺术和应用技艺进行论述；当它首次在 19 世纪的英国出现时，主要指各种应用技艺。在我国 1979 年版的《辞海》中，"技术"被解释为"人类在利用自然和改造自然的过程中积累起来并在生产劳动中体现出来的经验和知识，也泛指其他操作方面的技巧"。学者陈昌曙认为，技术是指"生产过程中的劳动手段(如设备)、工艺流程和加工方法，属于社会的物质财富和创造物质财富的实践领域，是劳动技能、生产经验和科学知识的物化形态"。

在古代西方历史上，"工程"一词特指的是军事工程，但就工程作为具体建设项目而言，古代的房屋、道路、水利、作战器械等的各项建造或制作均属工程范围。在中国，"工程"一词最早出现于《新唐书·魏知古传》，指的是金仙观、玉真观这两个土木构筑项目的施工进度。到了明清时期，"工程"主要指宫室、庙宇、运河、城墙、桥梁、房屋的建造等，强调施工过程和结果。例如清刘大櫆《芋园张君传》："相国创造石桥，以利民涉，工程浩繁，唯君能董其役。"近代之后，"工程"被广泛看作人类利用自然界的资源、应用一切技术的生产、创造、实践的活动。

从以上对"技术"和"工程"的分析来看，技术和工程之间既有区别又有联系。二者区别主要表现在：

(1) 二者内容和性质不同。技术是以发明为核心的活动，它体现为人类创造世界的方法、技巧和技能；工程则是以建造为核心的活动，"工程的建造过程，也就是科学、技术与社会的互动过程，并最终在工程中发挥科学、技术的社会功能，实现其价值的过程"。

(2) 二者的"成果"的性质和类型不同。技术活动成果的主要形式是发明、专利、技术技巧和技能(显现为技术文献或论文)，它往往在一定时间内是有"产权"的私有知识；工程活动成果的主要形式是物质产品、物质设施，它直接地显现为物质财富本身。

(3) 二者的活动主体不同。技术活动的主体是发明家，工程活动的主体是工程师以及工人、管理者、投资方等。

(4) 二者的任务、对象、思维方式不同。技术是探索出的带有普遍性、可重复性的"特殊方法"，技术活动是利用科学原理和技术手段的发明创造过程。任何技术方法都必须具有"可重复性"。但是，任何工程项目都是一个相对独立完整的活动单元，其目的明确，在时间、空间上分布不均匀，规模一般比较大，需要周密的分工合作和严格的管理，牵涉组织、管理、体制、文化等因素，具有独一无二的特征。

虽然技术与工程之间存在差异，但是也有紧密联系。首先，它们都是以满足人类的某种需要为目的，都是人类在认识世界的过程中为了获得更为优质的生活而改造世界的活动。其次，任何时代的工程活动都要以那个时代的技术为基础，工程要对技术进行集成。同时，工程也必然成为技术的重要载体，并使技术的本质特征得以具体化。"当作为过程的技术在工程中被集成时，动态的技术在集成过程中要经历形态的转化，要与工程过程中的相应环节匹配、整合，而被集成为'在场'技术，即'工程技术'。"可以说，技术是工程的手段，工程是技术的载体和呈现形式，技术往往包含在工程之中。

1.1.3　工程的生命周期

从古至今，人类的工程实践都是历史的、动态的过程。

一般而言，立项、规划设计、实施和结束这四个环节构成了工程(项目)的完整生命周期(如图 1-1 所示)。其中，工程的立项环节包括工程设想的提出和决策两个部分，解决的主要是工程建造的必要性和可行性问题。在工程立项通过之后，就进入了工程的规划设计环节，工程的设计思路、设计理念以及具体施工方案设计等都在这一环节得以确定。工程的第三个环节是实施环节，包括工程施工、安装、验收等具体步骤，是根据工程设计来进行改造和重构的过程。工程通过验收之后并不意味着工程生命周期的结束，接下来还包括结束环节，结束环节需要进行文件整理、验收、移交、解散组织等工作。这四个环节密不可分，互相影响，共同构成了工程的整个生命周期。

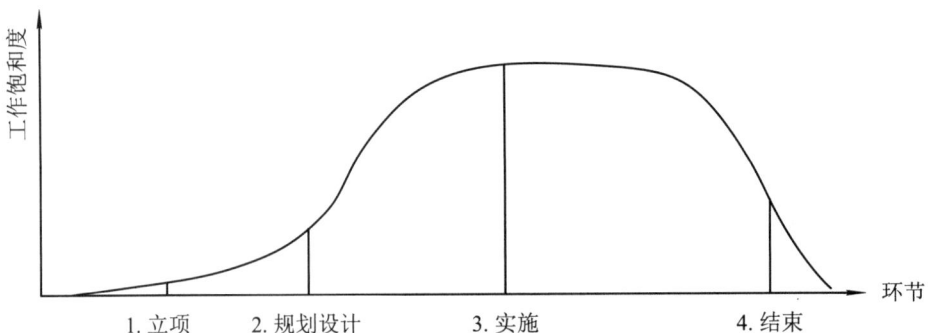

图 1-1　工程项目生命周期图

1.1.4　工程活动的维度

工程活动是非常复杂的，单从一个视角理解会比较困难，因此，需要从多维度去理解工程活动。

1. 哲学的维度

从哲学的维度理解工程,主要涉及对工程的本质、工程的价值、工程师及其相关人员的责任等问题的反思。什么是工程?工程的意义和价值何在?这是工程的两个基本哲学问题。什么才是好的工程?工程师应如何更好履行职责?这是工程师作为工程的主要参与者所要明确的重要问题。同时,还要考虑工程的合理性以及工程对生态是否产生重要影响,从哲学的视角看待工程可能产生的伦理问题,达到造福人类的价值指向。

2. 技术的维度

工程活动的完成依赖于技术的进步。从工程的立项到结束的整个周期内,为了体现更新的设计理念、更优良的工程品质,工程师和其他相关人员会寻求最佳方案,探索新材料和新技术。例如,神舟飞船的密封圈采用双圈设计,经过 6 年攻关,不仅解决了普通材料在低温环境中的"脆变"特性以及长期工作后材料老化等一系列问题,还为航天员打造了一条"密不透风"的生命通道。工程不只是简单地应用技术,而是要创造性地把各种先进的技术"集成"起来,共同实现新的人工建造物。

3. 经济的维度

"经济"是理解工程活动的常见视角之一,事实上,具有重要的经济价值往往是表征工程意义的重要指标。很多工程能够立项并得以实施,主要是因为会带来显著的经济效益。比如,中国航天事业取得的成绩,对我国经济发展的贡献是毋庸置疑的。一方面,科技是第一生产力,航天科技的发展推动了国民经济的发展,为我国转型升级提供了动力;另一方面,航天科技的发展也促进了我国自主创新能力的提高,扩大了中国卫星的市场,带来了新的商机。

4. 生态的维度

近年来,从生态环境的视角理解工程项目受到广泛关注,因为是工程活动的实施会对生态环境平衡造成不可逆转的影响。从历史上看,自古至今,土地沙化一直是人们面临的重大社会环境问题,加之人为活动的影响,部分地区水土流失、植被破坏均较严重。此外,采矿、冶炼等工程活动也会对生态环境造成严重影响。例如,一直饱受争议的怒江水电开发项目,反映出公众对当地自然生态环境、生物多样性保护的关注。随着现代化工业进程的发展,科学技术对自然的改造强度日益增大,对生态环境的维护越来越值得重视。

5. 管理的维度

由于工程往往需要众多的行动者共同参与,而且需要较长的实施周期,因此,如何根据工程的需要最有效地把众多的行动者、可利用的资金和自然资源等组织起来,使工程的不同环节、相继的时间节点实现高效协同,就成为工程实践中必须面对的重要问题。新时代背景下,国内工程领域已经形成了一套具有自己风格特点的管理方法,各主体之间协同配合,有序开展工作,以解决复杂的工程问题。

【案例导入】一组数字回顾中国载人航天 30 年

2022 年 11 月 30 日 5 时 42 分，神舟十五号载人飞船与空间站组合体成功交会对接，航天员乘组从飞船返回舱进入轨道舱。7 时 33 分，神舟十四号航天员乘组顺利打开"家门"，欢迎神舟十五号航天员乘组入驻"天宫"，我国两个航天员乘组首次实现"太空会师"！从无人飞行到载人飞行，从一人一天到多人多天，从舱内实验到出舱活动，从单船飞行到组合体稳定运行，从航天大国迈向航天强国，中国载人航天"三十而立"，诠释"中国速度"，一组数据回顾中国载人航天的 30 年，如表 1-1 所示。

表 1-1　中国载人航天的 30 年

16 名	第 3 个
从"神五"到"神十五"，已有 16 名中国人飞上太空	我国是第 3 个掌握飞船"天地往返"技术的国家，也是第三个能够独立开展有人参与的空间科学试验的国家
6 人	**100 吨级**
"神十五"与"神十四"在轨会面，两批 6 名航天员在太空历史性"握手"	随着天舟五号和"神十五"的成功发射，我国空间站的重量将达到 100 吨级
2 小时	**超 200 天**
从发射到成功对接空间站组合体，天舟五号只用了 2 小时，创造了世界最快交会对接纪录	"神十四"航天员陈冬成为我国首位在轨时间突破 200 天的航天员
6000 万	**30 周年**
2013 年 6 月 20 日，航天员王亚平在距地面 400 公里的太空为全国 6000 多万名学生进行太空授课	从无人飞行到载人飞行，从一人一天到多人多天，从舱内实验到出舱活动……中国载人航天"三十而立"

启发思考

(1) 如何理解工程的定义？从哪些维度认识工程现象？
(2) 完整的工程周期包括哪些环节？

案例分析

中国载人航天工程是我国空间站建设的重要工程，其生命周期包括计划、设计、建造、使用和结束这 5 个环节。在发射、飞行、对接空间站、返回地球的整个过程中，每个环节都存在意外风险，为将事故发生的可能性降到最低，工程师必须精益求精。神舟飞船由 3 个舱段组成，每个舱段在不同阶段应行使什么职能，应在原有基础上作何改进等一系列问题，要在这一环节得以明确。神舟工程竣工并完成验收之后，即可正式投入使用，执行飞天任务；在完成飞天任务返回地球后，返回舱一般不会再继续使用，如有特别需要，再使用时必须重新规划。工程既具有社会性，又具有探索性，且与伦理问题紧密相关。

1.2　工程实践中的伦理问题

1.2.1　工程伦理

人类的工程实践不仅是一种改造自然的技术活动，也是一种关涉人、自然与社会的伦理活动，任何人类活动的领域都不可避免地要进行行为决策，不可避免地涉及价值评价和取舍，这就是伦理问题。在中国文化中，"伦理"的"伦"既指"类"或"辈"，又指"条理"或"次序"，常引申为人与人、人与社会、人与自然之间的关系。"理"即道理、规则。顾名思义，伦理就是处理人与人、人与自然的相互关系时应遵循的规则。工程伦理是指从事工程的人，包含工程师、从事工程业务及就读工程专业的人，对于专业训练或所遭遇的工程专业事务作出合理且符合道德的判断。

工程实践过程中为什么会产生伦理问题？因为工程实践不仅涉及与工程活动相关的工程师、其他技术人员、工人、管理者、投资方等多种利益相关者，还涉及工程与人、自然、社会的共生共在，存在着多重复杂交叠的利益关系。比如，有的工程建设目的不是服务大众，而是最大限度地获取利益；有的工程在建设过程中缺乏工程伦理思想，工程设计变成了牟利的手段；有的工程在建设实施过程中缺少对工人的伦理关怀，工程开发商和工程师往往只是从自身利益出发，只关注自身利益；有的工程建设企业过分追求利润导致其他伦理缺陷，在工程建设中往往只看到其中的经济价值，而忽略其伦理和文明要素；等等。

虽然工程活动的第一本性不是伦理活动，但任何工程活动中都必然蕴涵着一定的伦理目标、伦理关系和伦理问题。世界上不可能存在与伦理无关的工程。如果丧失或轻视伦理，就会出现危害社会的不道德的工程。

1.2.2　工程实践伦理

1. 公平与公正问题

实现社会公平与公正是公民的共同期待，也是工程实践活动的目标，需要工程师花费时间和精力去践行。

第一，公平与公正意味着正义。从哲学的领域理解工程实践中利益的含义，利益不仅指工程师的利益、小团体的利益，而且指上升到正义层面的利益，要求工程师考虑事情和解决问题时，不应只从自身利益出发，同时也要结合道德的标准来衡量和限制思想和行为。为完成某项工程，雇主委托工程师成为某专业技术的代理人，通过一系列工程活动为雇主创造利益。但是，囿于种种因素，雇主的出发点往往不是代表整个社会的利益，而是代表少部分人的利益。此外，工程师的利益与雇主的利益有时也存在互相矛盾的情况。这种情形下，工程师遵循公正原则显得十分重要。

第二，公平与公正意味着平等。公平要求每一位参与者要不分年龄、性别、社会地位等因素地参与工程实践活动，工程师也应无偏见地为参与者提供相应的服务，使全体社会成员平等地获得利益。

2. 责任与义务问题

工程师的活动影响人类社会的发展进程。出于各种因素，工程师的活动会给人类带来积极或消极的影响。从积极影响看，工程师在工程实践中的正当活动加速了人类社会发展进程，为人类物质文明的发展作出了重大贡献；从消极影响看，工程师从事工程活动更多是为了提高劳动生产率，获得更大的经济利益，但往往却忽视了对环境的保护。因此，工程师应该统筹环境、经济、社会发展的关系，避免技术问题对环境、经济、社会带来的危害。

工程师的责任与义务是相辅相成的，责任需要通过履行义务来实现。第一，工程师要承担起保护自然生态环境、维护良好生态系统的义务。如果因为工程技术的实施而造成严重的环境污染和生态破坏，就会与工程师的义务相悖。因此，作为工程活动的第一负责人，工程师有义务规避因工程实践对生态环境和社会可持续发展带来的不利影响。第二，工程师有遵守职业道德的义务。工程师要有追求真理、公平公正、诚实守信的工程伦理精神。工程师不应当在脱离实际或为了谋取私利、不履行职责的情况下，开展工程设计或应用新技术。

3. 目标与风险问题

工程实践的最核心目标是以人为本。工程实践活动涉及更多的是物质领域，但绝不能"以物为本"，必须"以人为本"。工程实践活动的根本宗旨是造福社会、服务人类。如果偏离了目标，势必会给人类社会及自然界带来很大的危害。许多专家学者认为：工程是一把双刃剑。如果工程实践活动按照相关制度规定科学有序地进行，那么工程会给社会和人类带来极大福祉；反之，将会给社会、人类、自然界带来极大灾难。事实上，任何工程活动都存在一定的风险，如果工程师具有强烈的安全防范意识，那么在一定程度上能避免不必要的安全事故发生。近些年来，安全生产事故频频出现，这警示我们：安全无小事，务必牢记于心。因此，风险问题在工程实践中值得重视。

【案例导入】怒江水电开发的争议

2003 年国家发展改革委组织评审并通过了由云南省完成的《怒江中下游水电规划报告》，该规划中提出以松塔和马吉作为龙头水库，修建 13 座大坝，实现年发电量 1029.6 亿度的目标。由于各种声音争议不断，在怒江上修建 13 座水坝的最初计划被搁置，但接踵而至的是各个参与者之间的博弈，至今未息。

怒江水电的开发，一如当年三峡水电一样，引发了巨大争议。反对者坚称，目前中国只有怒江和雅鲁藏布江还保持着原始生态，不宜开发。支持者称，怒江发展水电，有助于优化中国电力的供应结构。

此后怒江水电规划被搁置 10 年之久。不过据记者了解，怒江水电站开发的前期准备工作，一直在低调进行。比如，华电怒江先后成立六库、赛格、亚碧罗等水电站筹建处，也成立了六丙公路建设公司 4 个下属单位。

尚在开展的怒江水电的前期工程还有投资 150 亿元的南坝怒江大桥、2013 年贯通的怒江大峡谷隧道等。而导致这一政策变化的主因是各参与者间的博弈。怒江水电站的利益相关者，包括发改委、云南地方政府及华电集团，也包括生态环境部、媒体、环保人士等。其中，方案是由发改委、能源局和水利部门负责的，而云南各地方政府则基于经济发展的考量，成为怒江水电开发的推动者。

发源于唐古拉山的怒江，水能资源十分丰沛，是中国重要水电基地之一。2002 年，怒江全州地方财政收入仅为 1.05 亿元，而据测算，怒江水电开发建成后，每年地方财政收入将增加 27 亿元，仅怒江州每年地方财政收入就将增加 10 亿元。不难理解，该大型工程即便被短暂叫停，但其前期准备工程却"犹抱琵琶半遮面"地进行着，停不下来。

官方数据显示，截至 2008 年，就有 45 家企业进驻怒江，开发中小水电站，协议开发 65 条河流，总投资 60 多亿元。

(素材来源：中国经济网)

启发思考

(1) 从工程伦理的角度分析，怒江水电站开发为何会引发广泛争论？

(2) 面对怒江水电站开发涉及的移民问题，应如何解决？

(3) 如何推进工程实践的科学合理决策？

案例分析

1. 怒江水电开发的争议

怒江发源于青藏高原的唐古拉山南麓，其中下游河段径流丰沛且稳定、落差大，所经区域交通便捷，水电能源富集，其潜在的科学价值、生态价值与经济价值不可估量。因此，支持者和反对者就怒江水电开发的利弊关系各执一词。

支持者认为利大于弊。理由主要包括：① 我国水电资源丰富，但存在利用率低的问题，加之煤炭发电不仅破坏环境，而且影响我国的可持续发展；② 西南地区是我国水电能源的富集地，怒江原始生态流域保存相对完好，且已规划开发；③ 怒江水电开发将成为当地的支柱产业，支撑当地的经济发展与增长；④ 怒江水电开发不仅能带动交通产业的发展，还能提供大量的就业机会，促进当地财政收入，提高经济发展水平。

反对者认为弊大于利。理由主要包括：① 怒江作为中国的世界自然遗产之一，有其独特的自然资源，因此必须重视对自然遗产的保护；② 怒江物种丰富多样，是全球生物多样性最丰富的地区之一，保护生态环境有利于生物多样性的保护；③ 从国家长期生态安全的目标出发，怒江作为我国仅有的两条生态河流之一，必须予以保护；④ 怒江水电开发会涉及移民搬迁问题，如果处理不当，会加剧当地公众的贫困程度，损害公众利益。

2. 怒江水电开发涉及的伦理关系

1) 同代人之间的伦理

同代人之间的伦理之争主要涉及利益与成本的分配关系。如何公平分配怒江水电开发项目建设的利益与义务、利益与风险，是工程建设主体要重视的问题。具体来讲，怒江水电开发带来的收益如何分配，产生的风险由谁承担。由于怒江水电开发项目涉及多方参与，除工程方直接参与外，所在地居民也受益于怒江水电项目的开发，因此利益分配与风险承担面临难题。

2) 隔代人之间的伦理

从某个角度而言，资源是大自然给予的馈赠，不只属于当代人，也属于后代人。因此，每一代人都是资源的享有者、使用者和保护者，都有开发和利用的自由，但同时也有保护后代人使用资源的责任与义务，这是代际的延续，也是资源的延续。每一代人都会根据自身的发展要求开发和利用资源，但是这种开发和利用不能以牺牲后代人的权利为代价。因此，水电开发过程中必须考虑代际公正的问题。

3) 人与自然之间的伦理

生态中心论要求人们在进行工程活动时，必须尊重自然，顺应自然发展规律，合理利用和改造自然，实现人与自然的和谐共生。从项目规划到项目实施，都应竭力避免对环境、生态造成破坏，避免因对资源的过度开采和利用而导致生态环境的恶化。如果人类在开发过程中不重视对自然环境的保护，开发活动超出生态系统所能承载的能力，那么灾难就可能降临到人类身上。

4) 民俗文化保护伦理

怒族和独龙族是怒江州仅有的少数民族，怒族有约 3000 年的居住历史。除"三江并流"被列入世界自然遗产名录、建设三江并流保护区以外，怒江还有多个国家级非物质文化遗产。民族文化是怒江人文旅游资源的重要组成部分，水电的开发和移民将带来一系列问题，可能会对当地极具特色的民俗文化造成一定程度的破坏。

1.3 正确处理工程实践中的伦理问题

1.3.1 处理工程伦理问题的基本原则

1. 人道主义——处理工程与人关系的基本原则

人道主义是关于人的本质、使命、地位、价值和个性发展等的思潮和理论，它是一个发展变化的哲学范畴，其核心要义是尊重生命，尊重人的价值。人道主义提倡关怀和尊重，主张人格平等，以人为本。在工程伦理范畴，人道主义包括两条基本原则，即自主原则和不伤害原则。自主原则指的是所有的人享有平等的价值和普遍尊严，有权力决定自己的最佳利益——保护隐私、知情同意。在互联网、信息相关行业需要谨遵隐私保护原则，在医学工程和计算机工程领域要遵守知情同意原则。不伤害原则指的是人人具有生存权，要维护人的权利、重视生命价值，尽可能避免给他人造成伤害。这是道德标准的底线原则，无论何种工程都强调"安全第一"，即必须保证人的生命安全。

2. 社会公正——处理工程与社会关系的基本原则

公正，即公平正义，是人们普遍的价值追求和行为守则。社会公平，体现的是人们之间一种平等的社会关系，包括生存公平、产权公平和发展公平。在工程实践中，社会公正原则用以协调和处理工程与社会各个群体之间的关系，即尽可能做到公正与平等，尊重和保障每一个人的生存权、发展权、财产权和隐私权等。在工程的设计与建造过程中，社会公正表现为，一方面兼顾强势群体与弱势群体、主流文化与边缘文化、受益者与利益受损者、直接利益相关者与间接利益相关者等各方利益，另一方面关注不同群体的身心健康、未来发展、个人隐私等受到的影响。

3. 人与自然和谐发展——处理工程与自然关系的基本原则

人与自然是生命共同体。人因自然而生，人与自然是一种共生关系。20 世纪发生的世界十大环境公害事件证明，人类对大自然的伤害最终会伤及人类自身，这是无法抗拒的规律。在工程实践中，保持人与自然的和谐发展是处理工程伦理问题的重要原则。这种和谐发展不仅仅意味着在工程实践中注重环保、尽量减少对环境的破坏，还要转变发展方式，更加积极主动地尊重自然、保护自然、呵护自然。人类的工程实践必须遵循两大规律，一是自然规律，如物理定律、化学定律等，这些规律具有相对确定的因果性，可以提前预判与预防不良后果，例如建筑不符合力学原理就会坍塌，化工厂排污处理不得当就会污染环境；二是自然的生态规律，这些规律具有长期性和复杂性，例如大型水利工程(之前案例讨论的怒江水资源开发利用争议)、大型垃圾填埋对水系生态系统和土壤生态系统的影响，往往需要多年后才得以显现，后果也最严重。因此，要实现人与自然和谐发展，工程的决策者、设计者、实施者以及使用者都应了解和尊重自然的内在发展规律和自然的生态规律。

1.3.2　工程实践中的伦理问题解决方法

1. 培养工程实践主体的责任伦理意识

责任伦理是工程实践的一种固有属性，蕴含在工程实践主体与客体的相互作用中。

第一，培养过程责任伦理意识。在工程活动目标选择论证阶段，工程实践主体需要培养较强的环境责任伦理意识，除要考虑经济效益外，更要考虑社会效益和生态效益；在工程活动决策阶段，工程实践主体需要培养较强的协调责任伦理意识，做好"外协调"和"内协调"工作；在工程活动设计阶段，工程实践主体需要培养较强的"考虑周全的"责任伦理意识；在工程活动组织与实施阶段，工程实践主体需要培养良好的质量与安全责任伦理意识；在工程活动验收与评估阶段，工程实践主体需要培养良好的诚信与公正责任伦理意识。

第二，培养共同责任伦理意识。工程共同体是由工程师、工人、投资者、管理者、其他利益相关者等多种不同类型的成员组成的，一项优质工程的完成需要"工程共同体"的全体成员的集体努力。在工程活动中，各类成员要相互监督、协同合作，培养共同责任伦理意识。

2. 广泛普及工程伦理教育

"修身、齐家、治国、平天下"是儒家学说的精髓所在，其中修身主要是指提高自身的道德水平和知识水平。在高校，通过开设工程伦理课程，提高学生对工程伦理的认知水平。在社会活动中，将社会主义核心价值体系与工程伦理知识相结合，广泛普及宣传和推广工程伦理教育，拓宽工程伦理的认知渠道，增强公众的工程伦理意识。就传播途径的维度而论，课堂教育是工程伦理普及的重要途径。此外，还要发挥互联网等新媒体的传播优势，让公众在日常生活中更多接触工程伦理案例并加深对工程伦理的认知。

3. 建立健全相关法律体系

对不适应工程实践的法律法规及时进行修订，提高法律法规的规范性和约束性，是预防和处理工程实践伦理问题的重要举措。在修订相关法律法规的过程中，应及时公开最新的法律法规细则，多听取参与工程实践的工程师的意见建议，广开言路、博采众长。之后，由政府组织权威专家对意见建议进行讨论评审，并及时报请立法机关审议。这些过程需要多方人员的共同参与和努力。新修订的法律法规要符合和保障人民群众的切身利益，并有效约束和规范工程师的思想和行为，务必做到有法可依、有法必依、执法必严、违法必究，用法律约束和规范工程实践者的行为。

【案例导入】美国俄亥俄州火车脱轨事故引发当地居民集体诉讼

2023年2月20日，据美国国家广播公司(NBC)报道，美国俄亥俄州诺福克南方铁路公司发生火车脱轨，这导致有毒化学物质泄漏，引发东巴勒斯坦居民集体诉讼。

报道称，目前已出现至少6起针对诺福克南方铁路公司的集体诉讼，起诉的多数原因为大量接触致癌化学物质氯乙烯，以及因被疏散而失去收入。当地工人反映，在重返工作岗位后他们出现喉咙痛和胸部疼痛的症状，但他们在事故发生两天后就被告知可以返回工作岗位。诺福克南方铁路公司称，除了正在进行的清理工作外，已向受影响的家庭和企业提供超过200万美元的经济援助。该公司表示暂不对诉讼进行评论。据悉，美国环境保护署将氯乙烯归类为致癌物，频繁接触会增加患肝癌或肝损伤的风险。

美国的基建不差，而且很全，就是太老了。美国铁路就是美国基建的缩影：系统完整，十分老旧，常出小毛病。最重要的是，这些老旧的基础设施，既不能建新的，也没法翻修。美国交通部长承认，1990—2021年，美国火车平均每年脱轨1705次，平均一天4.7次。

2023年2月3日，美国俄亥俄州哥伦比亚纳郡东巴勒斯坦村，一列载有有毒化学物品的货运火车脱轨，导致运输的危险化学品氯乙烯泄漏，毒气四散，引发全球关注。这种事故的最好处理方式，本来是采用倒罐法，将渗到地里的土挖走，流到湖里的湖水抽干，统一吸纳到罐车里集中处理，不能影响周边环境。但诺福克公司并没有这么做，他们将泄漏的氯乙烯排进一个坑道，就地引爆，导致周围发生严重污染，才有了我们在新闻上看到的，烈焰与乌云的景象。

🖉 启发思考

美国俄亥俄州火车脱轨事故引发当地居民集体诉讼，说明处理工程伦理问题时必须遵循什么基本原则。

🖉 案例分析

美国俄亥俄州火车脱轨事故中，无论是美国政府，还是诺福克南方铁路公司，都没有遵循工程伦理问题应坚持的三个基本原则：人道主义、社会公正、人与自然和谐发展。明知铁路设施破旧、存在安全隐患却不作为，利用有安全隐患的铁路设施运送有毒的危险品不作预案，事故发生后没有及时妥善处理，忽视自然的生态规律，污染环境，给百姓身心健康造成极大的影响，以至于不得不诉诸法律来保护自己的生存权和健康权。这个事故提醒我们，工程实践要坚持以人为本，恪守工程伦理底线，培养工程实践主体的责任伦理意识，在社会上广泛普及工程伦理教育，建立健全相关法律体系，守护百姓的幸福生活。

思 考 与 讨 论

1. 结合工程活动的特点，思考工程实践中为何会出现伦理问题。
2. 结合本章案例，思考并讨论应如何妥善处理可能遇到的工程伦理问题。

本 章 小 结

工程是为满足人类需求，利用各种要素和手段，调动一切资源，通过一群人的相互协作，改造或建造产品的过程。工程实践不仅是应用科学和技术改造物质世界的自然实践，也是改进社会生活和利益关系的社会实践。工程实践不仅涉及工程师、技术人员、公众等多种利益相关者，还涉及工程与人、自然、社会的关系。工程实践是一项具有风险性的活动，并且风险无处不在，可从哲学、技术、经济、生态、管理等多个维度去理解工程行为。

工程实践中的伦理问题主要包括公平与公正问题、责任与义务问题、目标与风险问题。我们只有遵循人道主义、社会公正、人与自然和谐发展的基本原则，从培养工程实践主体的责任伦理意识、广泛普及工程伦理教育、建立健全相关法律体系三个层面出发，才能顺利解决工程实践中的伦理问题。

本章参考文献

[1]   徐长福. 工程问题的哲学意义[J]. 自然辩证法研究，2003，19(05)：34-38+74.

[2]   李伯聪. 工程与工程思维[J]. 科学，2014，66(06)：13-16+4.

[3]   李伯聪. 工程哲学：回顾与展望[J]. 哲学动态，2021(01)37-39.

[4]   杜澄，李伯聪. 工程研究：跨学科视野中的工程[M]. 北京：北京理工大学出版社，2004.

[5]   陈昌曙. 陈昌曙技术哲学文集[M]. 沈阳：东北大学出版社，2002.

[6]   张秀华. 工程：具象化的科学、技术与社会[J]. 自然辩证法研究，2013，29(9)：46-52.

[7]   张铃. 工程与技术关系的历史嬗变[J]. 科技管理研究，2010(13)：294-298.

[8]   李正风，丛杭青，王前. 工程伦理[M]. 北京：清华大学出版社，2016.

第2章 工程中的风险、安全、责任

【影片导入】《深海浩劫》剧情概要

墨西哥湾原油泄漏事件 2016 年被改编为影片《深海浩劫》(*Deepwater Horizon*, 2016)。2010 年 4 月 20 日,墨西哥湾的英国石油公司钻井平台发生爆炸,导致海上钻井平台"深水地平线"底部油井每天漏油大约 5000 桶。泄漏的原油破坏了不少墨西哥湾内的生态环境,大量在海上生活的鱼类与鸟类因受到原油的污染而死亡。直到 2010 年 7 月 15 日,新的控油装置才成功罩住水下漏油点,再无原油流入墨西哥湾。此次事件致死 11 人,原油泄漏总量超过 300 万桶,成为世界上迄今为止最严重的海域漏油事件,负责管理钻井平台的英国石油公司为此支付了数百亿美元的赔偿金。事故发生之后的第一时间,英国 BP 公司将责任推给了油井的所有者瑞士越洋钻探公司,以及负责油井加固的美国哈利伯顿公司,而对自己的责任,却只撂下一句话:没有正确解读油井的安全测试结果,没能"防患于未然"。事实上石油钻井平台爆炸的原因首先是英国石油公司高管为追求最大利益,一味追求进度、降低成本而忽视了管内压力超标和超出警戒值的风险警示;其次,对固井质量盲目自信,未对固井作质量测试;再次,平台设备故障不断却未曾进行修复。这一系列问题最终导致钻井平台爆炸,进而引发一系列的悲惨事件。

对于该事件,请大家思考如下问题:

(1) 该事故是由哪些风险因素引起的?

(2) 如何防范工程风险的发生?

"风险"一词喻指可能发生的危险和灾祸,其概念可描述为:在特定情况下某种损害性结果可能出现的不确定性形式或概率。工程风险则特指,工程项目在决策或实施过程中,由于一定可知或不可知因素引起的工程实际结果与预期目标的差异及其这种差异发生的概率。

从人类的发展进程来看,工程实践活动有着悠久的历史。工程既能够造福人类和百姓,也能带来灾难和不确定性。工程为什么总是伴随着风险?这是由工程本身的性质决定的。工程系统不同于自然系统,它是根据人类需求创造出来的自然界原初并不存在的人工物系统，它包含自然、科学、技术、社会、政治、经济、文化等诸多要素，是一个远离平衡态的复杂有序系统。如果不进行定期的维护与保养，当其受到内外因素的干扰，工程系统就会从有序走向无序。无序即为风险。逻辑上要区分清楚风险和事故的不同：风险是很可能发生的趋势，而事故则是已经发生的事件。

本章将重点探讨工程涉及的风险、安全、责任等方面的伦理问题，并对相关经典案例进行分析，以此了解什么是工程风险、如何防范工程风险及工程风险的伦理责任归属。

学习目标

(1) 了解工程风险的来源和防范措施。
(2) 掌握工程风险评估的依据与方法。
(3) 分析工程风险的伦理责任归属。

2.1   工程风险的来源及防范

2.1.1   工程风险的来源

由于工程类型的不同，引发工程风险的因素也有多种，主要有：工程本身的技术因素、工程外部环境因素、工程中的人为因素。

1. 工程本身的技术因素

首先，零部件的老化可以引发工程事故。零部件通常是指工业制品的零组件，比如一辆汽车大概由 1 万多个不可拆解的独立零部件组成，一架飞机的零部件数量以百万个来计。工程作为一个复杂系统，任何环节出问题都有可能造成整体失调，导致事故发生。据国家市场监督管理总局统计，从 2005 年起，我国平均每年发生 40 起左右电梯事故，死亡人数在 30 人左右。其中，80%以上电梯事故的原因是维修保养缺乏或不当，尤其是老旧电梯的零部件老化问题没有引起相关人员足够的重视，从而造成低成本维修与事故频发的恶性循环。

其次，控制系统失灵可以引发工程事故。现代工程通常由多个子系统构成，仅仅依靠人工力量是无法掌控整个系统的，还需要借助人工智能的辅助。在面对突发情况时，辅助系统的判断力还达不到人脑的水平，这时就需要操作者灵活处理，不能完全依靠人工智能，避免事故发生。

最后，非线性作用也是引发工程事故的原因。与线性作用不同，非线性作用系统发生变化时，往往有性质上的转化和跳跃。受到外界影响时，线性系统会逐渐作出反应，而非线性系统则非常复杂，可能对外界的强烈干扰无反应，也可能对外界的轻微干扰产生剧烈反应。

2. 工程外部环境因素

气候条件是工程运行的外部条件，良好的气候条件是保障工程安全的重要因素。任何工程在设计之初都有一个抵御气候变化的阈值，一旦超过阈值，工程就可能受到威胁。以水利工程为例，当遭遇极端干旱天气时，农田灌溉用水和水库蓄水就严重不足；而当处于汛期时，则会造成弃水事故。

自然灾害对工程的影响也是巨大的。自然灾害的形成因素是多方面的，通常可划分为孕灾环境、致灾因子、承灾体等要素。自然灾害系统可分为两个，即"人-地关系系统"和"社会-自然系统"，其中，"'人'和'社会'着重强调的是在特定孕灾环境下具备某种防灾减灾能力的承灾体，'地'和'自然'着重表征的是在特定孕灾环境下的致灾因子，上述两方面是对自然灾害系统要素的凝练和认识的升华，二者的相互作用是自然灾害系统演化的本质，也是灾害风险的由来。"比如，2020 年 3 月 30 日，湖南省郴州市永兴县境内，中国铁路广州局集团有限公司管内京广线发生了一起旅客列车脱轨事故。事故造成 1 名乘警殉职、122 名旅客和 5 名列车工作人员受伤。事故发生后，国家有关部门责成广州铁路监督管理局组成调查组，最后得出调查结论：依据《铁路交通事故应急救援和调查处理条例》《铁路交通事故调查处理规则》有关规定，该起事故是恶劣气象和特殊地质条件下路堑边坡突发滑塌所致，为自然灾害造成的铁路交通较大事故。

3. 工程中的人为因素

第一，工程设计理念是整个工程成败的关键。工程设计是工程建设的灵魂。一个成功的工程设计，必然经过前期周密调研，充分考虑经济、政治、文化、社会、技术、环境、地理等相关要素，经过相关专家和利益相关者反复讨论和论证而后作出；相反，一个失败的工程设计则是由于片面地考虑问题，只见树木、不见森林，缺乏全面、统筹、系统的思考而导致的。比如，2004 年 5 月 23 日巴黎戴高乐机场 2E 航站楼候机廊桥发生坍塌事故，导致仅仅落成 11 个月的航站楼局部被毁，6 座混凝土拱门和 4 座天桥从 30 多米高的地方倒塌并造成 4 人死亡、7 人受伤的惨剧。这起事故由多种原因引起，主要是设计安全系数不足，整幢建筑为节约成本而处于使用极限期，导致惨剧发生。

第二，施工质量的好坏也是影响工程风险的重要因素。施工质量是工程的生命线。施工质量是建设工程施工活动及其产品的质量，即通过施工使工程的固有特性满足建设单位需要并符合国家法律、行政法规和技术标准、规范的要求，包括安全、使用功能、耐久性、环境保护等。在施工过程中必须严把质量关，严格执行国家安全标准，所有的工程施工规范都要求把安全置于优先考虑的地位。在施工环节出现质量问题导致安全事故，这样的例子比比皆是。

2.1.2　工程风险的可接受性

在现实中，由于系统内部和外部存在不确定因素，风险发生概率为零的工程几乎是不存在的。既然没有绝对的安全，那么在工程设计的时候就要考虑："到底把一个系统做到什么程度才算安全？"这一现实问题。这里就涉及工程风险的"可接受性"的概念。工程风险的可接受性是指人们在生理和心理上对工程风险的承受和容忍程度。即便是面对同一工程风险，不同主体的认知也会不同，这一点因人而异，即工程风险的可接受性是具有相对性的。在面对风险问题时，虽说不能奢求绝对的安全，但是需要把风险控制在人们的可接受范围内，需要对风险进行分析，评定安全等级，针对不可控的风险做好相关预警预案。

要评估风险，首先要确认风险，工程风险可能会涉及人的身体状况和经济利益，使人们遭到人身伤害，可能还会使人们遭受经济利益的损失。给出一个符合实际的安全等级是非常有必要的事情。根据模糊集理论，确定性可以被看作模糊性或随机性的一个特例。所以不管系统的复杂性如何，其安全性均可以采用模糊集理论进行评估。我们只需要输入相关参数，就可以计算出相应的安全系数，根据不同工程领域的安全标准划分出相应的安全等级。比如，根据要素确定风险，一般选择严重度和伤害发生的概率两个要素。严重度的等级通常可分为灾难的、严重的、中等的、轻微的；伤害发生的概率的等级可以是数字值，从 10 到 1 表示从高到低的级别；也可以按发生的可能性分级，如非常可能、可能、不太可能、不可能。风险要素等级评定最终还是要依靠人来实现，因此对风险评估人员提出了很高的要求，必须具备专业的职业素养和丰富的实践经验。

2.1.3　工程风险的防范与工程安全

1. 加强工程质量监理

工程质量是决定工程成败的关键。以质量作为前提，之后才有投资效益、工程进度和社会信誉。工程质量监理是专门针对工程质量而设置的一项制度，是保障工程安全、防范工程风险的一道有力防线。

工程质量监理的任务是对施工全过程进行检查、监督和管理，消除影响工程质量的各种不利因素，使工程项目符合合同、图纸、技术规范和质量标准等方面的要求。具体要做到：各项工程质量的保障责任、处理程序、费用支付等均应符合合同的规定；全部工程应与合同图纸符合，并符合监理工程师批准的变更与修改要求；所有应用于工程的材料、设施、设备及施工工艺，应符合合同文件所列技术规范或监理工程师同意使用的其他技术规范及监理工程师批准的工程技术要求；所有工程质量均应符合合同中列明的质量标准或监理工程师同意使用的其他标准。

2. 控制意外风险

工程风险是可以预防的，所以工程项目内部包括各管理层人员都应竭尽全力预防风险。事故的预防包括两个方面：一是对重复性事故的预防，即对已发生事故的分析——寻求事故发生的原因及其相互关系，提出预防类似事故发生的措施，避免此类事故再次发生；二是对可能出现的事故的预防，此类事故预防主要对将要发生的事故进行预测，即要查出存在哪些危险因素组合，并对可能导致什么事故进行研究，模拟事故发生过程，提出消除危险因素的办法，避免事故发生。建立工程预警系统，在危险发生之前，根据观测的预兆信息或以往经验，向有关单位发出警告信号并报告危险情况，在一定程度上提前预判工程风险的发生概率，提前做好应对准备。

3. 完善应急处置

应对工程事故，不能在事故发生后才意识到问题，而是要事先有一套应对紧急情况的措施，方可降低经济损失和人员伤亡。

　　另外，面对工程风险，仅靠专业人员是不够的，还要发动社会力量的参与，从而更有效地预防和处理风险事故。例如，平时要加强乘梯安全宣传和教育，提升公民的自我保护意识。一方面，提醒公众在遇到电梯紧急事故时，首先要保持冷静，不盲目采取措施，然后尽快与外界取得联系，等待专业人员施救；另一方面，物业和维保公司可以向居民发放一些电梯急救的小册子或在电梯内张贴提醒图片，避免因盲目自救导致事故发生。

【案例导入】电梯"吃人"事件

　　电梯"吃人"事件频繁发生，近日，某小区电梯突发故障，突然下坠，如图 2-1 所示，导致一名 15 岁少年死亡。据相关报道内容，该少年按了三楼按钮，在上升过程中，电梯途经三楼却未停止，反而停在了五楼和六楼中间的位置。在拍打电梯门和拨打"紧急电话"未得到回应后，少年用自身所带的长柄工具强行将电梯门撬开，在钻出电梯的过程中，不慎坠入电梯井最终导致死亡。

　　近年来，电梯"吃人"事件层出不穷，一个个因电梯故障逝去的鲜活生命，既令人痛心，也让人惊心。我们必须严肃思考下列问题：电梯究竟为什么会"吃人"，其背后的深层原因究竟是什么？电梯质检究竟有没有到位？伤人事件后追责有无具体相关法律措施？电梯的报废使用年限是否需要明确规定？电梯"吃人"事件的责任划分是否需要法律法规明确规定？

　　在以往的电梯"吃人"事件中，事故原因五花八门。有的是电梯施工时违章作业或偷工减料；有的是电梯年久失修，维修保养不及时；有的是电梯救援不够及时，以及被困者在自救时因不当操作而导致发生不良后果。

　　生命只有一次，电梯悲剧多次敲响安全警钟，唯有以此为戒，从根本上消除电梯隐患，才能避免电梯"吃人"事件再度发生。

（素材来源：新华社 2021-05-08）

图 2-1　电梯突然下坠示意图

✐ **启发思考**

(1) 电梯"吃人"事件是哪种工程风险导致的？
(2) 如何做好工程风险的防范与安全工作？

✐ **案例分析**

本案例中，电梯"吃人"事件是由工程本身的技术因素，即零部件的老化、控制系统失灵引发的工程事故。具体表现为：违章作业或操作不当；设备缺陷、安全部件失效或保护装置失灵；应急救援(自救)不当；安全管理、维护保养不到位；等等。

工程风险是可以预防的：一是对重复性事故的预防，即对已发生事故的分析，寻求事故发生的原因及其相互关系，提出预防类似事故发生的措施，避免此类事故再次发生；二是对可能出现事故的预防，此类事故预防主要针对将要发生的事故，即查出存在哪些危险因素组合，并对可能导致哪些事故进行研究，模拟事故发生过程，提出消除危险因素的办法，避免事故发生。此外还要完善应急处置，要事先有一套应对紧急情况的措施，降低经济损失和人员伤亡。

2.2　工程风险的伦理评估

工程风险的评估不仅要考虑"多大程度的安全是足够的"这一工程问题，而且牵涉社会伦理问题，其核心是从伦理学视角对工程风险的可接受性在社会范围内进行公正的评估和研究。

2.2.1　工程风险的伦理评估原则

1. 以人为本的原则

以人为本的原则要求工程实践活动要充分保障人的生命安全、身体健康和全面发展，避免狭隘的急功近利主义。在工程实施过程中，要充分考虑弱势群体的使用情况，加强公众对工程风险信息的及时了解，维护公众的知情同意权。

综合考虑各种因素，一些人作为被边缘化的弱势群体，他们在社会上往往处于劣势地位，他们所关心的问题容易被强势群体所忽视，其利益诉求得不到有效表达，使得他们更易受到风险威胁。他们本身获取和利用社会信息资源的条件和能力较为有限，如果在工程评估中仍不对他们加以重视，则会使他们更易遭受风险的打击。所以，在风险评估中要体现以人为本的原则，必须加大对弱势群体的关注力度。

2. 预防为主的原则

在工程风险的伦理评估中，我们要实现从"事后处置"到"事前防范"的转变，坚持预防为主的原则。

坚持预防为主的原则意味着工程师要具有一定的预见能力，能够在工程设计之初预见其可能产生的负面影响。例如，酒店旋转门的设计初衷是想要起到隔离酒店内外温差的环保效果，但同时也给残疾人的行动带来了不便。

在坚持预防为主的原则的过程中，还要加强公众的安全知识，提升安全意识。"失之毫厘，谬以千里"，工程风险大多是因长期微小问题的堆积而产生的，所以在日常工作中应该重视细微之处，避免因长期问题的积累而酿成大祸。此外，坚持预防为主的风险评估原则，还要加强日常隐患的排查，加强监督，完善机制，加强演练，防患于未然。

3. 整体主义的原则

任何工程活动的进行都受到一定条件的制约，必须在允许的社会环境和自然生态环境的范围内实施。所以，工程风险的评估也要有大局观念，要从人类社会和自然社会的整体视角考虑工程活动可能带来的影响。

在人与社会的关系上，人是社会的有机组成部分，集体利益高于个人利益，个人只有在集体社会生活中才能充分展现价值。"人心齐，泰山移""只有在集体中，个人才能获得全面发展其才能的手段"等都是这种价值观的鲜明表达。相应地，我们在进行工程风险伦理评估时，不能只关心个别企业，要从社会发展的整体出发，考虑利弊，总结得失。

在人与自然的关系上，中国传统强调"天人合一""小我融入大我"，其所要表达的就是整体主义的思想。在工程评估中，要充分考虑工程活动对生态环境造成的影响，按照对生态环境的影响程度，给予相应的警告或处罚。

4. 制度约束的原则

建立完善的规章制度是对工程实践活动进行科学有效评估的重要途径。首先，建立健全安全管理的法规体系。加强日常的安全设备检修、危险品正确处置、员工企业培训和安全知识学习，为安全生产提供有力保证。其次，建立并落实安全生产问责机制。将安全和安全生产责任层层落实，实行多级管控，具体表现为：首先，各安全分管负责人、其他相关负责人都分工明确、权责统一；其次，实行"评优找差""重奖重罚"的安全管理制度；最后，要建立媒体监督制度。现代媒体手段具有传播速度快、覆盖范围广、影响程度深等特点，一旦某件事被媒体公开报道，就会迅速引起公众的关注。从近些年看，媒体日渐显现出强大的舆论监督作用。

2.2.2　工程风险的伦理评估途径

1. 工程风险的专家评估

专家评估相对于其他评估而言是比较专业和客观的评估途径。专家往往根据幸福最大化的原则来对工程风险进行评估，把成本-收益分析法作为一种有用的工具应用到风险评估领域之中。根据该方法，专家对可接受的风险的评判标准为：在可以选择的情况下，伤害的风险至少等于产生收益的可能性。不过这种方法也存在一定的局限性。比如，它不太可能把与各种选择相关的成本和收益都考虑在内，有时得不出确定的结论。尽管有一些局限，成本-收益分析法在风险评估中仍然是专家首选的方法。

2. 工程风险的社会评估

为了有效规避、预防和控制项目在实施过程中可能出现的各类影响社会稳定的风险，在实施前都会进行风险社会评估。与专家重视"成本-收益"的风险评估方式不同，工程风险的社会评估所关注的不是风险和收益的关系，而是与广大民众切身利益息息相关的方面，它可以与工程风险的专家评估形成互补的关系，使风险评估更加全面和科学。目前工程风险的社会评估越来越受到国家的重视，国家出台了一系列相关规则制度予以保障。

3. 工程风险评估的公众参与

工程风险的直接承受者是公众，所以在风险评估中必须有公众的参与。只有公众参与，企业和政府管理部门才能知道他们的真实需求，否则工程风险的评估有可能沦为形式，起不到真正的效果。公众参与工程风险伦理评估的前提是相关机构要公开信息，确保公众信息来源真实有效。其次要拓宽公众参与的方式与途径，采取现场调查、网上调查、论证会、座谈会、听证会等形式，了解公众诉求，化解矛盾，避免非理性因素经过传播产生的"放大效应"。

2.2.3　工程风险的伦理评估方法

1. 工程风险的评估主体

评估主体在工程风险的伦理评估体系中处于核心地位，发挥着主导作用，决定着伦理评估结果的客观有效性和社会公信力。

工程风险的评估主体可分为内部评估主体和外部评估主体。

内部评估主体指参与工程政策制定、设计、建设、使用的主体，包括工程师、工人、投资人、管理者和其他利益相关者，他们在工程活动中都是不可或缺的，发挥着不可替代的作用和功能。内部评估主体之间既存在着各种不同形式的合作关系，又存在着各种形式的矛盾冲突关系。

外部评估主体指工程主体以外的组织和个人，包括专家学者、民间组织、大众传媒和社会公众。专家学者具有相关领域的专业知识，能够准确了解工程风险的真实情况，是外部评估主体的专业支撑。大众传媒面向社会，应准确把握舆论导向，其评估结果具有传播速度快、影响范围广的特点，因而大众传媒能够让更多民间组织、社会公众聚集起来，了解工程项目风险，维护自己的权益。

2. 工程风险的评估程序

第一步是信息公开。在工程风险认知上，专业人员和非专业人员获取到的信息是不对称的，非专业人员对工程所负载价值和风险的理解和评价，只能依靠专业人员所传播的信息。工程专业人员有义务将关于工程风险的信息客观传达给决策者、媒体和公众，决策者有义务组织各方达成风险界定和风险防范的共识。

第二步是确立利益相关者，分析其中的利益关系。在利益相关者的选择上要坚持周全、准确、不遗漏的原则，让每一位参与者知晓其与工程风险的关系，可能带来的收益或者面临损失及其程度。

第三步是按照民主原则，组织利益相关者就工程风险进行充分的商谈和对话。要让具有多元价值取向的利益相关者对工程风险有不同的感知，要让具有不同伦理关系的利益相关者充分表达他们的意见，发表他们的合理诉求，使工程决策在公共理性和专家理性之间保持合理的平衡。

3. 工程风险的评估效力和评估原则

"效力"是指确定合理的目标并达到该预期效果，包括目标确定、实现目标的能力以及目标实现三个核心要素。就工程风险伦理评估的效力而言，其含义是指伦理评估对防范工程风险出现的效果及其作用，风险评估要遵循以下三个原则：

(1) 公平原则。工程活动是一种开放性、探索性和不确定性的活动，工程风险的承担者和工程成果的受益者往往是不一致的。随着工程的结束，工程风险的累积性、长远性和毁灭性不断增加，对单一工程的后果评价难度也随之增加，风险评估要做到权责统一、公平正义。

(2) 和谐原则。一个工程项目只有以实现和谐为目的时，它才是伦理意义上值得期许的工程。首先要做到人与自然的和谐；其次要做到人与人的和谐、人与社会的和谐以及个人身心内部的和谐。

(3) 战略原则。要求我们在面对工程风险的时候，保持审慎的态度，对具体工程风险作出具体分析，不仅要对工程本身的目的、手段和后果作具体分析，还要区分工程所处的时空环境。当工程所处的自然和社会环境发生变化时，要及时修正工程发展战略，简而言之，就是要做到因地因时制宜，审时度势，与时俱进。

【案例导入】还原 PX 真相：风险并非事故 我们究竟惧怕 PX 什么？

2014 年 3 月 30 日，尚处于规划阶段的"PX 项目"引发广东茂名部分市民的群体性聚集，甚至发生了堵塞交通、破坏公共设施等情况。4 月 5 日，百度百科词条中关于 PX 的解释几度被人篡改为"剧毒"，但在清华大学化工系学生的努力下，其最终被定格在科学的描述上："PX 即对二甲苯。可燃，低毒化合物。"

2014 年 4 月，人民网能源频道陆续推出 PX 系列报道，力图揭开 PX 神秘面纱，探寻 PX 背后的故事。

调查得知，许多国家的 PX 项目被批准建设在市区附近，比如，美国休斯敦 PX 工厂距城区 1.2 公里；荷兰鹿特丹 PX 工厂距市中心 8 公里；韩国一家 PX 工厂距市中心 4 公里；新加坡裕廊岛埃克森美孚炼厂 PX 工厂距居民区 0.9 公里；日本横滨 NPRC 炼厂 PX 生产基地与居民区仅隔一条高速公路。

国外老百姓为何不怕 PX？

这些国家或地区的 PX 项目能与公众和谐共处，主要得益于成熟而严格的环境风险管控制度。在日本，PX 立项必须按政府、县、市等各级部门所规定的要求进行申请环境评估。PX 生产企业每年会邀请工厂附近的孩子来厂内开展活动，听取厂区附近居民意见，组织居民、学生参观工厂。在新加坡，从项目用地前期评估入手，多个部门联手参与，引入公众咨询机制；同时也通过标准化安全程序、严格的检查和演习等，增强安全事故的防范和应对意识；发生事故后积极妥善应对，提高透明度，赢得公众信任。

实际上，在同类炼油化工装置中，PX 生产装置应该属于安全环境风险小的。我国生态环境部环评司负责人在接受新华社采访时表示，同其他化工类项目一样，在 PX 项目环评中重点强化项目选址、环境影响、风险防范、公众参与等相关内容。中国工程院院士曹湘洪 10 日在中国 PX 发展论坛上表示，"风险不等于事故。""PX 和同类石油化工生产的安全风险是可控的，""我们带着孩子上动物园，里面有老虎、豹子，笼子弄牢了就不可能伤害游客。"他说，公众对 PX 存在误解，误解原因是复杂的。一些化工企业没把安全环保工作做好，重大爆炸、污染事故频发，使老百姓对化工装置产生恐惧感。再者，由于科普也不够，许多老百姓还是不知道 PX 是什么。

启发思考

(1) 我们究竟惧怕 PX 什么？

(2) 风险评估的主体有哪些？工程风险伦理评估的程序是什么？

案例分析

在本案例中，尚处于规划阶段的 PX 项目引发广东茂名部分市民的群体性聚集，甚至发生了堵塞交通、破坏公共设施等情况，原因是过去一些化工企业没把安全环保工作做好，重大爆炸、污染事故频发，使老百姓对化工装置产生恐惧感。加上公众缺乏专业的化学知识，把 PX 当成剧毒，分不清工程风险和事故的关系。

案例启示：工程伦理风险评估的主体要多元化，包括工程师、工人、投资人、管理者和其他利益相关者，专家学者、民间组织、大众传媒和社会公众。风险评估要信息公开，专业的事交给专业的人去解释，消除公众的疑惑。要确立利益相关者，让具有多元价值取向的利益相关者对工程风险具有不同的感知，让具有不同伦理关系的利益相关者充分表达他们的意见，使工程决策在公共理性和专家理性之间保持合理的平衡。

2.3 工程风险中的伦理责任

2.3.1 伦理责任的概念

1. 对责任的理解

责任是社会生活中不可或缺的一部分，每一个公民都在社会中承担着不同的责任。《汉语大辞典》中对"责任"的含义有两种解释：其一，使人担当某种职务和职责；其二，分内应做的事，应该承担的过失。责任的核心意义是主体对其行为负责，可从以下三个方面理解"责任"：首先，使人担当某种责任和职责，这是主体一种自发性的行为选择，是非义务性、非强制性的责任，是行为选择主体自觉、自愿选择的一种"应然"。其次，分内应做的事情赋予了责任强制性，主体作出行为选择从而回应外部要求，是一种"必然"。最后，承担过失与追究，这种责任往往以主体违反或未履行好某种义务为前提。

2. 伦理责任的含义

在伦理学中，"责任"是一种道德与制度、"必然"与"应然"的统一，主体进行行为选择时，以其具有一定的判断能力与行为能力为前提，以社会伦理道德为准绳，以一定的物质和道德基础为条件。伦理责任是个人良好品质与美德、理性与感性相结合的产物，强调并引导人们在责任、权利与利益之间作出选择和衡量，避免只凭感性或理性作出判断。与此同时，责任统一自律与他律，人们作为责任主体在实践中受到来自自己与外部的双重约束。内部约束来源于对自身的要求，外部约束源于制度与规范，两者在伦理责任中得到了融合，相辅相成，相互促进。

2.3.2　工程伦理责任的主体

1. 工程师个人的伦理责任

工程师在当今社会扮演着越来越重要的角色，他们的作品和决策对人类生活和环境产生深远的影响。工程师作为专业人员，具有专业的工程知识，他们不仅能够比一般人更早、更全面、更深刻地了解某项工程成果可能给人类带来的福利；同时，工程师作为工程活动的直接参与者，比其他人更了解某一工程的基本原理以及所存在的潜在风险。因此，工程师的个人伦理责任在防范工程风险上具有至关重要的作用，应有意识地思考、预测、评估其所从事的工程活动可能产生的不利后果，主动把握研究方向，自动停止危害性的工作。

此外，工程师还要正确处理好工程师对雇主、对公众、对环境、对社会、对未来肩负的责任，当各种利益互相冲突时，工程师应该如何选择？第一，对于雇主，要用自己专业的知识和技能给企业带来利润，忠诚于雇主；第二，对同行，坚持真理，不能随意篡改和捏造实验数据，抄袭或者侵犯他人的知识产权；第三，对自然生态，要理解、尊重并顺应自然规律，把生态环境保护放在首位；第四，对社会，将公众的人身安全、健康放在首位，利用自身的技术知识为人类造福。

📖 拓展故事

美国花旗银行大厦设计者，威廉·勒曼歇尔工程师以极富创造力的方式，让 59 层 279 米高的大楼悬停在街区教堂之上。这座大楼由 4 根 35 米高的柱子支撑，柱子分别处于大厦底部每条边的中点而非顶点上，这一设计获得了大众的认可，解决了当时的建造难题。不过，在建成一年后，一个学生关注到这个结构有可能承受不住从斜对角线吹来的强风，可能引起负载问题，如果遭遇"16 年一遇的风暴"，那么这座大厦很可能整体垮塌。威廉·勒曼歇尔得到提醒后，很快意识到问题的严重性，积极修复大厦，解除了工程风险。

威廉·勒曼歇尔作为专业人员，拥有丰富的专业知识，解决了大楼建造的设计难题；

作为工程活动的直接参与者，比业主和其他人更了解花旗银行大厦工程的建筑原理，因此他在发现建筑风险之后，能迅速采取补救措施。由此可以看出，工程师的个人伦理责任在防范工程风险上具有至关重要的作用。

2. 工程共同体的伦理责任

工程共同体的伦理责任是指工程各方有共同维护公平和正义等伦理原则的责任。现代工程在本质上是一项集体活动，当工程风险发生时，往往不能把全部责任归结于某一个人，而需要工程共同体共同承担。工程活动中不仅有科学家、设计师、工程师、建设者的分工和协作，还有投资者、决策者、管理者、验收者、使用者等利益相关者的参与，他们都会在工程活动中努力实现自己的目的和需要。因此，工程责任的承担者就不应仅限于工程师个人，而应为诸多利益相关者所组成的工程共同体。承担共同伦理责任的目的是，从工程事故中反思伦理责任方面的问题，提高工程师群体的社会责任感和工程伦理意识，形成工程伦理文化氛围。

2.3.3　工程伦理责任的类型

1. 职业伦理责任

工程师的职业伦理责任主要指基本的职业义务责任，主要包括保障产品的质量和安全，坚守职业道德原则，自身的专业判断不受外界因素干扰，"职业责任或内部责任，即科学家或工程师的道德规范所要求的，工程师对技术产品的质量、安全性等应负的责任"。工程产品的设计和施工是由工程师负责完成的，如果工程师对产品的质量和可能带来的风险无法全面掌握或了解，忽视工程建设的细微末节或缺乏职业道德，那么就会提高工程意外发生的概率。因此，我国频频出现的工程问题与工程师个人伦理责任意识的薄弱息息相关，工程师的个人伦理责任是工程界乃至整个社会必须密切关注的问题。

2. 社会伦理责任

工程师作为公司的雇员，对公司或企业保持忠诚，是职业道德的基本要求。但如果工程师仅仅将责任限定在对公司或企业的忠诚上，就会忽视对社会应尽的责任。工程师对于公司或企业的要求不能无条件地服从，而应选择性地服从，在面对极大风险情况时，应更多考虑和承担社会伦理责任。对危害生态环境平衡、伤害公众切身利益、阻碍社会发展进步的情况及时反映或揭发，使决策部门和公众能够及时了解存在的风险，这是工程师应承担和应尽的社会责任。工程师的社会责任应围绕"必须致力于保护公众的健康、安全和福利"这一宗旨展开，工程师不仅应该对工程的建设过程负责，而且应当对工程产生的社会后果和负面效应负责。其一，工程师作为专业知识技能的掌握者，有责任去规避可能给公众造成损失的一切风险，全面做好预先防范工作。其二，工程师应遵循"知情同意"原则，及时告知公众工程存在的可预见风险或潜在风险，使公众主动认知风险而非被动接受风险。

3. 自然伦理责任

政府、投资人、工程师、管理者、工人以及其他相关利益者是现代工程活动的主要主体，他们在工程活动中承担着不同的自然伦理责任，并担负着不可替代的责任。

第一，工程师在工程决策中，要通过为雇主提供"绿色工程"方案和推进民主决策的实施，来实现对自然的尊重和保护。一方面，工程师在工程决策过程中，应以绿色工程理念为指导，把尊重和保护自然放在首位，对工程活动实施后可能对自然产生的影响进行综合分析、科学预测，包括自然的承受性、是否会导致自然环境污染、是否会浪费资源等。另一方面，工程师应积极推进民主决策的实施。发现问题时，工程师必须向雇主说明情况，鼓励其他决策主体的参与，综合多方意见。只有通过民主决策，才能使多方利益通过多重对话和民主协商的方式达到平衡，对工程决策的目标、方案进行评价和校正，以形成科学的决策，达到造福人类、保护自然的目的。

第二，工程师在工程活动的实施过程中，要融入生命关注、强化道德关怀，确保工程活动符合自然规律性。一方面，工程师在制订施工方案时，要提前对当地的自然生态状况进行考察，若工程会对当地的自然平衡造成破坏，则须重新制订施工方案。另一方面，在工程实施过程中，工程师应高度重视生态效益，努力使工程活动与自然规律保持一致，最大限度地避免违背自然规律的现象发生。

【案例导入】天津南环临港铁路桥梁垮塌事故

2020 年 11 月 1 日 5 时左右，所属天津南环铁路有限公司的天津南环铁路维修有限责任公司万码工务车间主任带领车间副主任、2 名工长、2 名副工长和 30 名劳务工共 36 人，到达临港铁路 2#桥，准备于 7 时 00 分至 12 时 00 分进行 2#桥桥枕更换。7 时 00 分施工作业开始，在完成拆除桥梁护轨并将其移至桥梁两端外侧、拆除钢轨并将其移至桥梁两侧人行道上、将旧桥枕移至桥梁两端外侧后，开始用 2 台挖掘机进行桥面清砟平整作业，并将清除的道砟堆至桥梁两侧及人行道上。8 时 25 分左右，一台挖掘机作业完毕退出桥梁，另一台挖掘机继续清砟平整作业。同时，14 名作业人员进入桥梁准备开始人工平整道砟作业，桥梁突然发生垮塌，14 名作业人员随垮塌的梁体一同坠落桥下河中。

事故发生后，天津市相关领导同志相继赶赴事故现场，组织开展应急救援和伤员救治工作。按照天津市委、市政府要求，天津市滨海新区人民政府组织成立应急救援指挥部，设现场救援组、现场维稳组、医疗救治组、舆论宣传组、善后维稳组等 5 个工作组，全力做好事故应急抢险、伤员救治及相关保障工作。国家铁路局党组成员、副局长吴德金带领有关人员，应急管理部、国家铁路集团有限公司有关同志赶赴事故现场，指导应急救援和相关保障工作。截至当日 17 时 35 分，现场搜救完毕，14 名落水人员中有 8 人遇难，6 人被成功救起并得到及时救治。

(素材来源：国家铁路局网站，中国长安网)

✏ 启发思考

(1) 天津南环临港铁路桥梁垮塌事故责任主体是谁？

(2) 本次事故工程伦理责任属于何种类型？

✎ **案例分析**

1. 天津南环临港铁路桥梁垮塌事故所暴露出的问题

1) 人为干扰，阻碍事故调查

事故发生后，天津南环铁路维修有限责任公司分管安全工作的副总经理刘某为应对事故调查，指使大港工务车间副主任张某编造《临港专用线更换桥枕施工方案》，张某又指使大港工务车间职工王某编造了施工方案，大港工务车间职工王某、大港工务车间党支部副书记邓某、芦北工务车间职工王某冒充他人在《临港专用线更换桥枕施工方案》上签字。总工程师郭某、大港工务车间副主任安某参与伪造施工方案，严重干扰了事故调查。

2) 安全管理基本制度不健全

天津南环铁路有限公司制定的负责人岗位安全管理职责违反《中华人民共和国安全生产法》规定，主要负责人的岗位安全管理职责中没有"组织制订并实施本单位安全生产教育和培训计划"相关内容，分管工务、电务、供电工作的副总经理无岗位安全管理职责。天津南环铁路维修有限公司制定的《天津南环铁路维修有限公司关于印发安全生产责任制的通知》中缺少相关管理人员在施工方案审查、施工现场盯控等工作安全管理职责。

3) 营业线施工安全管理混乱

天津南环铁路有限公司、天津南环铁路维修有限责任公司均未按《铁路营业线施工安全管理办法》要求制定营业线施工安全管理细化措施，无营业线施工方案审批、施工计划编制下达的具体规定，导致营业线施工安全管理混乱的问题长期存在。此次事故桥梁更换桥枕施工没有编制施工方案，施工中违反《普速铁路工务安全规则》规定，将钢轨和道砟放置在桥梁两侧人行道上。

4) 更新改造项目管理缺失

此次事故桥梁更换桥枕施工项目，2016 年 12 月 19 日下达计划，2016 年 6 月 29 日编制设计文件，2016 年 4 月 8 日开工，2016 年 4 月 15 日竣工验收，实际该项目当年未实施。从任务下达到设计、开工、竣工，日期前后颠倒，反映出天津南环铁路有限公司在更新改造项目上管理混乱，违规将未实施的项目竣工验收。

5) 工程建设管理制度未落实

事故桥梁 2007 年 6 月 21 日开工，2007 年 6 月 23 日批复开工报告，2007 年 8 月 10 日签订施工合同。从合同签订、批复开工报告到开工建设，日期前后颠倒，反映出天津市铁路集团有限公司及其所属建设管理单位、施工单位工程建设管理制度不落实，违反工程建设基本程序。施工中，存在建设管理、设计、施工、监理单位未认真履行职责，未发现设计错误、不按设计施工等问题。

6) 合资铁路管理不到位

中国铁路北京局集团有限公司作为天津南环铁路有限公司的控股单位，没有落实《合资铁路与地方铁路行车安全管理办法》和《北京铁路局加强合资铁路安全管理的规定》，对天津南环铁路有限公司安全管理基础差、营业线施工安全管理混乱等问题没有及时进行监督纠正。

2. 天津南环临港铁路桥梁垮塌事故带给我们的启示

1) 加强工程人员的工程伦理教育

加强高校工科专业学生的工程伦理教育是培养高素质工程师必不可少的过程。学校不应该仅强调学生的科研水平，更应该注意培养学生的工程道德素质，从源头上提高工程人员的道德水平。学生应深入学习贯彻习近平总书记关于安全生产的重要指示批示精神，坚持以人民为中心的发展思想，牢固树立安全发展理念，强化安全风险意识，强化安全生产主体责任落实，针对此次事故暴露出的问题，按照"四不放过"原则，从健全安全生产责任制、完善安全生产规章制度办法、抓好全员安全教育培训、加强现场作业管控等方面入手，层层压实责任，切实将整改措施落实到位，全力维护铁路运输安全。

2) 严格执行营业线施工安全管理

要严格执行营业线施工安全管理的各项规章制度，细化安全卡控措施，明确施工安全责任，从施工组织领导、施工方案审核、施工计划编制与审批、安全协议签订、人员培训等方面实现全过程对规对标，严格按方案组织施工，确保行车、人身和施工安全。

3) 开展桥梁隐患排查整治

针对此次事故暴露出的桥梁源头质量问题，铁路工程设计、施工、监理的管理单位要认真吸取事故教训，举一反三，彻查在建铁路桥梁质量安全隐患。开展铁路运营桥梁隐患排查整治，制定有针对性的整改措施，落实整改责任，防范类似事故再次发生。

4) 全面加强合资铁路安全管理

要严格按照国家安全生产法律法规，健全完善合资铁路安全生产责任制，加强安全生产责任考核，完善规章制度标准体系，加强对合资铁路的监督管理，全面提升合资铁路的安全管理水平。监督机制在一个健全的工程项目中是必不可少的，只有完善这种监督机制，加强监理机构的专业素养和道德素质建设，才能使工程活在阳光下，受到人民群众的监督。

思 考 与 讨 论

1. 包括工程师在内的工程共同体有哪些伦理责任？
2. 我们应当采取什么样的措施来预防工程风险的发生？

本 章 小 结

工程能够造福人类，也能带来灾难和不确定性风险。工程风险的"可接受性"应限定在一定的范围内。工程风险来源于工程本身的技术因素、工程外部环境因素、工程中的人为因素。在面对风险问题时，要做好防范与安全管理工作，比如，加强工程质量监理，控制意外风险，完善应急处置。工程风险的伦理评估核心是工程风险的可接受性在社会范围的公正问题。要坚持工程风险的伦理评估原则：以人为本、预防为主、整体主义和制度约束。完善工程风险的伦理评估途径：专家评估、社会评估和公众参与。坚持工程风险的伦理评估方法，把工程风险伦理评估的主体、工程风险伦理评估的程序、工程风险伦理评估的效力结合起来。明确工程风险中工程师个人的伦理责任和工程共同体的伦理责任，要区分工程伦理责任的类型：职业伦理责任、社会伦理责任、自然伦理责任。

本章参考文献

[1] 倪长健，王杰. 再论自然灾害风险的定义[J]. 灾害学，2012，27(3)：1-5.

[2] 张景林. 安全学[M]. 北京：化学工业出版社，2009：100-101.

[3] 马丁，辛津格. 工程伦理学[M]. 李世新，译. 北京：首都师范大学出版社，2010：337.

[4] 朱葆伟. 工程活动的伦理责任[J]. 伦理学研究，2006(6)：36-41.

[5] 曹梦娇. 工程共同体的伦理责任研究[D]. 南京：南京林业大学，2020.

[6] 曾小春，邓小兰，徐诚. 工程项目伦理风险产生的机制分析[J]. 财会月刊，2003(22)：16-18.

[7] 曾小春，胡贤文. 工程项目管理中的伦理风险与防范[J]. 中国软科学，2002(06)：123-125.

[8] 何江波. 论工程风险的原因及其规避机制[J]. 自然辩证法研究，2010，26(02)：62-67.

[9] 闫坤如. 工程风险感知及其伦理启示探析[J]. 东北大学学报(社会科学版)，2016，18(01)：1-5.

[10] 孟芳. 工程伦理视角下的工程风险防范意识：评《工程伦理》[J]. 工业建筑，2021，51(01)：202.

第3章　工程活动中的环境伦理

【影片导入】《永不妥协》剧情概要

《永不妥协》(*Erin Brockovich*, 2000)影片主要讲述女主人公以不妥协的勇气和毅力,打赢了美国有史以来最大的一宗民事赔偿案。女主人公在工作中无意发现一些十分可疑的医药单据,为解开疑惑她开始进行调查,并很快找到线索,发现了当地社区隐藏着的重大环境污染事件——当地小镇水质被污染,这威胁到了当地居民的健康。而造成污染的原因是电影中的太平洋瓦电公司在处理污水时为节省成本,采用的除锈剂是重金属六价铬,却欺骗居民说使用的是三价铬,并且非法排放有毒污水导致居民出现严重健康问题。在发现这一问题后,女主人公在该小镇挨家挨户地做动员工作,得到了 600 多个人的签名支持,并在一家大型法律事务机构的帮助下,终于让污染受害民众得到了令人满意的赔偿,创造了美国历史上同类民事案件的赔偿金额之最,达 3.33 亿美元。

这个故事发生在 20 世纪 90 年代的美国,彼时美国正处在一个"新经济时代"。高增长、低通胀、低失业……这些完美的经济状况背后是大财团的疯狂扩张,而在这种扩张中,人们的利益和健康受损,民众成了受害者。影片中的太平洋瓦电公司是一家拥有 280 亿美元资产的供水公司,它对外宣称,它的污水中只含有无害的三价铬,它在对附近居民征收土地税的同时,还"贴心"地为居民提供医疗,并指定了一名医生为居民"担保":他们的病与水质无关。

对于该事件,请大家思考如下问题:
(1) 太平洋瓦电公司的做法是否违背了工程活动中的环境伦理?
(2) 工程活动中有哪些需要遵守的环境价值与伦理原则?

学习目标

(1) 了解工程活动中的环境伦理观念;
(2) 分析工程活动(如建筑大坝、桥梁等)中的环境价值与伦理原则;
(3) 掌握工程师的环境伦理责任与规范。

　　工程师改造自然的活动需要直接与自然打交道，所以在现代文明社会中会产生环境伦理问题。环境伦理是研究人与自然关系的应用伦理，也是我们关于如何满足环境本身的存在要求或存在价值的问题。由此得知，环境问题既是科学技术问题，也是关于如何定义美好的、道德的生活以及个体的主体性存在和价值的问题。在人际伦理、社会伦理和环境道德的发展演化中，环境伦理科学地平衡人与自然的关系，促进人与自然的和谐共生。本章将探索工程活动中环境伦理观的形成与发展，分析工程活动中的环境价值与伦理原则，并提出工程共同体的环境伦理责任、工程师个人的环境伦理责任与规范。

3.1　工程活动中环境伦理观的确立

3.1.1　环境伦理观的形成

　　环境伦理观的产生与人类工业文明的进程紧密相关，它是人类在对资源过度开发和环境破坏问题进行反思的基础上形成的。自 20 世纪中期以来，随着科学技术的突飞猛进，人类以前所未有的速度创造着社会财富与物质文明，但同时也严重破坏着地球的生态环境和自然资源。由于人类无节制地滥砍滥伐，致使森林锐减，加剧了土地沙漠化、生物多样性减少、地球增温等一系列全球性的生态危机。1962 年科普作家蕾切尔·卡逊(Rachel Carson)出版了一本书《寂静的春天》，她向对环境问题还没有心理准备的人们讲述 DDT(一种杀虫剂)和其他杀虫剂对生物、人和环境的危害，引起强烈的社会反响。从时间向度来看，《寂静的春天》就是环境伦理讨论的起点。而当时的美国国会不仅召开了听证会，还促成了三件跟环境保护有关的事情：美国国家环境保护局成立；环境科学由此诞生；大规模的民间环境保护运动由此展开。这一时期环境保护运动的主要目标就是"遏制"，包括遏制人口的增长，遏制污染的蔓延，遏制工业社会生产和生活方式对环境造成的破坏，等等。世界各国不仅纷纷出台各种法律法规以保护生态环境和自然资源，而且开始思考如何谋求人类和自然的和谐统一，由此便产生了环境伦理观。

　　我国的环境伦理学起步于 20 世纪 80 年代，到 90 年代才开始有了一定的发展。1992年，湖南师范大学出版了《生态伦理学》，这是中国第一本环境伦理学专著。自 1998 年中国发生特大洪涝灾害之后，环境伦理学以及环境伦理观才在中国引起了人们更大范围的关注。随着中国经济社会突飞猛进，科技发展与环境问题越来越突出，我国提出了以人为本、全面协调可持续发展观，提出"五位一体"总体布局，推出人与自然和谐共生的现代化实践，把"生态文明建设"写入党章和宪法。

3.1.2　工业化过程中保护环境的两种主义和两种思路

1. 两种主义——人类中心主义和非人类中心主义

　　在工业化过程中，一些学者逐渐开始思考经济社会发展与生态环境破坏之间的内在联系，重新反思人类与自然的伦理关系，由此涌现出不同的环境伦理思想和流派，这些伦理流派可以分成两种："人类中心主义"和"非人类中心主义"。可以说，环境伦理学中，环境伦理观的发展过程就是这两大派别不断斗争的过程。

(1) 人类中心主义，认为人类是自然界的主宰，人类是处于金字塔最顶层的生物；人和自然二元对立，人是主体，自然是客体，一切以人为中心，以人为尺度，为人的利益服务。人类中心主义以自己对其他生物和资源的需求程度来衡量其价值，因此提出了"发展经济第一，保护生态环境第二"的口号，即"先污染后治理"。

(2) 非人类中心主义，认为除人类以外，其他存在于自然界之中的生物和资源也拥有其固有的价值，即生态价值。这种价值不是肤浅的利用价值，而是独立于经济价值、美学价值等人类需求之外的固有价值，因此它们应当获得必要的道德关怀。人类应该敬畏一切生命，应该像对待人类一样看待其他的生物，据此进一步提出了生态中心论、生物中心论和动物解放论。

尽管各种环境伦理观对于人与自然该如何相处提出了不同的看法，但是他们的最终目的都是一样的，即实现人类的长远发展。最终两种主义不断融合，借鉴东方"天人合一"观，形成了一种更加完善的环境伦理观——可持续发展的环境伦理观，即"可持续发展观"。可持续发展观认为人对自然的权利和义务的界限是：以保持人与自然和谐的可持续发展为终极目标。一方面，人有权利利用自然来满足自身的生存需要，但这种权利以不改变自然的基本次序为限度。另一方面，人有义务尊重自然存在的事实，保持自然规律的稳定性，在开发自然的同时给予自然以补偿。

2. 两种思路——资源保护主义和自然保护主义

为维护人类生存权利，保持环境和自然资源的永续利用，环境伦理学家想了很多办法。因为人类在工业化过程中最直接利用的就是资源，而间接影响到的就是自然，到底应该怎么保护资源和自然呢？有两种不同的思路：资源保护主义和自然保护主义。虽然这两者都强调自然资源保护的重要性，但价值观和保护目的却截然不同。

(1) 资源保护主义的主张是"科学管理，明智利用"，保护的目的是更好地开发利用。严格来说，这是一种人类中心主义的资源管理方式，它要保护的不是自然生态体系，而是人的社会经济体系。尽管如此，这种功利主义的自然保护思想在进入 20 世纪后一直是资源保护运动的基本原则。

(2) 自然保护主义的主张是保护自然本身的利益，这是一种非人类中心主义的资源管理方式。自然保护运动虽不如资源保护运动那样具有声势，但却是一种超越了狭隘的人类中心主义的资源保护思想。它要保护的不是人在资源中的利益，而是自然本身的利益；它保护自然的首要目的不是满足人类的利用，而是保护自然本身。

3.1.3　工程环境伦理的基本思想

在工程实践领域，保护环境成为工程活动的重要目标。环境伦理学的各个流派及其主张，反映出人们理解人与自然关系中的不同道德境界，这些思想和观点为工程技术人员在处理各不相同的环境问题时提供了理论上的支持。

人类中心主义把人看作自然界唯一具有内在价值的事物，必然地构成一切价值的尺度，自然界的其他事物只有工具价值。在人与自然的伦理关系中，道德原则的确立应该首要满足人的利益，工程活动的出发点和目的只能且应当是满足人的利益。人对自然并不存在直接的道德义务，如果说人对自然有义务，该义务也只是对人的义务的间接反映。人类中心主义弱化了大自然的地位，人类在以自我为中心征服自然的过程中，无休止地破坏生态环境，也屡屡受到大自然的报复。所以，纯粹的人类中心主义过于极端，不是对待人和自然关系时所应该有的观念。

非人类中心主义主张人类不是一切价值的源泉，因而人类的利益不能成为衡量一切事物的尺度。人类只是自然的一部分，需要将自己纳入更大整体之中才能客观地认识自己存在的价值和意义，道德关怀的范围应该从人类拓展到非人类的生命或自然存在物上，由此衍生出以下几种思想：

(1) 动物解放论和动物权利论，主张把道德关怀的对象范围扩大到一切有生命的存在，倡导一种尊重生命的态度。但是人类作为食物链顶端，不可能和其他动物完全平等。为了人类的生存和发展，我们又不得不捕杀其他动物，这也是个悖论。

(2) 生物中心主义和生态整体主义，认为物种和生态系统比生物个体更为重要，主张整个自然界及其所有事物和生态过程都应成为道德关怀的对象，提倡整体主义的环境伦理思想，强调生物物种和生态系统的价值和权利，认为物种和生态系统具有道德优先性。

3.1.4   工程环境伦理的核心问题

自然界的价值与权利到底是什么？

价值主观论者以人类理性与文化作为评价自然界价值的出发点，即没有人就无所谓价值，自然界的价值就是自然对人类需求的满足。

价值客观论者则从生态学的角度来评价自然界的价值，认为自然界的价值不以人的存在或人的评价而存在，只要是对地球生态系统的完善和健康有益的事物，就有价值。

据此，人们认为自然界的价值有两大类：工具价值和内在价值。工具价值指自然界对人的有用性。

在生物学层面上，自然界具有"内在价值"，它的这种内在价值表现为：自然以它自身为尺度，表示生命和自然界的生存。自然的权利是确立自然的名分，这是通过法律的强制、道德的舆论和"大自然的报复"力量得以实现的。工程环境伦理的核心问题在于是否承认自然界及其事物具有客观的内在价值，以及是否承认自然界拥有与内在价值相关的权利。

内在价值为自然界及其事物本身所固有，与人的存在与否无关。内在价值是工具价值的依据，如果我们承认自然事物和自然界拥有内在价值，那么我们与自然事物就有了道德关系，也就承认了自然界拥有与内在价值相关的权利。就自然界而言，各种生物或物种都有持续生存的权利，其他自然事物，如高山、河流、湿地、自然景观，都有存在的权利。自然界的权利主要表现在它的生存方面，即它拥有按照生态规律持续生存下去的权利。这也就是环境伦理学要把承认自然界的价值作为出发点，主张把道德权利扩大到自然界其他事物的原因，他们要求赋予自然事物在自然状态中持续存在的权利。

【案例导入】青藏铁路：一条具有高原特色的生态环保型铁路

青藏铁路是中国的一项现代工程奇迹，它连接了中国西部的青海和西藏地区，也是世界上海拔最高的铁路干线之一。青藏铁路的建设历时多年，攻克了巨大的技术、地理和经济难题，最终成为中国式现代化建设的一个重要里程碑。

当列车在向前奔驰时，乘客视野里出现这样一幅美丽画面：淡黄色的荒原层层铺开，晶莹别透的雪山在蓝天下散发出美丽的光泽，成群的藏羚羊、野驴、野牦牛悠然自得。

1. 守护好青藏高原这份"美"，凝聚着无数人的持续努力

青藏高原生态系统类型多种多样，生物种群丰富多彩，是我国和南亚地区的"江河源"和"生态源"，生态环境原始、独特而脆弱。党中央、国务院明确提出，青藏铁路建设要珍爱高原一草一木。青藏铁路建设部门与青海省和西藏自治区政府签订了中国铁路建设史上的首份环保责任书，并在全国重点工程建设中首次引进了环保监理。

青藏铁路建设提出了这样的生态环境保护总目标：做到环保设施与主体工程同时设计、同时施工、同时投产，确保多年冻土环境得到有效保护，江河水质不受污染，野生动物迁徙不受影响，铁路两侧自然景观不受破坏。

途经青海湖，穿过关角隧道，横跨可可西里，翻越唐古拉山，绵延近 2000 公里的青藏铁路被誉为"世界屋脊上的钢铁大道"，更是世界第三极的"绿色天路"。

为了保护高原湛蓝的天空、清澈的湖水、珍稀的野生动物，青藏铁路建设中的环保投入达 20 多亿元，是当时我国环保投入最多的铁路建设项目。

为了破解困扰世界的高原铁路建设领域的冻土问题，我国早在 20 世纪 60 年代初就组织科技力量在青藏高原海拔 4800 多米的风火山一带，建立了冻土科研基地——风火山观测站。40 余年来，科研人员在雪山下的冻土试验段坚持观察、记录气象和冻土变化，为青藏铁路建设积累了 1200 多万个宝贵数据。

现在我们欣赏青藏铁路两侧的美景时，也会注意到旁边的"铁柱"——比人还高，一直向前延伸，而像这样的"铁柱"有 15 000 多根。它们就是"热棒"，它最大的功能就是"传冷不传热"，这意味着它在夏天可以把导致冻土融化的热量吸收并排放，却不会将热量输送进土里。这一根根"铁柱"犹如青藏铁路的"守护神"，有了它们，就能在很大程度上提高冻土区路基的稳定性。

在可可西里国家级自然保护区边缘，世界上最长的高原冻土铁路桥在中国最大的"无人区"内似一条美丽的"彩虹"飞架于雪山之间。大桥如巨龙般逶迤而去，铁轨飞架而过但不惊扰左右，这就是全长 11.7 公里、号称青藏铁路第一长桥的清水河特大桥。清水河特大桥是青藏铁路线上最长的"以桥代路"桥，同时又是集冻土隧道和野生动物通道两种功能于一身的"环保桥"，为野生动物开辟专门的"绿色通道"，也是中国铁路史上的第一次环保创举。

像这样的"环保桥"，在全长 1142 公里的青藏铁路格尔木至拉萨段，总共有 675 座，相当于每 7 公里铁路就有 1 公里的桥梁，以桥代路是解决冻土问题的技术关键。

为了恢复铁路用地上的植被，科研人员开展了高原冻土区植被恢复与再造研究，采用

先进技术，使植物试种成活率达 70% 以上，比自然成活率高一倍多。

为了保障野生动物的正常生活、迁徙和繁衍，青藏铁路全线建立了 33 条野生动物通道。2002 年夏季，国家珍稀野生动物藏羚羊产仔迁徙时，相关施工单位主动停工为它们让道。

为了保证沿途环境不受垃圾污染，列车上采用列车专用垃圾压缩机处理废弃物。

从低温热棒提高冻土稳定性到为野生动物迁徙建设桥梁通道，从草皮表土铺回原位到通过点播开创青藏铁路干旱荒漠区植物治沙的先例……15 年来，青藏铁路一直以优美的身姿展现在神奇洁净的青藏高原，从未让"高原净土"蒙尘。

2. 创新举措，提高生物多样性保护能力

青藏铁路的生态环境保护实践仅仅是青藏高原正确处理保护与发展的关系，统筹协调保护与开发、保护与建设的一个缩影。

起于四川、青海两省交界的久马高速项目是四川首条高海拔高原高速公路，沿途穿越草原、湿地区域，生态环境极其脆弱，工程建设的环境保护、水土保持任务异常艰巨。

一块块切割成方形的草甸被整齐地堆放养护，白桦、冷杉、侧柏等树木在施工队开挖出的表土上，等待回植……在久马高速原生态，植被试验基地恢复，高速公路建设者们正用一种全新的方式，努力将高速公路建设对青藏高原的生态破坏降到最低。

在表土养护及苗木验证试验基地上，因施工开挖的表土也被集中堆放、摊平，经过营养培育后，栽种了白桦、冷杉、侧柏、高山柳等多种高原树木。

这些草甸和树木，未来都会回植在高速公路沿线，而整个久马高速项目，仅草甸回植面积就累计约有 300 万平方米。要在青藏高原上实现高原土质改良、草甸苗木移植这些创新举措，仍然充满挑战，需要进行大量科研攻关。

无论是青藏铁路以桥代路还是久马高速的草甸回植、表土养护、苗木培育回植等技术，这些绿色的"火种"对青藏高原的重大基础设施建设项目的生态环境保护工作产生了重要的影响和作用。

在三江源地区，一些公路已经采取了以连续架桥形式穿越湿地、以隧道形式穿越山体、以低路基建设工法保障野生动物迁徙自由等措施来保护生态环境；

火风山和唐古拉山南段利用植被恢复技术使草皮移植成活率达到 100%；

……

荒原和雪山，诉说着关于时间、力量和生命的故事；一个个绿色的工程连接着历史与现代，书写着雪域高原的繁荣。

（素材来源：人民网 2021-11-30）

✎ **启发思考**

(1) 保护环境是工程建设必须考虑的吗？

(2) 青藏铁路建设花费高昂的代价来保护藏羚羊迁徙通道，这值得吗？

(3) 保护好青藏高原的生态环境对青藏铁路自身有什么好处？

✎ **案例分析**

如何才能维护湛蓝的天空、清澈的湖水，保护好珍稀的野生动物以及它们生存的雪山、草原？这是摆在建设者面前的一道难题。建设者们在工程的前期调研、施工建设和后期的维护中要始终把这些问题作为工程的重要部分来考虑。"像珍惜自己生命一样，爱护青藏高原的生态"，在这种理念的驱动下，建设者们在青藏铁路的设计和建设中，采取了多种有效的工程措施对生态环境进行保护：一是保护高原植被，二是为野生动物设置迁徙通道，三是尊重民族宗教信仰和习俗。

据悉，为了确保对自然保护区生态环境及野生动物植物保护、生物多样性、水土保持、冻土环境、景观环境、水环境及施工污染控制的研究，中国铁道部联合有关研究部门编制了青藏铁路《环境影响报告书》。监理单位每月向地方环保部门提出环保监理报告，每年向环境保护部提交环保监理总报告；在实行全程环境监理的同时，沿线政府还与各工程建设单位签订了施工标段环境保护责任书。这在中国铁路建设中还是第一次。

在采访建设者时有人问：你觉得青藏铁路建设花费高昂的代价来保护藏羚羊迁徙通道值得吗？回答是：值得。野生动物是人类的朋友，我们保护好了野生动物，我们受点损失，也值得。

青藏铁路是一条具有高原特色的生态环保型铁路。它在保护好高原生物多样性的前提下，促进了沿途地区经济社会快速发展。这是环境友好工程的典范。

3.2　工程活动中的环境伦理价值

3.2.1　工程活动对环境的影响

人类的工程活动就是干预自然、改变环境的过程。一方面，通过工程活动推动绿色发展，促进人与自然和谐共生；一方面，工程项目正逐渐成为污染环境的主要来源之一，包括占用土地资源，导致水土流失、生态失衡、气候异常，以及产生废气、废水、固体废弃物和噪声、尘埃等。最常见的有：消耗大量的能源和天然资源；产生各种建筑垃圾、废弃物、化学品或危险品污染环境；工地产生的污水造成水污染；噪声和振动的影响；排出有害气体或粉尘污染空气，威胁人们的健康。

自然环境有一定的自我净化能力，它始终处于运动状态，不停地变化着。自然环境受到污染后，会在物理、化学、生物等自然作用下逐步消除污染物，使污染物浓度或总量降低。但是如果工程建设的不良影响超出环境的自我净化能力，则环境必然反过来影响工程，影响人类的生产与生活。就像如果因为大坝建设过多，在水资源重新分配过程中，往往忽视生态环境对水的需求，一旦水利工程的作用超过环境承受能力，环境问题就必然发生。世界上有名的工程破坏环境案例：咸海改造工程。1977年，经科学家建议，苏联部长会议通过一个决议，修建堤坝，将卡拉博加兹戈尔湾(位于里海东部、土库曼斯坦西北角的一个潟湖)和咸海分开，以减缓海平面下降的问题。没想到初衷是造福百姓的工程，却因为改变自然运转规律，引起了恶劣的连锁反应，导致从工业经济到生态环境的急剧恶化，最后直接影响百姓的生命健康安全。经济发展与环境生态如何兼顾？这是一个世界性难题，也是一个人类未来必须攻克的生死问题。

3.2.2　工程活动中的环境伦理意识

人类工程活动都是在一定的地质环境中进行的，两者之间必然以特定方式相互关联和相互制约。工程活动承载着人类价值，这就使工程活动本身具有了道德上的善恶之分，即环境伦理意识。一个好的工程可以造福人类，实现天人和谐；坏的工程则会损害人和环境的长远利益。因此，工程建设与环境保护的关系密不可分，在工程建设中，应把自然的需求和人的需求结合起来综合考虑，审慎开发利用自然环境。

中国的工程能力举世瞩目，尤其是在基建方面，创下了多项世界之最，比如单机最强发电机组——白鹤滩水电站，沙漠中的绿色通道——新疆和若铁路，禁区之桥——平潭海峡公铁两用大桥，等等。这些庞大的工程项目，除了受相应的法律法规的制约之外，我们还要对工程活动的各个环节进行必要的伦理审视，需要在工程规划、施工管理等各个环节加入环境道德评价，以良好的环境伦理意识促进工程建设与环境保护的双赢。

3.2.3　工程活动中的环境价值观

工程理念是工程活动的出发点和归宿，是工程活动的灵魂。英国哲学家培根说过，"要征服自然，首先要服从自然"，"服从"即认识和理解。但是认识自然、掌握自然规律并不等于征服自然，工程活动的最高境界应该是实现并促进人与自然的协同发展。

人与自然协同发展的环境价值观：人类不应只把从自然界获取物质财富作为至上的道德价值目标，而是要合理地利用自然资源，保护自然和生态平衡。因此评价工程活动时，需要建立一个双标尺价值评价体系，即既有利于人类，又有利于自然。传统的见物不见人、单纯追求经济增长的发展模式已不适应当今尤其是未来发展的需要。工程活动中的环境价值观强调在人们活动与自然的活动之间、技术圈与生物圈之间、发展经济与保护环境之间、社会进步与生态优化之间保持协调，不以一个方面去损害另一个方面，实现各种利益最大化。在青藏铁路建设中，石料和土方的用量非常大，一旦盲目采挖，随意取弃土，其后果将不堪设想。为此，各施工单位都制定了相应的环境保护管理办法，层层签订了环保责任状，建立了环境保护督察制度。比如，严格到指定地点取土采石，回填废坑，在这里得到了严格的执行。有效的环保奖罚制度和高度自律的环境伦理意识，使每个施工人员自觉地约束自己的行为。

在环境伦理这一议题下，我们仍然需要回答传统的问题，比如我是谁，我应该如何生活。而与之前传统所不同的是，当我们对这些问题进行追问时，我们应更加清楚地知道，我们所面对的对象是他人、后代、动植物、森林、河川、大多数人所栖息的城市以及整个自然生态系统，甚至是整个地球。而答案就是：实现并促进人与自然的协同发展，进而谋求构建人类命运共同体。

3.2.4　工程活动中的环境伦理原则

工程活动中的环境伦理原则是指当我们开展工程活动时，要尊重环境的权利，不能破坏它的结构和功能，不能破坏它的稳定性，不能破坏它的生态平衡，也不能破坏它的生物多样性和其他功能。工程活动中的环境伦理原则主要有尊重原则、整体性原则、不损害原则和补偿原则等。

(1) 尊重原则：一种行为是否正确，取决于它是否体现了尊重自然这一根本性的道德态度。人对自然环境的尊重态度取决于我们如何理解自然环境及其与人的关系。尊重原则体现了我们对自然环境的态度，因而成为我们行动的首要原则。

(2) 整体性原则：一种行为是否正确，取决于它是否遵从了协调环境利益与人类利益的原则，而非仅仅站在人的意愿和需要这一立场。这一原则说明，人与环境是一个相互依存的整体。它要求人们在确定自然资源的开发利用时，必须充分考虑自然环境的整体状况，尤其是生态利益。

(3) 不损害原则：一种行为，如果以严重损害自然环境的健康为代价，那么它就是错误的。不损害原则隐含着这样一种义务：不伤害自然环境中一切拥有自身善的事物。如果自然拥有内在价值，它就拥有自身的善，它就有利益诉求，这种利益诉求要求人们在工程活动中不得严重损害自然的正常功能。这里的"严重损害"是指对自然环境造成的不可逆转或不可修复的损害。不损害原则充分考虑了正常的工程活动对自然生态造成的影响，但这种影响应当是可以弥补和修复的。

(4) 补偿原则：一种行为，当它对自然环境造成了损害，那么责任人必须作出必要的补偿，以恢复自然环境的健康状态。这一原则要求人们履行一种义务：当自然生态系统被损害的时候，责任人必须负责恢复自然的生态平衡。所有的补偿性义务都有一个共同的特征：如果人的做法打破了自己与环境之间正常的平衡，就必须为自己的错误行为负责，并承担由此带来的补偿义务。

当人的利益与自然的利益冲突时，人类活动应遵循两个原则：

第一，整体利益高于局部利益原则，即人类一切活动都应服从自然生态系统的根本需要。

第二，需要性原则，即在权衡人与自然利益的优先秩序上，应遵循生存需要高于基本需要、基本需要高于非基本需要的原则。

只有在一种极端情况下，当人类与自然环境同时面临生存需要且无任何其他选择时，人的利益才具有优先性。如：河流生态用水与人饮用水的冲突。只要有了尊重自然的基本态度，并按上述原则行动，人与自然的冲突很难出现，罕见的极端情况在出现前就得到了化解。

【案例导入】过度开采的百年露天矿

21 世纪以来，迅猛发展的矿产经济成为一些资源型为主的城市发展的主旋律，这类城市通过消耗和开发推动经济发展。但是矿产资源并非取之不尽、用之不竭的，甚至不合理的开采不仅会造成生态环境破坏，也会危及公众生命安全。

村民李先生所在的村是一个煤矿资源丰富的小山村，在 21 世纪初，一家民营企业进村开发煤矿。十几年过去了，煤矿的产能越来越大，开采区域也在逐渐扩大。最近几年，李先生发现自家住的房屋出现了不同程度的下沉和倾斜现象，墙壁也出现了裂缝，特别是发现部分山体开裂，导致了水源断流和树木枯死。村民也找过当地政府处理这件事，但房屋受到的损失没有得到相应的补偿。于是，李先生拨通了当地的市民热线，记者第二天就来到了李先生所在的村子进行调查采访。刚到村口，李先生就说："以前前低后高，下雨时方便水向外流，但是现在地基下沉了，下雨时水就向里灌。"随之，记者看到水泥地上也出现了裂痕，离墙面瓷砖底部非常近。记者问李先生，你认为是什么原因导致房屋出现问题呢？李先生说："煤矿开采导致地底下已经被挖空了，地表下沉和房屋开裂现象很严重。"

随后，记者又来到邻居张先生家查看情况，只见他家虽然有五间房，但是三间是空置的。张先生说："五六年前发现自家房墙面不仅出现了很长的裂缝，还发黄发黑，害怕出现意外，所以就搬出去了。有时，雨水下得很急，不到半小时，院子里就有了很深的积水。"根据村民们的反映，记者走访了村子里大约 100 户人家，半数村民家中都有类似的情况，少数村民家中情况严重。

正值树木旺盛的季节，记者在结束采访离开村子时，又发现地上都是枯枝残叶，相当一片区域的杉木已经变成了深褐色，稍稍用力就会将枝干折断，周围也只有几棵小树苗挺着，自然环境堪忧。

启发思考

(1) 案例中矿产资源的开采违背了哪些环境工程伦理问题？
(2) 造成这些环境工程伦理问题的原因有哪些？

案例分析

案例中，矿产资源的开采方忽视工程活动中的环境价值观，只顾开采带来的经济利益而忽视周边公众的环境权益和安全保障。主要原因如下：首先，没有树立正确的环境价值观。正确的环境价值观是人与自然和谐相处，把经济效益和环境保护结合起来，兼顾环境、社会和经济等多方面价值标准。其次，违背环境伦理原则：尊重原则、整体性原则、不损害原则、补偿原则。过度开采、严重损害自然环境但不主动补偿，不修复自己与环境之间正常的平衡关系。再次，相关部门失察失管，矿产企业自身发展理念不可持续。起初，丰富的矿产资源为经济发展提供了保障，一定程度上提高了居民生活水平；但是随着矿产资源开采量的逐年增加，加之污染物的排放，很大程度上影响了空气质量和居民的生产生活，也阻碍了可持续发展的进程。

3.3　工程师的环境伦理

工程师是现代工程活动的主体，他们需要直接与工程打交道，这种特殊的职业特点，决定了他们在环境保护中需要承担更多的伦理责任。工程师在处理人类与自然之间的关系时，应该意识到何为正当、合理的行为，以及人类对于自然界负向发展应该负有什么样的责任或义务。近年来，工程活动对环境造成了严重影响，损害了人类的利益，还危害了生物多样性，使生物物种锐减，人类的生存和可持续发展面临着挑战与机遇。而解决这些问题的途径不仅取决于工程师的技术水平，而且取决于工程师对环境所负有的伦理责任水平。工程师们要积极认识并致力于发展可持续的职业道德或文化形态，发展出一种具有预防性和关怀性的责任意识。

3.3.1　工程共同体的环境伦理责任

工程是一种复杂的社会实践活动，涉及技术、经济、社会、政治、文化等诸多方面。工程共同体包括投资人、工程师、管理者和工人等。现代工程是工程共同体的群体行为，必须确认工程共同体在工程活动过程中的地位和角色，厘清工程共同体、工程与环境之间的关系，赋予工程共同体相应的环境伦理责任。

现代工程甚至可以被看作一项社会实验，因为它们的产出通常是不确定的；可能的不良结果甚至不会被大众知晓，甚至看起来良好的项目也会带来严重的风险。这种风险的一个主要体现就是环境破坏。工程活动对环境的破坏在过去的很长一段时间内并没有受到工程共同体的关注，造成这种情况的原因是，现代工程活动主要是一项市场经济活动，参与其活动的工程共同体成员所考虑的不是社会利益，而是他自身的利益。比如，以追求个人利益为根本目的并以其作为选择行为方式的准则，置工程的环境破坏于不顾，将其造成的损失转嫁给他人及未来的人类，给其他经济主体造成外部经济损害，这些将直接影响工程的社会价值、环境价值的实现。

3.3.2　工程师个人的环境伦理责任

航空工程的先驱者、美国加州理工学院冯·卡门教授有句名言："科学家研究已有的世界，工程师创造未有的世界。"现代工程活动使工程师扮演了一个极其重要的社会角色，工程师是现代工程活动的核心，是工程活动的设计者、管理者、实施者和监督者。工程师有时是以投资者或企业主的角色出现的，有时是以管理者的角色出现的，有时是以技术工程人员(即人们通常意义上的工程师)的角色出现的。一方面，工程师通过专业知识和技能为社会服务，但另一方面，工程师又是改善环境或损害环境的直接责任人，譬如建设的化工厂污染环境，建设的水坝改造了河流或淹没了农田，建设的煤矿破坏了自然生态，等等。从工程和生态环境的密切联系中，可以看到作为工程活动主体之一的工程师在生态环境保护中起到关键作用。在这个意义上，工程师仅有职业道德是不够的，还应该承担环境问题的道德责任和法律责任。而环境伦理责任是一种非国家强制性的责任，凭借精神的力量来维系，工程师们要对其坦然接纳并转化为内心的道德感受。

传统的工程伦理认为，工程师的职业性质决定了忠诚雇主是工程师的首要义务，做好本职工作是评价他是否合格的基本条件。这种评价机制侧重于工程领域内部事务，而忽视了工程师与公众、工程与环境的关系。环境伦理责任作为崭新的责任形式，要求工程师突破传统伦理的局限，对环境有一个全面且长远的认识，并承担环境伦理责任，维护生态健康发展，保护好环境。中国环境工程师应将"公众的安全、健康、福祉置于首位，做尽职尽责的环保人"。因此今天对工程师的评价标准，不是工程师是否把工作做好了，而是是否做了一个好的工作，即既通过工程促进了经济的发展，又避免了环境遭到破坏。工程师是工程实践活动的直接参与者，理应确保工程的质量、进度、社会效益等。

因此，工程师个人的环境伦理责任包含了维护人类健康，使人免受环境污染和生态破坏带来的痛苦和不便；维护自然生态环境，避免其他物种承受自然环境破坏的影响。鉴于这种责任，如果工程师认识到他们的工作正在或可能对环境产生影响，有权拒绝参与这一工作，或中止他们正在进行的工作。因为从伦理的角度来看，工程师担负的责任和义务与其所拥有的权利是对等的。工程师的环境伦理责任不只是赋予工程师责任和义务，还同时赋予他相应的权利，使得他能在必要时及时终止他的责任和义务。

工程师如何才能终止他的责任？何时终止他的责任？如何在工程的目标与环境损坏之间取得平衡？在面临潜在的环境问题时，工程师应当在何种情况下替客户保密？所有这些问题都是摆在工程师面前的现实问题。尽管每个工程项目都有特定的目标和实施环境，在面对上述类似问题时的情境各不相同，但工程师在处理这类棘手问题时仅凭直觉和"良心"是不够的，需要学会运用环境伦理的原则和规范来处理问题，在无明确规范的情况下，可以运用相关法律法规来解决。

3.3.3   工程师个人的环境伦理规范

工程师个人的环境伦理规范就是工程师在面临环境责任时的行动指南。工程师在工程实践活动中的多重角色，使其对任何一个角色都负有伦理责任，如对职业的责任、对雇主的责任、对顾客的责任、对同事的责任、对环境和社会的责任等，当这些责任彼此冲突时，工程师常常会陷入伦理困境之中，因而需要相应的制度和规范来解决此类困境。工程师个人的环境伦理规范对于现代工程活动意义重大。它不仅能为工程师在解决工程与环境的利益冲突方面提供帮助和支持，而且还可以帮助工程师处理好对于雇主的责任以及对于整个社会的责任之间的冲突。比如，当一个工程面临潜在的环境风险时，或者工程的技术指标已达到相关标准，而实际面临尚不完全清楚的环境风险时，工程师应主动警示风险。

目前，工程师个人的环境伦理规范受到广泛的重视。世界工程组织联盟(World Federation of Engineering Organizations，WFEO)就明确提出了《工程师的环境伦理规范》，其中，工程师的环境责任表现为：

(1) 尽你最大的能力、勇气、热情和奉献精神，取得出众的技术成就，从而增进人类健康，为人们提供舒适的环境(不论在户外还是户内)。

(2) 努力使用尽可能少的原材料与能源，并只产生最少的废物和任何其他污染，来达到工作目标。

(3) 讨论方案和行动产生的后果，不论是直接的或间接的后果还是短期的或长期的后果，讨论其对人们健康、社会公平和当地价值系统产生的影响。

(4) 充分研究可能受到影响的环境，评价所有的生态系统(包括都市圈和自然的生态系统)可能受到的静态的、动态的和审美上的影响以及对相关的社会经济系统的影响，并选出有利于环境和可持续发展的最佳方案。

(5) 增进对恢复环境行动的透彻理解，如有可能，改善可能遭到干扰的环境，并将它们写入方案。

(6) 拒绝任何涉及不公平地破坏居住环境和自然环境的委托，并通过协商取得最佳的可能的社会与政治解决办法。

(7) 意识到生态系统的相互依赖性、物种多样性的保持、资源的恢复及其彼此间的和谐协调是我们生存的基础，这一基础的各个部分都有可持续性的阈值，这是不容许超越的。

这些规范应该成为所有工程的环境伦理规范，工程师以此指导和规范自身的工程实践行为，更好地履行环境保护的责任，以达到保护环境的目的。

20 世纪 90 年代以来，我国制定和颁布了《中华人民共和国环境保护法》《中华人民共和国环境影响评价法》《环境噪声污染法》《中华人民共和国固体废物污染环境防治法》及《建设项目环境保护条例》等，确立了政府、企业和个人的环境保护的责任，以环境伦理的规范指导工程师的环境伦理教育。

中国台湾地区的《工程师信条》中规定了工程师应当"尊重自然，维护生态平衡，珍惜天然资源，保存文化资产"，并且声称：

(1) 保护自然环境、充实环保有关知识及实务经验，不从事破坏生态平衡的产业；

(2) 规划产业时要做好环境影响评估，优先采用环保器材，减少废弃物对环境的污染；

(3) 爱惜自然资源，谨慎开发森林、矿产及海洋资源，维护地球自然生态与景观；

(4) 运用科技智能，提高能源利用效率，减少天然资源浪费，落实资源回收和再生利用；

(5) 重视水循环规律，谨慎开发水资源，维护水源、水质，使水量洁净充沛、长久使用；

(6) 利用先进技术，保存文化资产。有工程冲突时，尽可能降低其对文化资产的冲击。

对于工程师而言，规范是他们在职业行为上对社会的郑重承诺；同时，规范标志着社会对他们在职业行为方式上的约束和期待。在工程实践中，工程师有义务遵守并严格履行所制定的具有法律效力的"规范"。更为重要的是，如果发现不利于保护公众环境的条款时，他们有促使相关方对其进行修改和完善的责任。热爱自然、节约自然界的一切资源，使工程活动朝着保护环境、促进生态平衡的方向发展，不断构建和完善行为规范，建设和谐社会。

尽管我国目前尚未出台较为完善的工程师环境伦理规范，但欧美等工业化国家的行业环境伦理规范可以作为我国工程师的相关工作的指南。在工程国际化的背景下，我们迫切需要进行国内相关规范的制定工作，调动工程师的积极性，以期在行业内部形成约束力，并以此来规范工程师的职业活动。

【案例导入】"11·13"爆炸事故和松花江水污染事件

2005 年 11 月 13 日，中国石油天然气股份有限公司吉林石化分公司(以下简称中石油吉林分公司)双苯厂硝基苯精馏塔发生爆炸，造成 8 人死亡，60 人受伤，直接经济损失高达 6908 万元，并引发松花江水污染事件。

国务院事故及事件调查组认定，中石油吉林石化分公司双苯厂"11·13"爆炸事故和松花江水污染事件是一起特大生产安全责任事故和特别重大水污染责任事件。爆炸事故的直接原因是硝基苯精制岗位外的操作人员违反操作规程，在停止粗硝基苯进料后，未关闭预热器蒸汽阀门，导致预热器内物料气化；恢复硝基苯精制单元生产时，再次违反操作规程，先打开了预热器蒸汽阀门加热，后启动粗硝基苯进料泵进料，引起进入预热器的物料突沸并发生剧烈振动，使预热器及管线的法兰松动、密封失效，空气吸入系统，由于摩擦、静电等原因，导致硝基苯精馏塔发生爆炸，并引发其他装置、设施连续爆炸。

爆炸事故发生后，双苯厂未能及时采取有效措施，防止泄漏出来的部分物料、循环水以及抢救事故现场消防水与残余物料的混合物流入松花江，导致污染物污染了松花江。事后调查发现，中国石油天然气股份有限公司吉林石化分公司及双苯厂对安全生产管理重视不够、对存在的安全隐患整改不力，安全生产管理制度存在漏洞，劳动组织管理存在缺陷。

(素材来源：国务院办公厅 2006-11-24)

启发思考

(1) 在这起特大爆炸和松花江水污染事件中，工程共同体应承担什么环境伦理责任？

(2) 造成这起工程环境伦理问题的原因有哪些？

案例分析

中石油吉林分公司的工程活动严重违背了工程环境伦理的道德要求，没有树立正确的环境价值观，没有严格遵守环境伦理原则，导致事故发生。中石油吉林分公司领导、工程师、工人、消防人员及监管部门共同承担环境伦理责任。

造成事故原因如下：

(1) 中石油吉林分公司选址与布局不符合国家法律规定。中石油吉林分公司在造成松花江特别重大污染事故之前，已经多次发生爆炸与污染事故。例如，2001 年 10 月，该公司的双苯厂就发生过一起爆炸事故。2002 年 4 月 20 日，吉化集团中部基地的一个容器爆炸起火，两死两伤。而因爆炸而产生的污染物则直接进入松花江。但是，这些事故都没有引起相关职能部门及公司自身的重视，相关部门置国家法律于不顾。如果说中石油吉林分公司的选址与布局不符合国家法律规定是历史原因造成的，那么没有采取措施进行整顿和技术改造则是现任的中石油吉林分公司及其相关职能部门的不作为行为导致的。

（2）应急预案及平时的演练在关键时刻并没有发挥有效功能。据《中国青年报》记者报道，中石油吉林分公司与吉林市政府共同制订了应急预案。在该公司爆炸发生后 5 分钟内，吉林市消防救援局的消防员就赶到现场；中石油吉林分公司启动企业应急预案；吉林市政府则启动了危险化学品事故应急预案。中石油吉林分公司不仅有企业预案，而且经常与吉林市消防救援局一起演练，但污染事故还是发生了。松花江水受到污染的直接原因是消防人员用水冲洗爆炸现场时，制造苯原料的硝基苯与其他有机物一起被冲刷出来，流入松花江。这直接说明了应急预案制定的科学性及平时演练中时效性的重要性。

（3）应急物资储备保障制度不完善。松花江水污染，给下游城市哈尔滨的市政府也出了一道大难题，结果暴露出该市应急物资储备保障制度不完善。水污染事件从而演变成了社会公共卫生事件。由于突发性公共事件的发生和发展具有许多不确定因素，因此其需要的人力资源和物质资源总量也具有不确定性，但是在健全的应急储备制度的规定下，应该在平时就注重应急资源的储备，并以法律的形式加以保障。然而，在此次污染事件处理中，哈尔滨市的应急物资储备并不充分，从而降低了处置时效。

（4）应急反应滞后。事故应对前期的相关主体信息通报存在不及时、不充分甚至隐瞒的情况。应急信息是影响突发事件防治成效的关键性因素，政府在突发事件情景下的决策应以客观、真实、及时和充分的应急信息为前提。如果应急信息不充分和不真实，那么政府选择合适的行动方案将无从谈起，就会浪费许多资源和时间。

思 考 与 讨 论

1. 工程活动中要坚持哪些环境伦理观？
2. 我们应当采取什么样的措施来预防环境伦理事故的发生？

本 章 小 结

本章系统介绍了工程活动中的相关环境伦理观念，依据有利于人类和自然的价值评价体系，我们提出了工程活动中工程技术人员需要遵循的环境伦理原则，主要包括尊重原则、整体性原则、不损害原则和补偿原则。在具体场景中，如果原则运用出现冲突情况，我们可以依据一组评价标准对原则的优先性进行排序，并运用排序后的原则秩序来判断我们行为的正当性。这一组评价标准由更基本的两条原则组成：整体利益高于局部利益原则和需要性原则。事实上，只要具备了尊重自然的基本态度，并按照上述原则行动，冲突的情况就很难出现，而罕见的极端情况会在出现以前得到化解。同时，本章介绍了工程共同体、工程师个人的环境伦理责任以及工程师个人的环境伦理规范。

环境伦理学从理论的层面为工程师该负有的环境伦理责任提供了理论基础，鉴于工程师在工程实践活动中的多重角色，工程师对任何一个角色都负有伦理责任，如对职业的责任、对雇主的责任、对顾客的责任、对同事的责任、对环境和社会的责任等，当这些责任彼此冲突时，工程师常常会陷入伦理困境之中，因而需要相应的制度和规范来解决此类困境。

本章参考文献

[1]　吴佳睿. 环境伦理学视域下的矿产资源开发问题研究[D]. 沈阳：沈阳师范大学，2016.

[2]　张扬. 我国矿产资源开采的环境伦理思考[D]. 河北：河北师范大学，2016.

[3]　李丽飞. 工程师的环境伦理责任研究[J]. 大众标准化，2022(09)：107-109.

[4]　厉以宁. 经济学的伦理问题[M]. 上海：生活·读书·新知三联书店，1995：213.

[5]　沃斯特. 自然的经济体系：生态思想史[M]. 北京：商务印书馆，1999：389.

[5]　霍尔姆斯. 环境伦理学[M]. 杨通进，译. 北京：中国社会科学出版社，2000：484.

[6]　余谋昌. 关于工程伦理的几个问题[J]. 武汉科技大学学报(社会科学版)，2002，4(1)：1.

第4章　工程师的职业伦理

【影片导入】《峰爆》剧情概要

2021 年上映的电影《峰爆》由中国电影股份有限公司出品，由人物的真实事件改编。电影讲述的是由于受到全球地质变动的影响，一场来势凶猛、声势浩大的地质灾害在云江县城附近突发，并且随时会危及人民的生命和财产安全，同时在喀斯特地貌区历时 10 年的隧道即将完工，此时却面临着保住隧道或者保住县城的两难抉择，于是一段救援的故事由此展开。影片中，工程师为了保护县城 16 万人的生命安危，炸毁了自己辛勤工作十年、倾注心血的隧道。《峰爆》通过一个灾难救援的故事，展现了工程师(人)在职业实践中应有的伦理原则和道德选择，是对工程伦理的一种生动诠释。

对于该影片，请大家思考如下问题：
(1) 工程师如何应对职业行为中伦理冲突情况？
(2) 如何规范工程项目的开展，筑牢工程师的职业伦理意识？

工程是什么？工程是调动自然界中巨大的动力资源来为人类所使用并给人类带来便利的技术。在西方语境中，"工程"一词可以溯源至拉丁文 ingenera(移植、生殖、生产)，与拉丁语 ingenium(灵巧的)和 ingeniatorum(灵巧的人)有关。工程活动是人类社会发展的基本活动，也是人类成长进步的基本活动。在现代科学尚未出现、技术水平还十分低下的人类社会早期，人们已经开始从事各类工程活动。在各种有一定规模的工程中，工程主导者——项目的思路提出者、规划设计者、活动组织者和指挥者出现了，这就是历史上最早的工程师这一职业角色。后来人们发现，工程项目不单单是对自然科学技术的应用，还关涉道德、人文、生态和社会等诸多维度的问题，这使得工程师面临特别的义务或责任，而工程伦理便是对这种责任的批判性反思。

工程活动、工程师、工程伦理，在 21 世纪初逐渐成为科技哲学界的国际性热门话题，这与工程和工程师在当代社会的重要地位是紧密相连的。本章将重点探讨工程师及其职业伦理问题、职业美德、伦理冲突等话题，并对经典案例进行分析，进一步提出工程师应承担的伦理责任以及工程师的培养方法。

学习目标

(1) 了解工程职业的由来及其涉及的职业伦理问题。
(2) 了解工程师应具备哪些职业美德。
(3) 掌握工程实践中应对职业伦理冲突的方法。
(4) 了解工程师应承担哪些伦理责任及如何培养工程师。

4.1 工程师和工程职业

4.1.1 工程师的由来与发展

工程活动是伴随着人类成长进步的基本活动。在 18 世纪 60 年代开始的工业革命中，随着技术的发展进步，原来以个体生产者为主的手工业生产从手工工场逐渐向大规模的现代化工厂发展。产品的数量增加了，企业的规模扩大了，工人队伍也扩大了，原来靠工匠个人的精雕细刻的工作模式已经不能满足需要。工匠们原来主要靠手、脑掌握的默会知识或隐性知识这时需要被大量工人掌握。这就要把在人脑中的隐性知识转变为可以表达出来并用书面形式记载以便传播的显性知识，一定程度上就是要把实践上升到理论，或从已有理论中找到实践的依据，这就是理论与实践结合的过程。随着这种结合的逐步深入，一个新的职业——工程师出现了。这是一群既掌握一定科学理论知识，又能熟练进行实际操作、具有工程经验的人，他们是从对实际工业生产有兴趣且文化基础较好、愿意学习接受理论熏陶的一部分工匠中产生的。

工程师指具有从事工程系统操作、设计、管理、评估能力的人员。工程师的称谓，通常只用于指在工程学的某一个范畴持有专业性学位或有相当工作经验的人士。工程师群体是提升科技水平、推动社会高质量发展的中坚力量。今天，成为工程师一般必须具备如下条件之一：完成正式的理工科大学教育，拥有理学或工学学士学位；拥有政府机构认证的工程师职业资格证；具备工程师协会会员身份；主要从事具有专业水平的工程工作。

"工程师"概念在西方出现于中世纪(公元 5 世纪后期到公元 15 世纪中期)晚期，起初用来称呼军械诸如攻城槌、石弩的制造者和操作者。也就是说，最早被称为工程师的人是军人或工兵。1689 年由彼得大帝在莫斯科创建的军事工程学院，是第一批由政府创建的工程教育机构，专门为军事服务。在英国工业革命期间，工程师开始摆脱纯粹军事活动，称自己为"民用工程师"或"土木工程师"。1717 年，工程师约翰·斯米顿在英国创立了非正式的土木工程师协会，名为斯米顿协会。1818 年，英国土木工程师协会创立，这是第一个官方承认的职业工程师组织，其被定义为"驾驭天然力源、供给人类应用与便利之术"。在差不多的时期，美国、法国、德国等纷纷成立类似组织，这标志着工程师职业正式出现。

与工程师职业发展密切相关的是发明专利制度的出现，美国 1790 年、法国 1791 年开始用国家成文法保护发明专利。

在我国，现代意义的工程和工程师这一说法都是舶来品。古代东方早期文明中还没有一个合适的词语能和我们现代意义上所指的"工程师"或"技术员"相对应。工程师是近代洋务运动中人们依据"工正""工匠师""工师"等传统说法引申出来、与英语 engineer 相对应的新词汇，在明末清初(公元 1600—1700 年)，其一度与"工师""工程司"等并用。中国工程师最早孕育于晚清的留美学生以及船政留欧人群中，代表人物如詹天佑、司徒梦岩等。最早的工程师职业团体是 1913 年詹天佑等人发起成立的中华工程师学会，早期著名工程有京张铁路。欧美工程大规模扩张与工业革命和电力革命息息相关，中国错过了前两次科技革命的浪潮。第二次世界大战之后，西方发达国家已然进入工程和工程师的时代，工程师成为社会主流职业，工程成为改造世界的主要手段，给人们的生活方式带来深刻的影响。

新中国成立以后，中国工程事业有了长足发展，由于特殊的社会历史原因，在我国，对工程师职业伦理的广泛关注和深入思考出现得比较晚。根本性的飞跃是在改革开放之后，2002 年，李伯聪教授出版了专著《工程哲学引论——我造物故我在》，2003 年，中国科学院成立了工程与社会研究中心，2004 年，中国自然辩证法研究会工程哲学专业委员会成立，2009 年，中国成立科学技术与工程伦理专业委员会。改革开放 40 多年来，中国的工程从业者、工程师以及理工科大学毕业生的人数急剧增长，一大批世界领先的大型工程如三峡工程、"南水北调"工程、杭州湾跨海大桥、青藏铁路、京沪高铁等的建成让世界惊讶，中国开始向外输出先进的大型工程经验如水电站和高铁建设经验等，海外更有人将改革开放取得的巨大成就归因为充分发挥了工程师能力的治国战略……这一切都生动地说明了：从某种意义上说，当代中国也进入了名副其实的"工程师时代"。中国是拥有全部工业门类的发展中大国，拥有全世界最庞大的工程师队伍，正在向工程强国迈进。

4.1.2　工程职业的地位、性质和作用

广义的职业是指提供社会服务并获得谋生手段的任何工作。在工程领域中，职业是指涉及高深的专业知识、自我管理和对公共事务善于协调服务的工作形式。李伯聪先生的"我造物故我在"是工程哲学的一句箴言，工程活动是"人造物"与"物造人"的双向建构过程，只有通过造物-成人的双重变奏，才能形成人与人、人与物、物与物之间的三重耦合。工程活动过程同时造就了工程人和工程职业：石匠、泥瓦匠、木工、电工、焊工，土木工程师、建筑师、机械工程师、电气工程师、软件工程师、网络工程师，等等，他们既是工程活动的产物，又是工程活动的主体。鉴于工程是改造世界的主要手段，广泛地影响及改变着人们的生活方式，工程职业成为社会主流职业，在社会中具有重要地位。根据《简明牛津词典》的解释，职业一词意味着一个人熟练并投身的岗位，即职业是一种岗位。戴维斯对"职业"的定义为：在同样的行当中一些人自愿组织起来谋生，公开地宣称将以道德上允许的方式服务于道德理想，这些理想超越了法律、市场、道德和公众舆论的要求。

工程实践中，人们在共同参与的活动、交往、关系和委身的事业中逐渐形成了职业共同体，这就是每个已确立的职业的特征。对外，职业共同体代表整个职业，向社会宣传职

业的重要价值，维护职业的地位和荣誉；对内，职业共同体制定执业标准，通过研究和开发促进职业发展，通过出版专业杂志、举办学术会议和进行教育培训，增进从业人员的知识和技能，提高专业服务水平，并且协调从业人员之间的利益关系。

工程职业的起源也隐含着雇主所要求的层级忠诚和隐含在职业主义中的独立性之间的紧张关系，职业共同体为职业自治(职业自主)提供了现实条件。职业自治指建立职业的行为规范和技术规范。行为规范强调的是"社会机制"，而技术规范强调职业共同体的"自我机制"。职业自治一方面，对外宣布本职业在专业领域的自主权威，包括职业内部制定的职业规范以及非书面形式的"良心机制"；另一方面，职业共同体所实施的行为受职业以外的社会规范的影响和约束，这些社会规范包括政府或非政府规章、法律制度、社会习俗。

工程社团是工程职业的组织形态。职业共同体通过工程社团方式完成对工程职业的组织管理。在西方国家，职业社团是一个探讨工程职业所面临的有争议的伦理问题的组织。通过颁布职业伦理规范并随着情况的变化定期地更新职业伦理规范，以及对拥护职业标准的成员的工作进行认可与支持，工程社团能够在其成员中做许多促进职业道德的工作。

4.1.3　工程职业制度

工程职业制度是指为了规范工程行业从业人员的行为，保障工程质量和安全，提高工程行业整体素质而制定的一系列规章制度，包含职业准入制度、职业资格制度和执业资格制度。

职业准入制度是指法律法规规定的一系列制度，用以确保工程师具有必要的能力、知识和技能来承担职业责任。这些制度具体包括：高校教育及专业评估认证、职业实践、资格考试、注册执业管理和继续教育 5 个环节。

职业资格制度是一种用于证明从事某种职业的人具有一定的专门能力、知识和技能，并被社会承认和采纳的制度。工程职业资格又分为两种类型：一种属于从业资格范围，这种资格是单纯技能型的资格认定，不具有强制性，一般通过学历认定取得；另一种则属于执业资格范围，主要是针对某些关系人民生命财产安全的工程职业而建立的准入资格认定制度，具有严格的法律规定和完善的管理措施，如统一考试、注册和颁发执照管理等，没有执业资格的人不允许从事规定的职业，具有强制性，是专业技术人员依法独立开业或独立从事某种专业技术工作时关于学识、技术和能力方面制定的必备标准。

执业资格制度是职业资格制度的重要组成部分，它是指政府对某些责任较大、社会通用性较强、关系公共利益的专业或工种实行准入控制，是专业技术人员依法独立开业或独立从事某种专业技术工作时关于学识、技术和能力方面制定的必备标准。

【案例导入】中国奶业标准到底该由谁来制定

在 2008 年中国奶制品污染事件之后，由国家卫生部牵头，启动重新制定乳制品的《杀菌乳安全标准》《灭菌乳安全标准》和《生鲜乳安全标准》的工作，而这三个标准的起草者为国内两大乳制品巨头——蒙牛和伊利，这使得中国整个乳制品行业陷入了各执一词的境地。因为起草标准的企业可能在技术、概念界定等方面作出利于本企业发展的标准参数。

（素材来源：中国经济网 2009-08-06）

✏ 启发思考

(1) 中国奶业标准到底该由谁来制定？

(2) 如何保证奶业标准的公平性和适用性？

(3) 奶业标准下，如何保护公众的利益？

✏ 案例分析

2008 年中国奶制品污染事件是中国乳制品的滑铁卢，导致国人对整个行业的信任危机，甚至发出了"中国奶业：我拿什么来相信你？"的呼吁声。中国奶业标准到底该由谁来制定？

乳制品行业是一个民生行业，其产品质量关乎公众的健康与安全，因此，乳制品生产的技术标准不是单纯的技术标准，不应只关注企业利润。乳制品安全与公众的安全、健康和福祉息息相关，安全与品质才是奶业发展的最终目标。奶业标准应该是在政府和公众的监督下，由国家卫生部、乳制品工业行业协会、奶业协会以及行业代表企业联合制定的。并且，该标准的制定过程应该是透明、科学、合理、公开的，应该有牵头的负责人与专家顾问。在奶业标准的制定过程中，各利益方应该遵守法律、规范和惯例，承担相应的责任，建立良好、健康的评估监督体制，避免不正当行为，良性竞争，在多方协作与监督下进行的。建立健全的行业品质管理机制，主要要求如下：乳制品应该严格按照标准执行生产，加强质检监督，保证其实施性；在实施过程中，结合时代与新技术的发展，由企业申请定期更新奶业标准；学习国际先进乳制品标准，向国际成功标准学习。

如何提升国产奶粉的质量和安全？国产奶粉行业从奶源、原料到添加剂，从加工、流通到储藏等各个环节都要严守，不能让任何一个环节出现问题。企业如果切切实实地做到了上述要求，消费者自然会看到，国产奶粉才能重拾消费者信心。

4.2.　工程师的职业伦理及其责任

4.2.1　职业伦理的内容与特点

1. 职业伦理的内容

从社会伦理学的视角来看，职业伦理是指职业活动中的伦理关系及其调节原则。职业活动是社会分工体系中的重要方面，是特殊的社会角色活动。根据职业活动在社会系统中所扮演的角色及其功能性要求，职业活动获得具体社会角色，获得社会权利与义务、责任的规定。职业活动体现了特定的价值理念，职业关系是特殊的伦理关系。职业活动中一切关涉伦理性的方面构成职业伦理的现实内容。

职业伦理涉及范围很广，如用以指导职业活动的价值理念的合理性，职业利益与公共利益关系，职业活动中的职业精神、职业良心与职业态度，职业活动中的社会分工与社会平等，职业关系(职业集团间、同一职业集团内不同成员间、不同职业集团或成员间以及职业集团成员与服务对象间的关系)的伦理调节，等等。恪尽职守、服务公众，是职业伦理的核心。

2. 职业伦理的特点

鉴于工程职业的特殊性，西方国家各工程社团以成文的形式强调了工程师在"服务和保护公众、提供指导、给以激励、确立共同的标准、支持负责任的专业人员、促进教育、防止不道德行为以及加强职业形象"8个方面的具体责任，归纳起来，职业伦理有以下特点：

作为职业伦理的工程伦理是一种预防性伦理。包括两个维度：第一，防止不道德行为；第二，工程师必须能够有效地分析这些后果，并判定在伦理上什么是正当的行为。这个安排有两层含义：其一，职业伦理章程为工程师避免伦理困境提供了一个非常重要的准则——把公众的安全、健康和福祉放在首位；其二，如何让技术成为好的技术，让工程成为好的工程？人的选择至关重要，职业伦理章程为工程师的选择指出了方向。

作为职业伦理的工程伦理是一种规范伦理。工程师的最高义务和首要义务是公众的安全健康与福祉，而不是工程师对客户和雇主所承担的义务。西方国家，尤其是美国的各职业社团的工程伦理章程对工程师的责任都进行了比较详细且务实的界定，包括：对安全的义务、揭发、保密与利益冲突。

作为职业伦理的工程伦理是一种实践伦理。它倡导了工程师的职业精神，表达了对工程师"把工程做好"的实践要求，更寄予工程师"做好的工程"的伦理期望。第一，它促使工程师涵育良好的工程伦理意识和职业道德素养，有助于工程师在工作中主动地将道德价值嵌入工程，而不是作为外在负担被"添加"进去。第二，它帮助工程师树立起职业良心，并敦促工程师主动履行工程职业伦理章程。第三，它外显为工程师的职业责任感——确保公众的安全、健康与福祉，并以他律的形式表达了"职业对伦理的集体承诺"，从而让工程师在工程实践中自觉遵循伦理行为模式，主动履行职业承诺并承担相应的责任。

4.2.2　工程师的职业伦理责任的内容

工程师的个人伦理责任在防范工程风险上具有至关重要的作用。因为工程师作为专业人员，不仅应比一般人更早、更全面、更深刻地了解某项工程成果可能给人类带来的福祉，同时也应比其他人更了解某一工程领域的基本原理以及其具有的潜在风险。因此工程师的特殊能力决定了他们在防范工程风险上具有不可推卸的伦理责任。所以，工程师应该有意识地去思考、预测、评估其所从事的工程活动可能产生的不利后果，主动把握研究方向；在情况允许时，工程师应主动停止危害性的工作。

工程责任的承担者不限于工程师，还包括诸多利益相关联者的工程共同体。工程共同体包括：科学家、设计师、建设者、投资者、决策者、管理者、验收者、使用者。工程事故中共同伦理责任是指共同体各方共同维护公平和正义等伦理原则的责任。

工程伦理责任主要包括技术伦理责任、职业伦理责任、社会伦理责任和环境伦理责任。

1. 技术伦理责任

技术伦理是指工程师在技术开发过程中所应遵守的道德和行为准则，它需要工程师根据自己所掌握的技术将研究成果应用到实际中。技术伦理的目标是确保技术的合法性和道德性，避免技术成果的滥用或者误用。达成该目标的具体工作如下：首先，要确保技术的安全性和可靠性。在技术开发初期，工程师需要进行充分的技术风险评估，制订应对计划，以保障技术的安全性和可靠性。其次，工程师需要对技术创新所带来的社会、法律和道德等问题进行深入思考，并积极探索有效解决方案。同时，工程师还需要确保技术开发过程中的透明度和公正性，让普通人能够理解和接受技术带来的益处和风险。最后，要避免技术创新中，因为忽视人类、社会和环境的利益而给人们的生活带来不良后果，尤其是对于弱势群体的影响需要更加谨慎考虑。

2. 职业伦理责任

职业伦理是人员在从业范围内采纳的标准，区别于个人伦理和公共伦理。工程活动的开展总是伴随一定的风险，而工程师的职业伦理责任就是对工程风险承担责任。工程师应注意：风险通常是难以评估的；存在不同的可接受风险的定义；要有意识地接受相应的工程伦理教育和培训。

3. 社会伦理责任

工程师作为公司的雇员，对企业或公司的利益要求应该有条件地服从，尤其是意识到公司所进行的工程具有极大的安全风险时，工程师更应该承担起社会伦理责任和义务。工程师应当将保护客户和雇主的利益作为其首要的职业责任；工程师对雇主、客户以及公众有诚实的义务，应将公众的安全、健康和福祉置于首要地位。

4. 环境伦理责任

工程的环境伦理的基本思想是：工程的环境伦理代表着价值论意义上的人类中心主义，它把人看成自然界唯一具有内在价值的事物。与之对应的是非人类中心主义：人类只是自然整体的一部分，他需要将自己纳入更大整体中才能客观地认识自己存在的意义和价值。同时发展出的动物解放论和动物权利论，主张把道德关怀的对象范围扩大到一切有生命的存在，倡导一种尊重生命的态度。

环境问题是工程活动中不可忽视的重要问题。首先，工程师应尽可能地评估、消除或减少工程项目决策所带来的影响，减少工程在整个生命周期对环境及社会的负面影响，尤其是在使用阶段；其次，工程师应建立一种透明和公开的文化，关于工程的环境以及其他方面的风险的信息，工程师必须和公众进行客观、真实、公平的交流，促进技术的正面发展以解决难题，减少技术的环境风险；最后，工程师应该认识到环境利益的内在价值，重视并妥善解决好国家间、国际以及代际间的资源分配问题，促进合作而不是使用竞争战略。

4.2.3　工程师的职业伦理责任缺失的原因

1. 工程师的专业水平和职业道德素养与社会职责要求有一定的差距

工程师伦理责任的基础就是工程师的职业道德素养的高低，职业道德素养的高低决定了工程师承担伦理责任的大小。国外西方国家发展水平较高，发展历史也比较长，对工程师的规范化要求已成为体系，成为人们普遍认同的标准。但从我国的发展来看，工程师伦理规范制定起步得比较晚，企业往往将经济效益放在第一位；从企业对工程师的要求来看，企业首先考虑的是工程师能不能给企业带来更多的经济效益，对社会的影响考虑较少或者并未将其纳入视野，仅关注国家强制性的规定。这从我国在工程领域发生的一系列重大安全事故可看出，比如，天津港事故的分析报告表明，事故的原因是多方面的，有的确实还很复杂，但是我们不难发现，事故的发生往往与工程师未完全履行职责有极大的关系，这些事件往往造成极大的损失，比如，在天津港大爆炸事件中，瑞海公司集装罐里的物质超过了标准值，而导致硝酸铵发生巨大的爆炸。从这些现象来看，事故发生的最根本原因是公司的工程师对于风险因素没有考虑清楚。

2. 现实利益对工程师责任的不良冲击

目前，现实利益的诱惑对我们每个人都是一个考验，对工程师来说也不例外。尤其在我们面临严峻的国际环境的背景下，国人的道德观念被不断挑战，西方文化对我们的道德观念也带来巨大的冲击。对于工程师来讲，由于其角色定位的多样性，工程师的职责压力较大，面临着各种世俗的诱惑和巨大的挑战。在工程的建造过程中，工程师要与承包方、投资方、监理单位等多方利益打交道，自然受到多种利益的影响。比如，在工程合同签订的过程中，工程师的地位非常重要，但工程师对于每一个参与方的要求是不一样的，每一个参与方都是为了自身的利益最大化、风险最小化，而决定权或者最大的建议权往往在工程师身上，所以各参与方会采取一些不法的手段去收买或利用工程师。因此，工程师能否坚守自己的职责，尤其是在道德上的坚守是一个非常大的考验。工程师们在企业的运转过程中，对他们的道德观念的考量也是值得探讨的。而在天津港大爆炸事故中，直到现在也没有一个确切的责任认定，但是不可否认的是，至少从现在所暴露出来的问题来看，工程师是没有完全尽到职责的。当然这也只是猜测，我们也不能片面地认定责任。

3. 对工程师行为进行约束的相关法律法规还不健全

伦理责任的承担总要有一定的规定来明确。但是实际上法律法规并没有对工程师的伦理责任有一个明确的规定。尽管这么多年来，我们关于职务犯罪方面的法律法规在逐步建立和健全，但是主要是针对职务犯罪的主体如公务员或者企业法人的。而对于具体从事业务的工程师来讲，所涉及的法律法规很少。尤其是对伦理责任的认定，更多的是道德的层面，也很难用法律法规来规定下来，应该针对伦理层面建立一系列说明或要求，但要上升到执行的层面可能还需要更长的时间，让全社会去接受。比如，在天津港爆炸案中，对于公司责任人和行政机关的监督管理人员要承担的责任有明确法律规定，但是对于工程师的责任认定还不是很清晰。这也说明我们的法律法规对我们工程师的违反职责的认定还缺乏详细的可操作性的规定。

【案例导入】湖南凤凰堤溪沱江大桥重大坍塌事故

2007 年 8 月 13 日，湖南省凤凰县正在建设的堤溪沱江大桥发生特别重大坍塌事故，造成 64 人死亡，4 人重伤，18 人轻伤，直接经济损失 3974.7 万元。大桥坍塌损坏了桥下通过的取水管道，从 8 月 14 日早晨开始，凤凰县自来水厂在县城范围内停水，居民及游客用水困难。湘西外宣办官员证实，一个多月前，第三个桥墩发生下沉现象，但该桥墩仅被简单加固以后便继续施工。这被媒体称为豆腐渣工程。

堤溪沱江大桥全长 328.45 m，桥面宽度 13 m，设 3%纵坡，桥型为 4 孔 65 m 跨径等截面悬链线空腹式无铰拱桥。大桥桥墩高 33 m，且为连拱石拱桥。堤溪沱江大桥于 2004 年 3 月 12 日开工，计划工期 16 个月。事故发生时，大桥腹拱圈、侧墙的砌筑及拱上填料已基本完工，拆架工作接近尾声，计划于 2007 年 8 月底完成大桥建设所有工程，9 月 20 日竣工通车，为湘西自治州 50 周年庆典献礼。该桥与 2007 年 6 月 15 日被撞垮塌的广东九江大桥同为湖南省路桥建设集团公司建造。

根据事故调查和责任认定，政府相关主管部门、建设单位、施工单位、监理单位、标段承包人等 24 名责任人被追究刑事责任、分别被判处 3～19 年有期徒刑，33 名责任人受到党纪、政纪处分，建设、施工、监理等单位分别受到罚款、吊销安全生产许可证、暂扣工程监理证书等行政处罚，同时责成湖南省人民政府向国务院作出深刻检查。

（素材来源：中国政府网 2007-8-16）

启发思考

(1) 该事故中涉及哪些工程伦理问题？

(2) 我国的工程活动从业者能从该事故中吸取什么教训？

案例分析

1. 湖南凤凰堤溪沱江大桥大坍塌原因分析

1) 直接原因

由于大桥主拱圈砌筑材料未满足规范和设计要求，拱桥上部构造施工工序不合理，主拱圈砌筑质量差，降低了拱圈砌体的整体性和强度，随着拱上荷载的不断增加，造成 1 号孔主拱圈靠近 0 号桥台一侧 3～4 m 宽范围内，即 2 号腹拱下的拱脚区段砌体，强度达到破坏极限而坍塌，受连拱效应影响，最终导致整座桥坍塌。

2) 间接原因

建设单位严重违反建设工程管理的有关规定，项目管理混乱，对已发现的施工质量不符合规范、施工材料不符合要求等问题未认真督促整改，未经设计单位同意，擅自与施工单位变更原主拱圈设计施工方案，且盲目倒排工期赶进度、越权指挥施工，甚至要求监理不要上桥检查，疏于对工程施工、监理、安全等环节的监督检查，且对检查中发现的问题未督促整改。

项目经理部未配备专职质量监督员和安全员，为抢工期连续施工主拱圈、横墙、腹拱、侧墙，在主拱圈未达到设计强度的情况下就开始落架施工作业，降低了砌体的整体性和强度，对工程施工安全质量工作监管不力。

工程监理单位未能依法履行工程监理职责，对施工单位擅自变更原主拱圈施工方案未予以坚决制止，在主拱圈施工关键阶段对发现的施工质量问题督促整改不力，在主拱圈砌筑完成但拱圈强度资料尚未测出的情况下，在《验收砌体质检表》《检验申请批复单》《施工过程质检记录表》上签字验收合格。派驻现场的技术人员不足，半数监理人员不具备执业资格。对驻场监理人员频繁更换，不能保证大桥监理工作的连续性。

此外，设计和地质勘察单位违规将勘察项目分包给个人，现场服务和设计交底不到位，政府有关部门对工程建设立项审批、招投标、质量和安全生产等方面的工作监管不力，对大桥工程的质量监管严重失职，湘西自治州政府要求盲目赶工期向"州庆"50 周年献礼等，也是导致事故的重要原因。

2. 湖南凤凰堤溪沱江大桥大坍塌引发的思考

这起事故的发生，暴露出安全责任问题和职业伦理问题。这是一起由于擅自变更施工方案而引发的生产安全责任事故。该项目的建设、施工、监理单位等相关责任主体未能认真履行国家法律法规和工程建设的质量安全标准、规范、规程等，并且相关人员法律意识淡薄，未落实安全生产责任制。

堤溪沱江大桥坍塌事故中，建设单位为国有独资公司，在招投标方面没有违规操作，委托的设计、地质勘察、施工、监理等均为资质健全且业内信誉较高的单位，但就是这么一个"优秀"的项目团队，却最终"制造"了一场悲剧。反思这场悲剧的发生，原因有市场经济的逐利本性所导致的建筑行业无序恶意的竞争，也有违背客观规律建造"献礼工程""面子工程""政绩工程""后墙不倒工程"，可以肯定的一点是，堤溪沱江大桥工程的相关参与者在各种压力与诱惑面前，缺乏责任、胜任、忠实、正直等基本工程伦理意识。

历史总是惊人的相似。回顾历史上发生的重大工程事故，我们总能发现背后存在腐败(受贿与行贿、官商勾结)、未尽职工作(监督不力等)、超越能力、缺乏安全风险意识、隐瞒和欺诈等职业伦理问题。工程项目的参与方多、投资巨大，各参与方会面对各种各样的压力、威胁或诱惑，易导致具体的工程实践中出现伦理困境。无数次的事故警示我们，只有不断提升工程伦理意识，并在实践中坚守工程师的职业伦理底线，用负责任的职业态度对待工程项目，才能有效避免类似的悲剧再次发生。

4.3　工程师的职业伦理规范

职业伦理规范是职业伦理的重要载体，它展现了职业伦理的权威并保障职业伦理得以实施。职业伦理规范通过其外在表现形式和内在理论基础，在职业主体的行为认知、价值引导和风险规避等方面发挥作用。在工程实践中，各工程社团的职业伦理章程对工程师的职业伦理规范进行了比较详细的解释。本节介绍的工程师的职业伦理规范包括首要责任原则、工程师的权利与责任、工程师应具备的职业美德、应对职业伦理冲突的原则。

4.3.1　首要责任原则

1. 对安全的义务

西方国家各工程社团在订立工程伦理规范之初，便将"把公众的安全、健康和福祉放在首位"作为基本价值准则，工程职业伦理章程中关于安全的条款与降低风险相关，其定义安全设计的术语为"公认的工程标准"。

2. 可持续发展

可持续发展逻辑构成人类工程实践的重要内容。它着眼于人类发展的整体利益和长远利益，提出在尊重自然、顺应自然、保护自然的前提下人类应然享有的全面发展权利，要求工程师对自然界主动承担起节约资源、保护环境的责任；同时强调工程不能仅仅着眼于当前的物质和经济的需要，而是应该站在为人类的安全、健康和福祉着想的基础上，着眼于全面发展、生态良好、生活富裕、社会和谐的未来。

3. 忠诚与举报

忠诚和举报是两个不同的概念。忠诚是工程师职业伦理的基本要求，指忠诚于雇主，忠于自己的职业，对社会忠诚。举报是当今社会中公民主体意识觉醒的一种表现，也是工程师和其他专业人员面临的最大的伦理问题之一。工程师背负着多种价值诉求，工程举报是否违反了工程技术人员对雇主和组织的忠诚？举报不是处理问题的最好的方法，而是一种最后的诉求。举报应当注意几个实际建议和常识性规则：第一，除了特别少见的紧急情况外，首先应当努力通过正常的组织渠道反映情况和意见；第二，发现问题迅速表达反对意见；第三，以通达的、体贴的方式反映情况；第四，既可以通过正式的备忘录，也可以通过非正式的讨论，尽可能使上级知道自己的诉求；第五，观察和陈述要准确，保存好记录相关事件的正式文件；第六，向同事征询建议以避免被孤立；第七，在把事情捅到机构外部之前，征求所在职业学会伦理委员会的意见；第八，就潜在的法律责任问题咨询律师的意见。

4.3.2　工程师的权利和责任

工程职业伦理章程中，"工程师应当……"准确地规范了工程师的各种责任。根据权责统一原则，工程师也拥有正当权利。

1. 工程师的权利

工程师的权利指的是工程师的个人权利。工程师担任了多重角色，自然人、社会人、职业人。作为自然人和社会人，工程师有自由追求自己正当利益的基本权利，例如在雇佣时不受性别、种族或年龄等的歧视的权利。作为雇员，工程师享有接受作为履行其职责的回报的工资的权利，享有从事非工作相关的政治活动时不受雇主的报复或胁迫的权利，享有独立开展工程活动的权利，享有保护自身技术成果的权利。作为职业人，工程师还享有由他们的职业角色及其相关义务产生的特殊权利。

2. 工程师的责任

21 世纪，世界各国的现代化进程如火如荼，工程技术和工程活动的数量越来越多、规模越来越大、程度越来越复杂。工程师从原来的忠诚于雇主、对得起自己的良心发展到更加重视对经济、社会的可持续发展以及对整体人类福祉负责，说明工程师的责任伦理有从"有限责任"向"无限责任"延展的趋势。工程师履职过程中形成三种责任类型：义务-责任、过失-责任、角色-责任。

首先，义务责任是工程师的行为责任，必须遵守法律法规，避免不正当的行为。其次，过失责任。工程师伦理章程严厉禁止工程师随意的、鲁莽的不负责任行为，并要求工程师对因自己的工作疏忽造成的损失承担过失-责任；同时，根据已有的工程实践历史及经验，提醒工程师不要因为个人的私利、害怕、无知、微观视野、对权威的崇拜等因素干扰自己的洞察力和判断力，要对自己的判断、行为切实负起责任。最后，角色责任。当工程师承担某个职位或管理的角色时，要对不符合工程标准的计划和(或)说明书完成签字或盖章行为，也要承担角色责任。

4.3.3　工程师应具备的职业美德

梁启超先生曾说过："凡职业没有不是神圣的，所以，凡职业没有不是可敬的。"有了职业美德的托举，"伟大出自平凡，平凡造就伟大"的奋斗哲理更显深刻有力。加强职业美德建设和弘扬，能够使工程师砥砺职业操守、恪守职业本分、干好本职工作，做到每件事、每个细节、每项产品力求无愧本心；能够使社会弘扬道德楷模精神、营造爱岗敬业氛围，形成学有榜样、行有示范的良好风气；能够使国家经济、政治、生态等各方面加快发展，推进中国式现代化的建设。当工程师将崇高的职业美德落实为掷地有声的职业行动，实现中国梦就有了强大精神力量和道德支撑。因此，在工程实践活动中，工程师应具备以下几个方面的职业美德。

1. 诚实可靠

由于工程实践中信任和可靠的重要性，伦理章程要求工程师在他们的职业判断中保持诚实和公正。因为工程师的职业活动事关公众的安全和福祉，人们自然而然地希望工程师诚实可信，不存在欺骗行为。一方面，职业伦理章程强调诚实的重要性，不仅表现在工程师必须"诚实且公正"地履行职业道德规范，而且还要在职业判断和交往中避免利益冲突。另一方面，随着科技的发展以及现代工程的勃兴，"诚实"在伦理中被人们视为最重要的品德，也日益成为工程师的首要美德。在西方伦理思想史中，诚实被看作人最重要的品德，诚实是坚守原则、人品正直、独立自主的核心要素，是对每个人的第一要求。

2. 尽职尽责

从职业伦理的角度来看，工程师的"尽职尽责"体现了"工程伦理的核心"，西方国家各工程社团职业伦理章程均明确提出，"工程师最综合的美德是负责任的职业精神"，"很好地完成自己工作的工程师是道德上善良的工程师，而做好工作是以胜任、可靠、聪明才智、对雇主忠诚以及尊重法律和民主程序等更具体的美德为基础的"。工程师的职业活动与公众的安全、健康、福祉息息相关，对工程师的责任要求具体表现在是否有利于提升公众福祉、是否胜任职业责任等方面。比如，在发生利益冲突时，要将公众的安全、健康和福祉放在首位，并在自己能力胜任的领域从事业务。因此，工程伦理章程要求工程师形成诸如胜任、尽责、公正等美德。

3. 忠实服务

工程师从事职业活动的基本方式是服务，是为客户和雇主提供诚实、公平和忠实的服务。在充满风险和挑战的工程实践过程中，工程师为客户所提供的产品可能因人类认识的局限性和其他不可控因素而对公众的生活产生一定的危害，所以在西方各工程社团的职业伦理章程中，都开宗明义地指出："工程师所提供的服务需要诚实、公平、公正和平等，必须致力于保护公众的健康、安全和福祉。"工程师设计的产品是为满足社会和公众的需要，并通过创新和优化达到物与人的和谐状态。忠实服务既是对工程师所从事的职业的内在认可，也是对践行"致力于保护公众的健康、安全和福祉"的不懈追求。

4.3.4　应对职业伦理冲突的原则

在实际的工程实践情境中，工程师面临的问题不仅仅局限于伦理准则，还面临着具体实践境域下的角色冲突、利益冲突和责任冲突。

1. 对角色冲突要回归工程实践

工程师在社会生活中不可避免地扮演着多重角色，不同的角色有不同的责任、追求以及来自他人的期待，比如工程师是一个职业人；工程师受雇于企业，是雇员；工程师可能在企业当中担任管理者的角色；工程师作为社会人，也是社会公众的一员，还是家庭中的一员，甚至是某些社会组织中的成员；等等。角色冲突导致了工程师所处的道德行为选择困境。首先，作为职业人，工程师一方面受雇于企业，另一方面，工程师有自己的职业理想，应把社会公众的健康福祉放在首位。当企业的决策明显会危害社会公众的健康福祉，且当工程师能预测到这种危害时，工程师就面临着角色冲突。其次，工程师作为社会公众的一员，和众多公众一样要遵守道德。通常情况下，工程师把公共需要的实现放在首位，与一般道德的价值方向一致，不会产生冲突。但是工程活动是一项复杂的社会实践，涉及企业、工程师群体以及社会公众甚至政府。工程师在促进工程成功实施的过程中，必须协调各方目的。当工程师在实践过程中的行为与道德要求相冲突时，他(她)就陷入了角色冲突的困境中。最后，工程师还可能是企业的管理者。工程师与管理者的职业利益不同，这使得他们成为同一组织中的共同体成员，但两者范式不同。当企业的决策对工程规范标准或者可能对公众安全、健康和福祉造成威胁的时候，处于企业决策者位置的工程师就面临着道德角色冲突。

2. 面对利益冲突要保持多方信任

工程中的利益冲突问题是工程伦理和工程职业化中的一个重要话题。然而，不同于其他的一般职业，工程中利益冲突的对象并不局限在工程师个体和公司群体这两方。谈及工程，还常常会涉及"公众"这一重要的利益主体，因为自工程出现以来，工程就是与社会发展密不可分的，它在很大的程度上关系到公众的利益。按照不同的集合特征来划分，利益主体可以划分为三个最为基本的层次，即个人、群体与整体，在工程中，代表者是工程师、公司与社会公众。

首先，公司与社会公众之间的利益冲突。作为营利性的组织，公司作决策时遵循的都是利益最大化的原则。而当公司实现自身利益的活动影响社会公众的利益(即安全、健康与福祉)的时候，公司与社会公众之间的利益冲突就发生了。

其次，工程师与公司之间的利益冲突。工程师受雇于公司，有责任以自己的职业技能作出准确和可靠的职业判断，并代表雇主的利益。但工程师与公司之间也时常会发生利益冲突，其中有两种情形：其一，当雇主或客户所提出的要求违背工程师的职业伦理，或者可能危害到社会公众的安全、健康或福祉时，工程师是坚持己见，与雇主或客户进行抗争，还是屈服于雇主或客户的要求，不顾及社会公众的利益。其二，当外部私人利益影响工程师的职业判断，而作出利于或不利于公司利益的判断。

3. 个体工程师与社会公众之间的利益冲突

工程师既是公司的一员，也是社会的一员。工程师既要考虑公司的利益，也同样要为社会公众的健康、安全与福祉负责。这里也有两种冲突的情形：其一，当工程师面对公众利益与私人利益的选择时，就会有利益冲突的发生；其二，当公司利益与公众利益发生冲突，雇主或客户所提出的要求影响到工程师的职业判断，进而使社会公众的健康、安全与福祉受到损害时，这也是发生在工程师与公众之间的利益冲突。处理利益冲突问题时，应该遵循下述的原则，即什么对于保持雇主、客户与公众的信任是必需的，以及什么对于保持工程师职业判断的客观性是必需的，从而选择最为合适的方式。对于解决利益冲突的方式，我们可以简单地列举为几种：拒绝，比如拒收雇主的礼物；放弃，比如出售在供应商那里持有的股份；离职，比如辞去公共委员会中的职务，因为公司的合同是由这个委员会加以鉴定的；不参与其中，比如不参加对与自己有潜在关系的承包商的评估；披露，即向所有当事方披露可能存在的利益冲突的情形。

4. 应对责任冲突要懂得维护权益与变通

责任冲突是指工程师在工程行为及活动中进行职责选择或伦理抉择的矛盾状态，即工程师在特定情况下表现出的左右为难而又必须作出某种非此即彼选择的境况。在具体的工程实践场景中，责任冲突往往表现为个人利益的正当性、群体利益的正当性、原则的正当性间的冲突。因此，工程师需要作四类提问。第一，该行动对"我"有益吗？在有些情况下，如果我们认为某些行动是有益的，只要我们能表明这种行动对我们有实际的好处，就能证明自己的这种认识是正确的。第二，该行动对社会有益还是有害？工程师在进行伦理思考时，不能仅考虑这一行动对自己是否有益，而是应该进一步考虑该行动对受其影响的所有人是否有益。第三，该行动公平或正义吗？我们所有人都承认的公平原则是同样的人应该受到同样的待遇。关于什么人是平等的和什么是平等的问题，人们常常存在分歧，但除非存在相关差别，所有人都应该受到同等待遇。第四，"我"有没有承诺？这个问题询问的是"我"是否以某种方式实施行动并向某种现存关系作过含蓄或明确的承诺。假如有过承诺，那么应该信守承诺。因此，对于问题"我答应过做这事吗？"如果答案是肯定的，那么，做这件事就又有了一个正当理由。通过上述反思，工程师至少可以寻找到一个满意的方案。工程社团职业伦理章程常常提供解决困境的直截了当的方式，但也有矛盾的地方，公认的准则是把公众的安全、健康和福祉放在首要位置，但是当公众利益与雇主、客户利益冲突，如何做到诚实和公平？这就需要在具体的伦理困境中进行权衡与变通。

【案例导入】西安地铁"问题电缆"事件

2014 年 3 月 13 日，曾在陕西奥凯电缆有限公司任职的网友爆料，西安地铁 3 号线整条线路所用的电缆，均是由自己工作的奥凯电缆这家不符合国家标准的小作坊生产的。奥凯中标地铁项目不仅涉及权钱交易，生产电缆使用的劣质材料和偷工减料问题还很有可能引发火灾等安全事故。

2017 年 3 月 16 日晚，西安市政府就有关舆情作出回应，称送检随机取样的 5 份样品。西安市委、市政府表示：将对地铁三号线涉及问题一查到底，不论涉及谁，依法依规严惩不贷。

2017 年 3 月 20 日 21:30，西安市政府新闻办即刻召开第二次新闻发布会，公布抽检结果：5 份电缆样品，均为不合格产品。西安市委、市政府现场表态：在保证三号线安全运行的前提下，积极实施整改，争取用最短的时间全部更换问题电缆。市委常委、常务副市长吕健，市委常委、市纪委书记杨鑫到会。西安市常务副市长本人亲自在新闻发布会出镜，向全市人民鞠躬道歉。

2017 年 3 月 20 日晚，"西安发布"发布了一段对奥凯公司法人代表王志伟的采访视频：镜头里的王志伟浑身颤抖，面对镜头，王志伟承认了奥凯公司以次充好、供应不合格电缆的行为，并向全市人民悔罪、道歉。

事件处理。为严肃法纪，维护公共利益，国务院决定：

一、责成陕西省人民政府向国务院作出深刻书面检查，国务院通报批评。

二、由陕西省依法对涉案违法生产企业 8 名犯罪嫌疑人执行逮捕，依法依纪问责处理相关地方职能部门 122 名责任人，包括厅级 16 人、处级 58 人。此外，对央企驻陕单位的 19 名涉案人员立案侦查。同时，有关部门和地方要对陕西省转交的问题线索深入核查，依法依纪作出处理。

三、由陕西省依法依规撤销涉案违法生产企业的全部认证证书和著名商标认定，吊销营业执照和工业产品生产许可证。

四、全面深入排查涉及的工程项目，尽快完成问题电缆全部拆除更换。在全国开展线缆产品专项整治，排查和消除生产过程中的各类安全隐患，促进产品质量提升。

五、大幅提高涉及群众生命安全的质量违法成本。深刻吸取教训，以对人民高度负责的态度，进一步全面加强质量监管。

2019 年 3 月 29 日，西安中院依法公开一审宣判：被告单位陕西奥凯电缆有限公司犯生产、销售伪劣产品罪，单位行贿罪，数罪并罚，决定执行罚金人民币 3050 万元；被告人王志伟犯生产、销售伪劣产品罪，单位行贿罪，行贿罪，数罪并罚，决定执行无期徒刑、剥夺政治权利终身，并处罚金人民币 2150 万元；其余 7 名被告人犯生产、销售伪劣产品罪，单位行贿罪，分别判处有期徒刑七年至十二年又三个月不等的刑期，并处罚金。

（部分素材来源：国务院 2019-03-29）

✎ **启发思考**

(1) 该事件涉及哪些工程伦理问题？
(2) 我国的工程活动从业人员应从该事件中吸取什么教训？

✎ **案例分析**

在工程活动中，伦理因素是一个渗透性的要素，它深刻地渗透到工程活动的其他成分和要素之中，伦理因素既可能促使工程成功，也可能导致工程出现问题。西安地铁"问题电缆"事件涉及的伦理问题包括：

(1) 因伦理意识缺失或者对行为后果估计不足导致的问题。在工程设计过程中，未考虑某些环节会对环境或者其他人群造成不良影响。

(2) 工程相关方的利益诉求与公众的安全、健康和福祉之间的冲突。

(3) 工程共同体内部意见不合，或者工程共同体之间存在伦理原则不一致的问题。在此次事件中，工程共同体在履行责任的过程中，没有把公众的安全、健康和福祉放在首要位置，这是工程伦理不容许的。

西安市有 1300 多万常住人口，每天大约有几十万的老百姓要乘坐地铁出行。不合格电缆一旦起火则火势凶猛、扑救困难，在燃烧时会产生大量的有害有毒气体，因此必须十分重视防范电缆火灾事故。陕西奥凯电缆有限公司使用的电缆线径偏小，即电缆的线径实际横截面积小于标称的横截面积，为了确保最低价中标和利润最大化，在制作的时候偷工减料。这样会造成电缆电线的发热过大，不仅会损耗大量的动力，而且可能引发火灾，导致大的灾难。电缆燃烧时会产生大量的有害有毒气体，往往在火灾中致人丧命的不是大火，而是这些毒气，其可能夺去在地铁中受困的成千上万名乘客的生命。可见，西安地铁"问题电缆"事件的严重性。

在这起工程伦理事故中，虽然作为材料提供方的奥凯公司难辞其咎，但作为建设方的工程师和监督方的地方政府也要负起很大的责任。如果不是建设工程师玩忽职守，对于劣质材料不闻不问，照单全用，又怎么会造成这么大的安全隐患？如果不是建设工程师没有遵守其职业道德，又怎会闹出这么一起重大事件？如果不是地方政府与材料供应商之间有利益关系，有钱财勾结，那么这种劣质材料又怎会应用到如此重大的民生项目中？该事件对我国的工程活动有以下四个警示：其一，加强工程伦理教育，提升工程师伦理素养，增强工程从业者的社会责任；其二，加强反腐倡廉教育，筑牢防止监管失守的思想基础；其三，强化监督，严厉问责，加大对权钱交易和为官不为的惩罚力度；其四，以人为本，将人们的生命放在第一位，对工程的安全审查一定要慎之又慎，抵制有安全隐患的工程。总而言之，工程活动只有在民众的支持下才能更好地进行，工程师要树立正确的工程伦理观，不负民众的信任，完成令社会满意的工程。

4.4　卓越工程师的培养

　　"卓越工程师教育培养计划"(以下简称"卓越计划")是为贯彻落实党的十七大提出的走中国特色新型工业化道路、建设创新型国家、建设人力资源强国等战略而部署实施的高等教育重大计划。工程能力的培养既包括与现代工业生产水平相适应的设计、制造、施工、开发、管理等能力的培养，又包括与现代科技发展水平相适应的创新精神和综合能力的培养，还包括与市场经济相适应的质量、安全、环保、竞争、协作意识和能力的培养。因此，"卓越计划"把培养工程师的工程能力放在了至关重要的位置。

4.4.1　卓越工程师的培养原则

1. 复合性原则

　　"卓越计划"的培养目标分别在知识、能力和素质方面对各层次工程人才提出了要求，其中的重点是对各种能力的培养，而各项能力的培养主要是通过相应的课程体系的实施来实现的。因此，"卓越计划"必须立足于具有良好综合素质的复合型人才的培养这一目标。

　　在当今"知识爆炸"、技术飞速发展的时代，工科学生在大学四年里不可能全面、系统地掌握本专业领域的所有科技知识。只有牢牢地掌握基础知识，才能形成扎实的运用能力，增强学生的社会适应性。因此，在课程设置上应强调基础性，加强公共基础课和工程专业基础课的建设，对学生进行文化素质教育，深化综合性课程和外语、计算机等工具性课程的教学改革，培养既具有科学人文素养、又具有较强适应能力的复合型工程人才。另外，随着新材料、新工艺、新技术的不断出现，单一的专业知识已经不能满足工程学科对人才的需求，许多重大工程问题的解决都需要多学科的协同攻关。因此，工程教育必须对单一狭窄的专业化教育模式进行改革，特别是在课程的设置上，要体现出各学科综合交叉的特点，打破学科界限和院系壁垒，促进各学科之间的交叉融合，树立多元综合的大工程观，以培养具有多学科视野的工程人才。

2. 人本化原则

　　在"卓越计划"的实施过程中，要充分落实学生的主体地位。在教与学的关系上，注重发挥教师的主导作用，尊重学生的主体地位，发展学生的个性特长，强化人本管理。在课堂教学中必须遵循人本化原则。

　　在教学过程中应处理好教与学的关系，树立"以教师为主导，以学生为主体"的教学观。为此，应以学生为中心组织教学活动，充分发挥学生的主观能动性。通过运用启发式、讨论式、研究式、项目式等教学方法，有效地调动学生的学习积极性，培养学生独立思考和自主学习的能力，提高学生自主发现问题、提出问题及解决问题的能力。将教学重心从"教"转移到"学"上，从传授知识转移到培养能力上。

个性在能力形成的过程中起着十分重要的作用，而个性的自由发展是人才成长与发展的前提。工程教育必须关注每一个个体，真正做到因材施教，以满足不同学生的学习需要。应按照培养目标的要求，结合每一个学生的特点，尽可能挖掘每个学生的潜能，充分发挥学生的个性特长，注重能力提升与个性发展的结合，使每个学生都能得到充分、健康的发展。

3. 实践性原则

工程的社会性决定了工程教育的实践性。工程是一种特定的社会实践活动，工程师是从事这种造福人类的实践活动的主体，以培养卓越工程师为目的的工程教育在本质上也应具有实践性。能力来源于实践，实践教学是培养学生工程能力的有效途径。因此，在培养卓越工程师工程能力的教学中，必须坚持实践性原则。

4. 创新性原则

工程是将科学技术转化为生产力的活动，这种转化是一种创新。无论是工程科学还是工程应用，唯有创造和创新，才有生命力。因此，在"卓越工程师"的培养中，注重培养学生的创造性思维能力，使学生掌握创新的方法和技巧，并将其灵活应用于工程实践中。

应将工程素质和创新能力的培养贯穿于工程人才培养的全过程。首先，培养方案的确立和教学内容的选择要能够体现工程创新的理念，应增设有利于培养工程创新能力的课程，使学生了解有关创新方面的基本理论，强化学生的创新意识。在实验教学中应增加能够体现"开放性、探索性、研究性"的实验，培养学生的创新精神。其次，引导学生从继承性学习走向探究发现性学习。采取"做中学"的学习方式，启迪学生的智慧，激发学生的学习热情，从而培养他们的创造能力。最后，要积极营造创新的氛围，在工程知识创新的过程中培养学生的实践应用能力。

5. 多元化原则

对卓越人才培养质量的评价应以是否满足社会对工程人才的要求为标准。也就是说，评价体系的构建不应完全以学位证书体系为标准，也不应完全以岗位资格证书体系为标准，应充分体现评价标准的多元化。因此，在卓越工程师工程能力培养的过程中，应改变过去只注重知识记忆和考试分数的传统考评方式，建立科学有效的工程教学考核与评价体系，以充分发挥考评在学生工程能力培养中的导向与激励的功能。

6. 拓展性原则

与"第一课堂"教学相比，能力、素质的拓展训练所涵盖的内容极其丰富，是对课堂教学的有益补充。它不仅包括社会综合能力训练，还包括专业技能、专业素质的拓展和社会综合能力的扩充训练。因此，在卓越工程师工程能力的延伸上应遵循拓展性原则。

工程能力拓展训练项目包括各类专业证书教育、各类专项培训、学生创业项目、产学研活动等。通过各项拓展培训提高学生的综合素质，使学生在实践中获得技能，从而提高学生的工程应用能力和技术开发能力。通过开展各种综合性技能竞赛、各类科技文化活动和对外交流活动等，提高学生的人际交往和团队协作的能力。

4.4.2　卓越工程师的培养措施

习近平总书记在中央人才工作会议上强调,要培养大批卓越工程师,努力建设一支爱党报国、敬业奉献、具有突出技术创新能力、善于解决复杂工程问题的工程师队伍。这既阐释了卓越工程师又红又专的基本属性,又指明了能否自主培养卓越工程师直接关乎人才强国、科技强国建设。

1. 厚植家国情怀

卓越工程师必须是有思想、有灵魂的工程师。高校需要牢牢把握正确办学方向,在工程师教育中践行"人格、素质、能力、知识"融合培养理念。

(1) 擦亮爱党报国的底色。理想信念教育必须和工程师专业教育紧密结合。要深挖工程发展史中的红色根脉资源,打造浸润式、可互动的思政现场教学平台,让一代代工程师传承红色基因。

(2) 涵育敬业奉献的底蕴。敬业奉献是匠心的生动体现。要为一线优秀工程师发挥传帮带作用搭建平台、提供舞台,让学生在与行业导师的互动中铸就工匠精神。

(3) 坚守扎根大地的底气。扎根大地是探索中国特色工程师培养方式方法的必由之路。要面向国家的急迫需要和长远需求,培养能解决工程技术领域"卡脖子"问题的卓越工程师。

2. 突出创新能力

具备尖端创新能力、能解决复杂工程问题的卓越工程师是国家发展产业链现代化的战略基石。高校需要遵循"学科—人才—科研"一体化发展规律,围绕培养层次、能力素质、知识结构等维度不断完善卓越工程师培养模式。

(1) 坚持培养层次的高端化。要将卓越工程师培养定位在研究生教育层次,改革专业学位研究生招生考试制度,试点推进硕博贯通培养,分类分学科群建立选拔标准和考查方式,鼓励战略急需领域有工作经验的工程师"回炉"深造。

(2) 坚持能力素质的拔尖性。要强化协同育人的系统观念,优化城市、企业及高校的产教融合基地的布局,调动行业龙头企业、科技领军企业的积极性,建立面向产业、以实践为导向的课程体系和实习实训体系。

(3) 坚持知识结构的复合型。卓越工程师工程能力培养中,需要以培养多学科交叉的知识结构人才为依托,领导传统产业转型升级和战略性产业创新发展。要将学科的育人功能摆在突出位置,补齐工程师培养过程中单一专业的短板,同时构建跨学科、跨领域合作的联合导师团队机制,发挥高层次人才对工程师教育的引领作用。

3. 树立卓越品牌

当前制约工程教育高质量发展的因素,主要表现为体制机制不灵活,下面给出解决该问题的几点建议。

(1) 建设高水平工程师学院。高水平大学具备建立工程师学院的综合实力,要勇于成为工程专业学位教育改革的先行区。要葆有改革创新的胆略,从服务国家战略急需、驾驭未来科技创新、引领未来产业发展的高度,重塑卓越工程师培养体系,坚持开放办学,构建以卓越发展为导向的工程师学院的现代化治理体系。

(2) 建设高质量产教融合基地。卓越工程师的培养需要充分调动高校与企业两个主体的积极性。要加快贯通教育链、产业链与创新链，全面深化校企战略合作伙伴关系，打造工程师教育共同体，构建面向龙头企业需求的工程师培养的长效机制。

(3) 建设高能级科创育人平台。高能级科创育人平台是高校办学的延伸实体，是卓越工程师培养体系的重要组成部分。要及时回应经济社会转型升级、科技产业变革和知识大融通的发展趋势，集聚政府、企业和高校的优势资源，探索集人才培养、科学研究、成果转化、社会服务为一体的校企合作新模式，促进工程师培养与政产学研合作联动发展。

【案例导入】卓越计划加快升级　打通产教融合"最后一公里"

2022 年 12 月 8 日，东莞理工学院召开卓越工程师产教联合培养行动推进会，为工程师学院揭牌，并开展校、政、行、企等多元主体的联合行动，共同培养新时代卓越工程师。

制造业是立国之本、强国之基。培养新时代卓越工程师，是高校人才培养的使命所在，也是推动我国由制造大国迈向制造强国的关键一环。东莞理工学院入选教育部首批卓越工程师培养计划建设高校，以广东高水平理工科大学建设为契机，抢抓新工科建设机遇，充分利用地方产业优势，贴近产业需求，构建起与高素质应用型创新人才培养相适应的创新型工程实践教育体系。

今年 7 月，卓越计划迎来升级：东莞理工学院出台《新时代卓越工程师产教联合培养行动实施方案》，针对 9 大国家急需重点领域和 7 大学校特色领域，努力培养一批爱党报国、敬业奉献，具有突出技术创新能力，善于解决复杂工程问题的卓越工程师。

东莞理工学院党委书记成洪波说，当前，我国正在深入实施科教兴国战略、人才强国战略、创新驱动发展战略，卓越工程师是不可或缺的重要人才力量。加强培养新时代卓越工程师人才队伍，是加快高水平科技自立自强的战略举措，是高等教育高质量发展的战略重点，是新型高水平理工科大学实现弯道超车的战略支点。

一、产业人才需求导向贯穿课程全体系

不久前，第八届中国国际"互联网+"大学生创新创业大赛总决赛上，东莞理工学院夺得 2 金 4 银 5 铜。这是学校首次在"互联网+"国赛上斩获金奖，其中一个金奖项目"锂工正极——首创低耗生产磷酸铁锂助力碳中和"，核心团队便来自化学工程与能源技术学院卓越计划班。

"通过卓越计划，我们深入企业生产现场，接受创新创业实践训练，为项目顺利推进奠定了基础。""锂工正极"项目负责人、2020 级应用化学卓越计划班的杨浩说。

杨浩所在的应用化学专业，是东莞理工学院参与教育部首批卓越计划的四个本科专业之一。另外三个专业，机械设计制造及其自动化、电子信息工程、软件工程也均是贴近东莞产业发展需求的专业。

东莞是知名的制造业城市，其制造的产品销往全世界。东莞理工学院作为当地首所公办本科高校，特别是 2015 年入选广东高水平理工科大学建设高校以来，始终立足引育人才、扎根产业、服务城市的发展方向，致力培养与现代化产业体系相适配的高素质应用型创新人才。

以教育部卓越计划高校建设为契机，东莞理工学院发挥校内外优质资源，开启了人才培养新探索。卓越计划改变单一授课模式，重视运用团队学习、案例分析、现场研究、模拟训练等互动式教学方法，激发学生学习兴趣与主动性，并且在教学过程中关注学科与行业发展动态，融入科研成果、真实案例的讨论，实现教学内容和教学方法的全程配合。

经过多年的探索实践，东莞理工学院形成了包括通识教育、基础能力、核心专业课程、实践应用能力、项目式设计课程、学科交叉六大模块在内的课程体系，将产业人才需求导向贯彻到课程全体系。"这样的改革不仅推动了跨学科课程建设，也最大程度地保障了高素质应用型创新人才培养与社会需求目标、过程、结果的一致性。"东莞理工学院校长马宏伟说。

二、企业常态化深度参与协同育人

从东莞理工学院毕业后，黄友文顺利进入比亚迪电子有限公司工作，并迅速成长，入职仅三个月便成功晋升为项目工程师，三年后便可以独立带队承担公司重大项目。

这得益于他在东莞理工学院受到的企业实训与职业认知的训练。在推进卓越计划的进程中，东莞理工学院将校企合作升级至产学融创，与新型研发机构、行业龙头企业、专业镇街园区和国际名校等创新主体合作，先后创建了集人才培养、科技研发、社会服务于一体的 9 个现代产业学院。黄友文便是在东莞理工学院长安先进制造学院(下称"长安学院")的推荐下得到了提前进入企业的机会。

长安学院成立于 2016 年 7 月，由东莞理工学院与东莞市长安镇签约合作，协同东莞区域先进制造业企业，机械、智能制造等行业协会共建。在卓越计划中，东莞理工学院采用"3+1"培养模式，将企业实习期限延长至一年，加大产学合作、协同育人的力度。

从长安学院的实践，可以管窥该模式的特色。该学院的"教育+培训+就业+创业"的人才培养服务链完整细致，采用校、政、企、协多方协同育人的机制，师资队伍由"直聘的驻院企业工程师+学校有工程经验的教师+柔性聘请的企业、行业协会知名专家、工匠"组成，工程经验非常丰富。

企业深度参与人才培养，推行"企业导师"教学管理体系，让学生直接融入企业岗位实践项目，这是东莞理工学院实践教学的鲜明特色。据统计，东莞理工学院卓越计划班培养的学生的首次就业率达 100%，就业公司包括宝洁、陶氏化学、中国石化、VIVO、京东、百度、比亚迪、大疆等知名企业。

"专业能力扎实，动手能力特别强，社会实践经验丰富，可以很快融入企业的工作中。"这是 VIVO 公司生产制造部经理涂金科对长安学院毕业生的评价。

三、构建卓越工程师教育培养共同体

今年，在东莞理工学院卓越计划进入第 12 个年头之际，这项改革迎来重要升级。推进会上，东莞理工学院工程师学院正式揭牌，并聘任了来自学术界、工业界、企业界的 9 名兼职教授、35 名客座教授，向卓越工程师产教联合培养基地、产学研合作平台、教授企业工作站、工程师高校工作室等一批校企协同育人新平台授牌。同时，学校与江西赣锋锂电有限公司、欣旺达电子股份有限公司、腾讯云计算(北京)有限责任公司等 8 家企业签署合作协议，将深化在卓越工程师产教联合培养中的对接与合作。

　　早在今年 7 月，东莞理工学院出台《新时代卓越工程师产教联合培养行动实施方案》，提出实施紧缺人才培养"奋楫计划"，落实双师双能，提升"笃行计划"。

　　"学校总结前期经验，进一步瞄准经济社会发展重点领域，对接战略性新兴产业和先进制造业集群人才需求，与龙头企业和'专精特新'企业等紧密协作，全方位、深层次、大力度推进卓越工程师教育培养改革，进一步打通产教融合的'最后一公里'。"马宏伟说。

　　暑假期间，15 个二级学院实地调研行业相关的 100 余家企事业单位，与 72 家企业签订了合作协议。结合调研成果，各学院对人才培养方案进行调整优化，组织教师队伍，建设课程，目前已新增或改造了 129 门课程，并组建起 31 个卓越工程师"奋楫计划"班。

　　秋季新学期，近 1300 名准毕业生通过遴选，成为卓越工程师产教联合培养行动的"先行者"。

　　"在我看来，卓越工程师对人才的要求是专业基础更扎实，创新能力更强。"经过选拔后进入了国际微电子学院集成电路卓越班的 2019 级电子信息工程专业的学生郭子腾说。

　　国际微电子学院关注到粤港澳大湾区半导体与集成电路战略性新兴产业紧缺人才的迫切需求，组建了集成电路卓越班，主要面向相关领域的龙头企业、"专精特新"企业和高成长性企业。

　　"与前期相比，新的方案更注重把准产业人才需求、强化紧缺人才培养，同时探索建立校企全流程协同育人机制，构建校企多元主体合作过程中风险共担、费用分担和利益共享的机制，切实为学生创造高质量就业创业环境。"马宏伟说，学校将采取超常规思维举措，构建卓越工程师教育培养共同体，强化高等院校在人才培养中的使命担当，实现高校人才培养与产业、行业、区域发展同频共振。

（素材来源：人民网 2022-12-13）

✎ 启发思考

(1) 如何培养卓越工程师？
(2) 工程师"卓越"的秘诀在哪里？

✎ 案例分析

　　培养新时代卓越工程师，是高校人才培养的使命所在，也是推动我国由制造大国迈向制造强国的关键一环。案例中东莞理工学院始终立足引育人才、扎根产业、服务城市，致力培养与现代化产业体系适配的高素质应用型创新人才，打通产教融合"最后一公里"。坚持卓越工程师的培养原则：复合性原则、人本化原则、实践性原则、创新性原则、多元化原则、拓展性原则，构建卓越工程师教育培养共同体。

　　工程师"卓越"的秘诀：一是有很强的创新能力；二是需要人文情怀；三是需要相应的科学素养；四是需要多学科视野；五是需要团队协作能力；六是需要具有国际竞争力；七是需要具备敬业精神和工程伦理责任意识。

思 考 与 讨 论

1. 结合工程职业特点，说明工程师如何解决在具体实践境域下的角色冲突、利益冲突和责任冲突。

2. 通过本章的学习，查阅相关资料，思考并讨论在当前中国"一带一路""中国制造2025"发展趋势下"职业工程师"的标准。

3. 结合本章案例，如何筑牢工程师的职业伦理意识？如何培养社会需要的卓越工程师？

本 章 小 结

职业伦理对工程师的重要性不言而喻，不仅关乎社会的福祉，而且关乎全人类的利益。工程师在参与工程实践的过程中，不断面临着涉及诚实守信、尽责胜任、平等尊重、回避利益冲突、保密自省等职业伦理问题的挑战。无数的事故警示我们：只有不断提升工程伦理意识，并在实践中坚守工程师的职业伦理底线，用负责任的职业态度对待工程项目，才能有效避免悲剧的再次发生。

作为工程师，应该接受良好的工程伦理教育，树立正确的价值观，增强伦理意识，学会思考辨识各种伦理问题，并在面对价值冲突和工程或职业伦理困境时，作出负责任的价值判断和选择。这不仅有助于提升大众对社会和行业的信任和信心，而且对个人职业生涯的长期持续发展也大有裨益。

本章参考文献

[1] 吴启迪. 中国工程师史[M]. 上海：同济大学出版社，2017.

[2] 李伯聪. 关于工程师的几个问题："工程共同体"研究之二[J]. 自然辩证法通讯，2006(02)：45-51+111.

[3] 凯泽，科尼希. 工程师史：一种延续六千年的职业[M]. 顾士渊，孙玉华，胡春春，等译，北京：高等教育出版社，2008：28.

[4] 朱贻庭. 伦理学大辞典(修订本)[M]. 上海：上海辞书出版社，2011.

[5] 涂尔干. 职业伦理与公民道德[M]. 渠东，付德根，译. 上海：上海人民出版社，2001.

[6] 哈里斯，普里查德，雷宾斯，等. 工程伦理：概念和案例[M]. 5 版. 丛杭青，沈琪，魏

丽娜，等译. 杭州：浙江大学出版社，2018.

[7]   塞缪尔. 人生的职责[M]. 李柏光，刘曙光，曹荣湘，译. 北京：国家图书馆出版社，
       1999：51.

[8]   FLORMAN S C. The Civilized Engineer[M]. New York：St. Martins Press，1987：101.

[9]   马丁，辛津格. 工程伦理学[M]. 李世新，译. 北京：首都师范大学出版社，2010.

[10]   The National Society of Professional Engineers. NSPE Code of Ethics for Engineers[J].
       NSPE Publication，1990，1102(01).

第 5 章　土木工程的伦理问题

【影片导入】《重返危机现场第二季——新加坡旅馆倒塌悲剧》剧情概要

　　《重返危机现场第二季——新加坡旅馆倒塌悲剧》(2005 年)纪录片报道了新加坡新世界酒店倒塌事件。1986 年 3 月 15 日，新加坡的 6 层新世界酒店在不到 60 秒时间内轰然倒塌，事故造成 33 人死亡，104 人受伤，最终只有 17 人获救。这起事故是新加坡在二战后发生的最严重灾难，像一场大地震，震动了整个新加坡。对于此次事故，新加坡政府成立了事故调查委员会，经过彻查，调查委员会认为在大楼的设计、承包商的选择、结构的设计和结构的使用维护四个方面都存在严重不足，最终导致大楼坍塌的惨剧。根据事故的一系列原因，委员会提出预防类似事故的建议并改进了一系列法律法规。

　　对于该纪录片，请大家思考如下问题：

　　(1) 新加坡新世界酒店倒塌事件暴露出土木工程领域存在的哪些伦理问题？

　　(2) 该事故中，新加坡新世界酒店的工程师违背了哪些职业伦理？

　　作为世界第二大经济体，我国进行了许多世界上大规模的基础设施建设，我国已成为世界第一建筑大国。土木工程与人类生存发展密切相关，是国家大厦的基础，如房屋、桥梁、大坝、道路等，攸关民生且规模庞大。优质工程的建成，从业人员不仅仅需要有扎实的专业技能，更要有高度的敬业精神、强烈的社会责任感、正确的价值观和道德推理能力等。由于工程师的职业伦理缺失，施工不当造成的土木工程安全事故屡见不鲜。

　　本章将重点探讨土木工程涉及的伦理问题，提出土木工程师应当具备的职业伦理。

学习目标

　　(1) 了解土木工程的类型及其特点。

　　(2) 认识土木工程的伦理问题。

　　(3) 明确土木工程师应当具备的职业伦理。

5.1　土木工程的类型与特点

5.1.1　土木工程的类型

中国传统建筑(如巍峨的万里长城、北京故宫、江南的亭台楼阁、福建的围屋、南方干栏式建筑等)离不开"土木"这一基本材料。"土"(即台基)承载着"木"(即柱子、梁架)，再加上榫卯结构的运用，构成了中国建筑文化的精髓。进入现代社会，土木工程的概念已经扩展为建造各种设施的科学技术总称。国务院学位委员会在学科简介中将土木工程定义为"建造各类工程设施的科学技术统称"。土木工程既指所应用的材料、设备和所进行的勘测、设计、施工、保养、维修等技术活动，也指工程建设的对象，即建造在地上或地下、陆上，直接或间接为人类生活、生产、军事、科研服务的各种工程设施。中国土木工程包括或涉及的领域主要有房屋工程、铁路工程、道路工程、机场工程、桥梁工程、隧道及地下工程、特种工程、给排水工程、城市供热供燃气工程、交通工程、环境工程、港口工程、水利工程等。

具体来说，土木工程主要分为三大类，即岩土工程、建筑工程(包括工业建筑与民用建筑)、道路与桥梁工程。

岩土工程是指在土木工程中涉及岩石、土、地下、水中的部分。以求解岩体与土体工程问题，包括地基与基础、边坡和地下工程等问题。

工业建筑是指各类生产和为生产服务的附属用房，包括单、多层工业厂房，多层次混合工业厂房。民用建筑是指供人们学习、生活、工作的建筑，包括居住建筑和公共建筑。

道路与桥梁工程是道路路基路面工程与桥梁工程的总称，道路与桥梁工程是以道路与桥梁为对象所进行的规划、勘测、设计、施工等技术活动的全过程及其从事的工程实体，涵盖了技术、经济、材料、设施、运行维护与管理等方面。

5.1.2　土木工程的特点

土木工程塑造与改善着人们的生存环境，见证与记录着人类的文明发展，缔造与优化着人们的生活方式，创造与积累着人们的物质财富，警醒与帮助人们直面灾难。也因如此，土木工程与经济、社会、环境、文化等有密切的联系并呈现出对应的特点。

第一，经济影响明显。在加速发展的经济体中，不仅摩天大楼如雨后春笋般出现，甚至"摩地大楼"(上海世贸深坑洲际酒店)也闪亮登场。土木工程投资作为固定资产投资的重要组成部分，在带动经济增长、促进就业方面具有重要作用。

第二，社会影响广泛。土木工程建设作为人们改善居住和生活环境的重要手段，在许多方面对社会生活产生影响。主要有三个方面：一是土木工程应当从为大多数人提供便利这一目标出发，而不是为了少数部分的奢华，其社会效益就是实现"居者有其屋"；二是作为实体，工程构造物安静地传承着一种社会记忆，不仅有满足人类需要的强大功能，还能构筑共同的社会记忆；三是土木工程还会对人类健康方面产生影响，比如工程过程中的噪声扰民，相邻建筑带来的通风、采光、日照、施工现场的"三废"等问题。

第三，环境消耗巨大。土木工程活动的目的本身就是解决人类遭遇的各种环境问题。土木工程建设过程中需要使用大量的建筑材料，这些材料的生产不仅耗费自然资源，而且会带来环境污染。比如过度抽取地下水，曾经是造成上海地面沉降的主要原因。目前我国绝大部分土木工程建筑采用钢筋混凝土结构或砖混结构，而混凝土和黏土砖的生产(或浇筑)过程需要耗费大量的石灰石、淡水、黏土等自然资源和能源，同时会产生较为严重的环境污染。

第四，安全责任重大。土木工程的另一个重要特点在于其建设和使用过程中的安全责任重大。改革开放以来，我国土木工程快速发展，但也面临一些挑战，如工程设计、施工隐患、超载老龄服务、使用环境变迁、自然灾害频发等。在建设过程中，由于建筑业属于劳动密集型行业，并且工程构造和工艺通常较为复杂，工作人员常常暴露在高温、高空、地下、重物、机械或粉尘等危险性较高的作业环境下，发生安全事故的概率较高。而在建筑物使用过程中，由于土木工程多为居住、商业、工业用途，工程质量直接关系到众多使用者的生命安全，一旦出现工程质量问题，或者遇到人为的火灾、爆炸事故，以及洪水、地震、泥石流等自然灾害，将会对使用者及公众造成不可挽回的伤害。

第五，文化影响深刻。工程除了要实现其基本功能外，亦应满足民众的审美情趣及精神需求。土木工程不仅是文化的载体之一，还具有文化传承的功能。从文化层面看，高楼、桥梁、道路等设计施工成品，一方面是能为人类工作生活提质赋能；另一方面则是能够通过打造地标"名片"，成为一种工程文化形式保留传承下来，形成具有独特价值的人文景观，如中国的故宫、美国的金门大桥、法国的埃菲尔铁塔等都展现出人类工程文化的辉煌成就。联合国教科文组织通过的《保护世界文化和自然遗产公约》里明确规定，文化遗产包括"文物、建筑群和遗址"三个部分，在工程实施过程中，既要考虑好如何保护文化遗产，又要充分考虑文化遗产对于工程实施方案在全寿命周期带来的各种影响。

第六，建设过程复杂。土木工程项目从前期可行性研究、投资决策，到规划设计、工程施工及最终交付使用，一般会经历相对较长的建设过程。在这一过程中，工程师要与涉及投资金融、规划设计、工程技术与管理、工程合同与法律等多个专业的众多相干关系人合作，整个开发过程较为复杂。尤其像三峡工程、港珠澳大桥、英法海底隧道等大型基础设施建设项目，其建设周期可能长达 5~10 年，相干关系人可能多达数百上千家。建设过程的复杂性为工程质量管控带来很大难度，任务分解的遗漏或某个环节责任人的失误、渎职都会带来安全隐患；而繁杂的沟通过程也将使项目团队在纠纷处理、环保措施等决策下达方面作出不应当的妥协。

随着我国经济水平的不断提升，建筑业进入蓬勃发展时期，并且发展速度越来越快。经济发展水平提高的同时，人民对幸福生活的期待也越来越高，对土木工程也提出了更高的要求。因此，土木工程行业发展态势呈现出以下几个方面的特点：

第一，出现新型建筑材料。新型建筑材料是在传统建筑材料的基础上研发的。经过多年的发展，我国新型建材工业基本完成了从无到有、从小到大的发展过程，在全国范围内形成了一个新兴的行业，成为建材工业中的重要产品门类，带来新的经济增长点。进入 21

世纪，科学技术的发展日新月异，新型建筑材料在工程中的运用很广泛，比如，现如今广泛运用的新型岩棉板、酚醛板、泡沫玻璃板等都能够完全取代传统建筑材料，已达到土木工程建设标准。但一些新型建筑材料的费用居高不下，这导致这些新型建筑材料的广泛应用受到限制。同时，除了要重视新型建筑材料的质量外，还需要加强对新型建筑材料的持久性与抗震性方面的研究。

第二，传统地质地基的勘测技术无法满足社会快速发展的需要。地质与地基作为土木工程中的关键组成元素，其本身的构造与天然状况下所形成的应力状况与力学性能，对于前期设计方案制订、工程设施选择以及建筑材料选择等方面都会产生比较大的影响。当前的大部分地质勘测技术方法仍比较传统，难以得到创新性发展。这样的勘测方法不仅无法满足科技高速发展的需要，而且限制了土木工程未来的发展道路。

第三，不断提高土木工程规划水平。传统的土木工程规划中的设计方案大多凭借之前的工程经验提出，并在其中选择最优方案。但随着设施规模的不断扩大，我们需要提出一些新的理论与方法来提高工程规划的水平。比如，我们需要对工程进行合理规划，避免破坏当地自然地理环境的严重后果，影响当地人民群众的正常生活。

第四，工程设计贴近人们实际生活需求。为了达到实用、经济、安全、美观的目的，工程设计要尽可能符合实际情况。为此，已开始采用概率统计方法来分析确定荷载值和材料强度值，比如，研究自然界的风力、地震波、海浪等在时间、空间上的分布与统计规律；积极进行材料非弹性、结构大变形、结构动态以及结构与岩土共同作用的分析，进一步研究和完善结构可靠度极限状态设计法和结构优化设计等理论；同时发展能运用电子计算机的高效能的计算和设计方法等。

第五，工程施工逐渐走向自动化和机械化。土木工程的规模不断扩大的同时，各种施工设备、工具、机械向多品种、大型化的方向发展，工程施工逐渐走向自动化和机械化。管理逐步应用系统工程理论与方法，走向先进化和科学化。同时有些工程的设施建设逐渐趋向结构标准化与生产工业化。

【案例导入】深圳赛格广场大厦振动事件

深圳赛格广场于 1999 年 6 月 29 日竣工，是华强北的地标建筑，被称为"中国电子第一街"。中建二局华南分公司官网信息显示，赛格广场占地面积 9653 平方米，地上 72 层，高 353.80 米，地下 4 层，深 19.5 米，总建筑面积 16.9 万平方米。赛格广场大厦采用框筒结构体系和钢管砼(混凝土)柱、钢梁组合结构，是世界上最高的钢管砼结构工程。2021 年 5 月 18 日中午时分，有市民发帖称，赛格广场大厦出现晃动，现场有人员从大厦撤离。专家组通过技术调查、环境和设备运行检查与测试，排除了地铁运行、周边工程施工或爆破、空调机组运行等影响因素。通过对风致振动结构累积损伤的重点分析，专家组认为：桅杆风致涡激共振以及大厦和桅杆动力特性改变的耦合，造成了赛格广场大厦的有感振动。

2021 年 9 月 8 日，深圳赛格发布公告称，经过一个多月的施工，赛格广场大厦桅杆顺利拆除，已按科学程序进行了大厦结构安全认定，有感振动风险已消除。自 2021 年 9 月 8

日起，赛格广场大厦裙楼及塔楼将全部恢复运营使用。"5·18"赛格广场大厦振动事件过去 7 个月，2022 年 1 月 6 日，深圳赛格股份有限公司(下称"深赛格"，股票代码：000058.SZ)发布公告称，因"5·18"赛格广场大厦振动事件应急抢险工程而引起的经营损失，对公司2021 年度归属于上市公司净利润的影响约 5500 万元。

(素材来源：新华社 2021-07)

✎ **启发思考**

(1) 深圳赛格广场大厦发生振动的原因是什么？
(2) 通过该案例可以分析得出，土木工程具有哪些特点？

✎ **案例分析**

专家组通过技术调查、环境和设备运行调查与测试，排除了地铁运行、周边工程施工或爆破、空调机组运行等影响因素。深圳赛格广场大厦发生振动的根本原因：附加塔桅安装步骤不合格且材料刚度退化，经历 20 年老化之后引起共振。

土木工程具有安全责任重大、经济影响明显、社会影响广泛等特点。通过深圳赛格广场大厦事件，提醒工程设计不要因追求"新、奇、特"视觉冲击而导致"先天不足"，而是要进行科学的规划、正确的选址、适度的规模控制、合理的更新、准确的预测，做到合理规划、合理设计、合理施工、合理运维，使土木工程实现高性能、长寿命、低消耗的目标。

5.2　土木工程的职业伦理

5.2.1　安全伦理

土木工程为人类文明和社会进步作出了重要贡献，但其也可能给人类带来巨大的灾难，因为土木工程本身也可能是灾害的制造者。在土木工程发展史上，各种工程安全事故导致了一系列灾难性后果，使得人们在事后不得不高度重视土木工程活动带来的风险，而安全成为土木工程职业伦理的首要维度。这就要求土木工程的设计、施工和维护必须符合国家法律法规和相关标准，不能出现安全隐患。土木工程师必须认真对待每一个细节，确保工程安全可靠。

各种工程安全事故频发的原因包括法律法规和标准规范方面的缺陷、政府安全监管的力度与能力不足、企业安全责任制落实不到位、施工质量监管不严、建筑市场不规范、行业科技水平较低、建筑安全文化落后等。针对上述原因，可以通过系列创新举措来确保土木工程安全，比如重视新理念、新成果、新技术、新工艺的推广应用，加强对从业人员进行新知识和新技术的培训，以高性能、长寿命、低消耗为创新的目标，以新思想、新理念、新方法为创新的基础，以新材料、新技术、新工艺为创新手段，构建新体系、新结构、新格局。

5.2.2 设计伦理

工程建设包括立项、规划设计、实施、结束等环节，而规划设计在其中起到提纲挈领的作用。设计，顾名思义就是"设想"与"计划"。设计作为整体谋划，既涉及物的创造，又包含事与理的筹划。从工程的观点来看，设计就是一切。设计作为工程活动的起始性、导向性、全局性环节，不仅对工程至关重要，可发挥预定功能、满足预设需求，而且决定着"善"的工程是否会因为"坏"的设计而开出"恶之花"。传统意义上的工程设计主要致力于实现如下目标：满足功能、保障质量、降低成本等。在现代社会中，工程设计更加偏向于实用价值、经济价值和美学价值，设计师经常被责备缺乏道德价值和人文关怀，从而产生了设计伦理问题。这也向设计师提出要求：设计师在设计过程中要始终坚持经济效益、社会效益、文化效益相统一的价值旨归。

第一，为大多数民众设计。在特定社会阶段，人总是一个道德评价的存在物，工程师也总是在价值评价的支配下进行工程实践与创造的工作。"为大多数人设计"这种"平等与尊重"的思想，旨在强调设计对于普通民众的关心与关怀，需要采用基于公正和关怀的评价标准来判定工程设计是否有价值以及具有何种价值。工程设计伦理旨在真实地面向生活，追求其内在实践目标：人们对美好生活的向往。在处理"我"与他人、社会及自然的关系中，工程师将产生为"公"还是为"私"的价值立场冲突，要处理好个人利益与社会利益、个人价值与社会价值、个人福祉与社会福祉的关系。

工程设计对于大多数民众的关注，恰恰是工程本质上应具有的一种伦理关怀。现代工程设计更加注重人的情感交流、个性尊重、文化认同等综合因素。1974年，联合国组织提出无障碍设计(Barrier Free Design)，即一切有关人类衣、食、住、行的公共空间环境以及各类建筑设施、设备的规划设计，都必须充分考虑具有不同程度活动受限者和正常活动能力衰退者的使用需求，通过配备能够满足这些需求的服务与装置，营造一个充满爱与关怀、切实保障人类安全的现代生活环境，如公共场所是否做到有建筑处必有标识、有台阶处必有坡道、有厕所处必有手纸盒等设计。"为民众塑造更美好的场所"，在这个层面上，"为大多数民众设计"关注的是普通民众整体效用的提升。

工程设计忽视工程受影响人的利益，这被认为是工程伦理责任缺失的最直接的表现。世界银行和亚洲开发银行对发展中国家的贷款项目中，均加入了对工程受影响人权益的保护，而这个原则很大程度上仅仅是对工程受影响人利益的后期补救，并没有从工程设计角度提出对工程受影响人利益损失的预期规避。

第二，为可持续发展而设计。工程设计既是人的目的性活动，又是利用自然的实践性活动。在工程活动实践中，技术滥用问题也严重威胁人类的可持续发展，对此，必须确立"维护生态系统"的理念，"可持续性"就是这一诉求的重要维度。可持续发展是"既满足当代人的需要，又不对后代人满足其需要的能力构成危害的发展"，包含永久发展、全面发展和共同发展三个内涵，强调代内公正、代际公正以及人与自然和谐发展。

在我国古代，人工物的设计和建造，既要用于助推人类征服恶劣环境，又要用于维系人与自然和谐相处的共生关系。设计作为一种伦理策略，不仅以物化的形式体现人与人之间的伦理规范，也包含生态伦理的内容，最有代表性的论述莫过于《考工记》中的"天时、地气、材美、工巧"的设计系统观。在西方国家，1851 年伦敦世博会水晶宫的建造，开启了融合新技术、新材料，以建筑表达时代精神的传统。昭示着"工业文明"的方兴未艾。但是，在设计阶段，不考虑环境因素，忽视自然的地位，将使工程中的伦理问题更加复杂。现代工程对自然的干预和掠夺，会导致人与自然的关系越来越紧张，人类的生存基础越来越薄弱。20 世纪 80 年代，随着"可持续发展"理念深入人心，当代的工程设计承载了新的人文理想与环保责任，即通过引领科技创新，创造宜居生活环境并实现人与自然的亲善、和谐。设计师开始意识到，我们最为之庆贺的技术上的成就，从环境角度看，都是失败的，设计时必须以"聆听自然、倾听自然""对自然亲近"的态度去开发自然，有必要发展出倡导关爱自然的关护性责任，迎接"生态建筑"时代的到来。

第三，为实践"工程作为一种社会实验"而设计。人类早期的造物活动，内在包含着设计环节，人工物的建造者往往同时承担了设计者的任务。从有巢氏教人构木为巢，到鲁班发明创造一系列设计精巧、制作精良的生产工具，都是如此。墨家思想代表人物墨子的"利于人谓之巧，不利于人谓之拙"的见解，为中国传统工艺带来大量功能卓越的设计，社会的礼俗规范和思想理念开始渗透到工程活动中，但等级秩序和阶层观念导致设计师没有独立的工作自由，普通民众的需求也被大大压制。

现代设计发展的显著特征是社会性，造福社会是设计师的重要诉求。但是，设计师利用技术服务于社会，并不意味着他们只需要对技术负责，他们的设计还需要经得起伦理的考量。"工程作为社会试验"的思想，旨在强调"在安全考虑的界限内提供有用技术产品"的广泛职业道德维度。这一思想的确立，是马丁和辛津格工程伦理思想初步建构的标志，它提供了一种新的对话平台，寓意试验者和被试者必须联合面对风险。在处理工程实践中的问题时，有必要坚持知情同意原则和"共担责任"原则，即工程师与管理者、公众及其他利益相关者共同承担责任。工程设计既要满足设计的三条基本原则——实用、安全、美观，更要满足设计的"第四条原则"——伦理。伦理原则要求设计师不能仅仅凭借同业之间的压力及自律来回应公众的信任，更要主动学习和践行伦理规范，承担社会责任，尽可能在诸多的伦理要求中实现最大公约数，包括热爱生命、尊重事实、敬畏自然、保持理性、勇担责任、关爱后世、倡导公平等伦理规范。

5.2.3　环境伦理

环境伦理学旨在系统阐释人类和自然环境间的道德关系，寻求人与自然在工程中的对话，对人类和自然环境之间的道德关系给予系统而全面的解释。中国古代先民在自然环境中遵循季节变换规律以获取生存资源，从劳作经验中习得运用天时地利之法。道家与儒家在追求生存的最高境界上具有相似之处，都主张人与自然的水乳交融，即天人合一。进入 21 世纪以来，中国成为世界上新建建筑规模最大的国家。土木工程包括大型交通、能源、水利等项目建设和城市新区开发等，还常常涉及土木工程建设对自然生态环境的影响问题。这些大范围的开发建设活动可能会对项目范围内的生态环境带来负面影响，因此项目开发中常常会面临诸多问题——建还是不建？为什么要建？如何降低甚至避免环境价值和生态价值损失？如何建立和完善生态补偿机制？这些都要综合考量、慎重选择。

土木工程的伦理问题除了上述提到的安全伦理、设计伦理和环境伦理三个方面外，还包括社会责任问题和经济效益问题。土木工程的建设直接影响人民群众的生产和生活，土木工程师应当有责任感和使命感，为社会作出贡献，切实保障人民群众的生命财产安全；土木工程的建设需要投入大量的资金，土木工程师必须在保证工程质量的前提下，最大限度地提高工程的经济效益。

【案例导入】中国灾后重建房夺国际建筑大奖

香港中文大学教授吴恩融称："建筑师必须努力改善人们的生活，有时还必须努力挽救生命。"据相关媒体报道，吴恩融牵头的建筑师团队的项目——地震后在光明村重建的房屋——在柏林举行的世界建筑节上获得 2017 年度世界建筑奖。

据英国《独立报》网站 12 月 3 日报道，2014 年云南省鲁甸发生的地震摧毁了光明村当地大部分建筑。吴恩融团队的建筑项目尝试改造当地的传统建筑方式，向村民们提供一种舒适且可持续的房屋重建方式。最终，吴恩融的团队为一对老夫妻建造了一座原型房屋，以全面检验这种设计。

吴恩融对《独立报》说："这位老太太此前已放弃了希望，现在她是自己社区最自豪的村民。"

报道称，这座简朴传统的房屋的设计目的是经济和安全，它是第 10 个获得世界建筑奖的项目。

报道称，该奖被授予震后重建的房屋，再次凸显利用建筑手段来恢复居民尊严的价值。

评委们称，该项目彰显了"非凡"的雄心，这体现在它解决"普通人面临的重大问题"的方式上，也体现在它利用传统材料和建筑方式并将之与新技术结合方面。

丁奇说，这些建筑师成功地将'四堵墙和一个屋顶'转变为某种建筑，通过努力，让这种建筑成为一个意义更加重大的项目。

专家们认为，香港中文大学负责的这项研究可以应用于遭遇地震的任何地区，以及贫困社区。

吴恩融，是一位土生土长的香港建筑师，十几年来投身中国西部偏远农村建设，带领香港与内地的大学师生协力修建桥梁，他利用最简单的材料，为中国偏远农村修桥、建学校，两度斩获世界建筑业顶级大奖，成为唯一获此殊荣的华人建筑师。吴恩融秉承建桥助人的理念，认为"要帮人就建桥"，不仅传授当地人实用的建筑技术，也让越来越多香港人了解内地。

2009 年英国皇家建筑师学会公布年度获奖名单，甘肃庆阳的毛寺生态实验小学——一间以土坯、茅草、芦苇等为主要建筑材料的学校，与鸟巢、水立方、首都机场 T3 航站楼等中国建筑作品并列榜单之上。作为主要设计者之一的吴恩融，已不是首次获此奖。早在 2006 年，他所建的毛寺村无止桥就已获得此项大奖。他的两度获奖，也使得甘肃毛寺村成为继北京之后中国拥有最多国际获奖建筑的地方。

尤其是毛寺生态实验小学的建造，运用了国际先进的生态系统设计技术，全部由电脑模拟计算，采用的设计软件与鸟巢相同。"这个小小的学校，我和一位学生花费了三年才完成运算工作。"吴恩融说。为了尽快开展项目，他专程到英国拜访名师 Anthony Hunt(国际知名的英国建筑结构工程师)。经过多次尝试，他与学生在甘肃毛寺村架起了首座"无止桥"。

站在桥上，桥下是绵长的河水，毛寺村村民的生活由此延伸。英国皇家建筑师学会的评委们尤为欣赏的是，吴恩融尽可能就地取材，选取耐用的物料，并利用环保的建筑概念，降低建筑成本。毛寺村的无止桥就是采用铁网套石头架钢板，建造成本不到 15 万元。

吴恩融希望，所建的桥梁和学校，不仅仅能给孩子们创造一个舒适愉悦的学习环境，更关键的是能够以此为契机，诠释一个符合当地有限的经济、资源和技术条件，切实可行、行之有效的生态建筑模式。建造过程中，吴恩融团队和当地村民紧密合作，教授当地人实用的建筑技术和物料的知识，让他们日后能进行维修和保护工作。这种最简单、最原始、最贴近当地自然环境的方法，令吴恩融的建筑作品在全世界建筑师中受到推崇。

(素材来源：参考消息网　2017-12-05)

启发思考

(1) 上述案例中，工程师为弱势群体修建各种构造物的过程中，是如何践行 "以人为本"的关怀理念的？

(2) 在规划设计这些项目时，工程师考虑了哪些与伦理相关的要素？

案例分析

"建筑师必须努力改善人们的生活，有时还必须努力挽救生命。"案例中工程师设计修建的各种构造物，既很好地满足了使用者的现实需求，又极大地践行了"以人为本"的关怀理念。用国际先进的生态系统设计技术，打造经济、安全和环保的建筑，为大众、弱势群体谋取福利，展现伦理关怀。

首先，上述案例体现了为大多数人设计的伦理理念。工程师们为毛寺村的孩子们修建生态实验小学及无止桥，以及大地震后在光明村重建房屋，这些工程为大众、弱势群体谋取福利，展现了伦理关怀。

其次，从环境保护的角度，这些工程倡导节能减排，减少资源消耗。毛寺生态实验小学采纳的设计标准基于降低能耗的需求，节省了学校燃煤取暖的开支；无止桥摒弃传统水泥桥墩，采用低能耗、低污染的新型桥墩设计方案。在建筑材料的选择方面，遵循"取材于自然，对环境友好"的原则。

再者，设计者充分考虑了项目与使用者之间的融合与协调，尽量做到"在地化"。"在地化"致力于将一种外来、不协调的文化(例如设计风格、建筑理念等)与地方特色相融合，降低当地人对新建筑的抵触感和反抗情绪。

最后，从责任履行的角度，这些工程师在担负起职业责任的同时，积极承担了社会责任。灾难发生后，吴恩融团队迅速奔赴灾区，通过工程活动为受灾人群雪中送炭。毛寺生态实验小学及无止桥的修建，体现了吴恩融团队积极承担保障毛寺村孩子受教育权的社会责任，完美契合美德伦理学的崇高理念。

5.3　土木工程伦理规范

5.3.1　工程伦理规范的构成要素

工程伦理规范是随着工程职业的出现和工程项目中出现的道德问题而产生和发展的，并且日益成为工程师在实践活动中应遵循的道德理想、自律规范、道德标准、道德义务和行为准则。同时，工程伦理规范作为工程职业的道德理想形式，对内凝聚职业精神，对外形成社会契约，成为工程职业化制度(认证、准入、技术标准、伦理规范等)发展的重要内容之一。工程伦理规范凝聚着工程师的职业精神，是工程师职业群体认可并遵循的普遍职业伦理规范，作为工程师在工程实践活动中的道德指南和行动方针，有助于规范工程师的职业行为，促使工程师形成团体道德理想，提升个体的道德价值。

工程师伦理规范所涉及的伦理价值会随着科技工程事业的发展不断丰富，工程师行业协会等相关机构也会根据工程实践的复杂性和社会需求的多样性而对伦理规范标准作出相应调整。工程伦理规范标准应该包含以下几个方面：① 伦理规范的价值标准，如工程行为的道德正确性标准；② 伦理规范的责任对象；③ 所要达到的伦理目标；④ 伦理规范的应用对象，是应用于整个行业的所有成员还是某个职业成员等；⑤ 伦理规范的制定主体；⑥ 伦理评估标准，如工程行为合理性研究；等等。制定伦理规范标准的过程中，要把握适度原则，一方面，要把传统伦理范畴融入职业实践，另一方面，不能无限扩大工程师责任履行范围或提高伦理标准，从而给他们造成负担。伦理规范标准设定后，要制订相应的伦理规范原则、行为准则和处理办法，建立伦理审查委员会、执行机构和工程师信用系统，建立高校工程伦理教育制度和职业道德再教育平台等，构建起工程伦理规范体系，为科技工程事业发展保驾护航。

工程师追求实用价值。工程技术活动是创造自然界本不存在的新生事物，改善或改进现有设备或技术的过程，是一个发明、创造或改进、革新的过程，这就内在地决定了工程伦理规范的核心内容是"安全""忠诚""可持续发展"等。

好的工程伦理规范会提出正确的伦理要旨，即工程师的责任和义务。从内容适宜性上评估，工程伦理规范必须经得起四项测试：其一，它具有清晰性和一致性；其二，它以系统和综合的方式呈现适用于工程行业的基本道德价值，突出什么是最重要的；其三，它为工程活动提供有益的指导；其四，它被工程行业内部广泛接受。从形式上看，工程伦理规范包括基本原则、行为守则及其说明。

5.3.2　美国土木工程伦理规范

在西方国家，现已基本建立健全了土木工程师职业伦理规范(章程)，对土木工程师的职业责任、环境和生态责任及社会责任等方面作出了详细的规定。

美国土木工程师学会和英国土木工程师学会被公认为是最早对土木工程师提出职业伦理标准要求的专业组织。英国特许测量师学会、美国项目管理协会、国际咨询工程师联合会等是对土木工程建设管理专业人员最早提出职业伦理标准要求的专业组织，其职业伦理标准具有广泛的影响力。

美国土木工程师学会(The American Society of Civil Engineers，ASCE)成立于 1852 年，已有 170 余年的历史，是美国历史上最悠久的国家级专业工程师学会，目前已成为全球土木工程界的领导者，同时也是全球最大的土木工程出版机构。美国土木工程伦理规范经历了四个阶段，即强调工程师的个体责任—强调忠于雇主或客户—关注公众责任—关注环境责任。ASCE 编制的《职业行为准则》，从基本原则和基本准则两个层面对土木工程师的职业伦理进行了规定：

(1) 基本原则。工程师应当通过下述行为来维护和提高工程专业的操守、荣誉：使用知识和技能改善人类的生活环境；诚实、公正、忠诚地为公众和客户服务；努力提高工程专业的能力和声望；支持专业领域的技术和行业学会。

(2) 基本准则。工程师应把公众的安全健康和福祉放在首位，并且在履行工作职责时努力遵守可持续发展的原则；工程师应在其能力范围内提供服务；工程师只能以客观、真实的方式发表公开声明；工程师应当以忠实的代理人或受托人的身份，以专业的方式服务于每一位雇主或客户，应该避免利益冲突；工程师应当以他们的优异服务建设专业声誉，而不应与他人进行不公平竞争；工程师应当通过行动来维护和提高工程专业的荣誉、操守和尊严；工程师应当在整个职业生涯中持续进行专业发展，并且应当为处于他们监督下的工程提供专业发展的机会。

英国土木工程师学会(The Institution of Civil Engineers，ICE)成立于 1818 年，是世界上历史最悠久的专业工程机构，致力于促进和推动全球土木工程行业的发展。ICE 授予的土木工程方面的资质在国际上得到广泛承认，并确保会员的素质达到一名职业土木工程师的标准。ICE 的《伦理手册》中规定土木工程师的职业行为应该遵循 6 个方面的规则：正直、胜任、公众利益、可持续、持续专业教育、项目进程告知 ICE。

5.3.3　中国土木工程伦理规范

中国古代商品经济发达，从唐中期开始出现"行会"，到宋朝已然形成了面向整个行业的管理制度。行业组织为首者有"行头""行首""行老"之称，有"三百六十行"的俗语。近代史上，中国实业发展缓慢，中国的工程伦理建制较晚。目前国内暂时缺乏统一、权威的工程伦理规范，故对中国土木工程伦理规范的研究主要重在历史溯源，以期当下的工程师们能够了解现状、奋发图强，实现"双碳"目标下的土木工程强国梦。

中国土木工程伦理规范的演变历程，可以划分为三个阶段。

(1) 产生时期。产生时期，中国土木工程伦理规范强调对客户、对同僚负责。1913 年詹天佑创立的中华工程师会，在国人间率先倡导"发达工程事业，俾得利用厚生，增进社会之幸福"。其后，詹天佑寄望工程师能够"精研学术以资发明""崇尚道德而高人格""循序以进，毋越范围""筹划须详，临事以慎"，在业务、道德、守规和处世 4 个方面齐头并进。

1931 年成立的中国工程师学会着手制定工程伦理规范。1933 年，中国工程师学会在年会上讨论通过了中国第一部工程伦理规范——《中国工程师学会信守规条》，设立 6 条准则如下：① 不得放弃责任或不忠于职务；② 不得收受非分之报酬；③ 不得有倾轧、排挤同行之行为；④ 不得直接或间接损害同行之名誉及其业务；⑤ 不得以卑劣之手段，竞争业务或位置；⑥ 不得做虚假宣传或其他有损职业尊严之举动。

(2) 发展时期。发展时期，中国土木工程伦理规范强调国家、民族利益。这段时间内忧外患，中国工程师们将《中国工程师学会信守规条》改名为《中国工程师信条》，契合抗战背景，删减个人行为规范条款，强调维护国家和民族利益，为全面抗战而团结工程技术人员，时刻准备为国家贡献全部力量。

(3) 分化时期。中国土木工程伦理规范逐渐完善并缓慢发展。1949 年，中国的工程伦理规范发展出现分化。中华人民共和国成立之后，经过改造进入计划经济时代，当时经济社会发展暂时不需要建制的工程师伦理规范。直到 1999 年，中国工程咨询协会制定了《中国工程咨询业职业道德行业准则》；2014 年中国勘察设计协会工程勘察与岩土分会通过了《工程勘察与岩土工程行业从业人员职业道德准则》，规定了对客户、职业、社会及同行的责任。2015 年住房和城乡建设部建立了建筑市场监管与诚信信息一体化工作平台，各省建设监理行业相继出台了《××省建设监理行业自律公约》《××市工程监理企业诚信综合评价办法》和《建设监理人员职业道德行为准则》等一系列促进行业持续健康发展的重要文件。

香港工程师学会下属的持续专业进修事务委员会和廉政公署辖下的香港道德发展中心共同编印的《管理有道——专业工程师实务指引》一书，阐述了香港工程师学会的行为守则，表明了专业工程师四大方面的责任，即对专业负责、对同事负责、对雇主或客户负责以及对公众负责。

目前国内虽已有部分工程职业社团陆续制定相应的工程伦理规范，但其工作处于重新起步阶段，水平亟待提升，国内的工程伦理规范体系建设迫切需要加强。

【案例导入】三峡工程首例对日索赔纪实

2017 年 10 月，日本第三大钢铁企业神户制钢所大规模造假丑闻爆出，且事态持续升级，影响范围不断扩大，受影响企业已达 500 家，其中不乏波音、空客、丰田、三菱等多家世界 500 强企业。回顾过去，其实早在 2000 年，中国三峡工程就已经对日本企业三井物产株式会社和住友金属工业株式会社发起索赔。

2000 年 5 月 8 日上午，湖北出入境检验检疫局驻三峡工程办事处(以下简称"湖北国检驻三峡办")检验员王春来正在值班，接到三峡工程开发总公司下属国际招标有限公司来人的报验："从日本进口的一批热轧钢板到货了，请求尽快检验。左岸电站工地最近就要投入使用。"

5 月 11 日，王春来对通过日本出口商三井物产株式会社采买的日本住友金属工业株式会社的钢材加以检测，发现存在严重质量问题——钢板的冲击韧性未达到合同要求，且与日方提供的检验合格单上的技术数据相差甚远。这些钢材主要用于制作连接水轮发电机组蜗壳部分的引水钢管，而引水钢管作为永久性部件在混凝土坝体浇筑时被埋入坝身，是坝体极为重要的组成部分。

为保险起见，湖北国检驻三峡办主任余良和检测员王春来进行了第二次测试。5 月 30 日至 6 月 6 日，余良带领王春来天天守候在实验室，组织人员一次次认真地进行检测……

实验中，他们还邀请三峡工程业主的监理单位，对从制样到检测的每个环节都实行跟踪现场监理，进行全程录像。检测结果同样不容乐观。

按照中国检验检疫的相关规定，三峡工程业主方就检验结果立即向日本三井物产株式会社和住友金属工业株式会社发布简要通告，要求日方高度重视并妥善处理。起初日方一味推卸责任，态度傲慢，坚称产品质量不可能有任何问题，是湖北国检驻三峡办检验设备不够精准，导致结果偏差过大。

为粉碎质疑，余良和王春来在三峡工程业主的监理单位的大力支持下，将检测样本送至更为权威的武汉钢铁研究所，再次检测材料冲击韧性和拉伸性能。事实证明，三次检测结果完全一致，毫无争议，日本提供的钢材的的确确存在严重质量问题。面对铁一般的证据，日方无力反驳，立刻向中方道歉并迅速作出赔偿。

面对日本钢铁"质量神话"的压力，王春来等湖北国检驻三峡办工作人员始终秉持"求真""求实""求是"精神，以科学、严谨的态度积极应对问题，成功化解危机，既维护了湖北国检驻三峡办的专业声誉，又避免了重大生产事故的出现，保障了公众安全。但是，尽管证据确凿，日方依旧仅仅承认采用了尚不成熟的"创新"生产工艺，致使钢板质量出现偏差波动，而对导致问题的真正成因讳莫如深——直到 2017 年 10 月 8 日，日本第三大钢铁企业神户制钢所被揭发"存在大规模造假行为"，日本钢铁质量问题的真正原因才为世人所知晓。调查发现，神户制钢所旗下工厂和子公司长期大面积篡改部分铝合金、铜制品的强度、尺寸以及耐久性等重要出厂数据，甚至篡改产品的质量检测证明书，将不合格产品冒充达标产品出售给用户，并且该行为已经持续数十年之久。其根源在于神户制钢所奉行员工自检方针、削减质检员数量并外包质检工作，且该公司中层管理者对公司内部员工的不法行为不闻不问，导致在交货压力大或有加急订单时，大量不合格产品轻易流向建材市场。

启发思考

(1) 上述案例中，日方企业违反了哪些伦理规范？

(2) 土木工程师在面对不同企业文化冲突时如何坚持原则、遵守伦理规范？

案例分析

工程伦理规范的核心内容是"安全""忠诚""可持续发展"等。案例中的日方企业严重违背了工程伦理规范，没有使用他们的知识和技能改善人类的福祉和环境，没有恪守法律政策，不遵循本行业行为标准，没有诚实、公正、忠诚地为公众和客户服务；其次，违背了工程伦理规范"工程师应把公众的安全健康和福祉放在首位"的基本准则，没有努力提高工程专业的能力和声望，在被发现质量问题后还企图蒙混过关。

中国检验检疫人员，在这次历经两个半月的进口钢板检验、出证和谈判中，用严谨求实、公正科学的态度，敢于同所谓权威公司进行技术较量，背后就是不同企业文化的较量。倘若企业文化与普世价值观存在偏差，政策流于形式，审查缺位，就很容易酿成像住友制钢造假的丑闻。通过领导与下属、员工与员工之间心照不宣的做假来维护企业的"形象"，其结果不光维护不了公司利益，甚至还可能将公众置于更加危险的境地。

5.4 有效实施土木工程伦理规范的建议

5.4.1 行业组织对土木工程师职业伦理的要求

树立正确的价值观，包括诚实守信、尽责胜任、平等尊重、回避利益冲突、保密自省等，增强伦理意识，学会思考辨识这些伦理问题，并在面对价值冲突和工程或职业伦理困境时，作出负责任的价值判断和选择，不仅会促进社会和行业的信任和信心，对个人职业生涯的长期持续发展也会大有裨益。

1. 国际伦理标准联盟对土木工程师职业伦理制定的要求

国际伦理标准联盟制定的要求如下：

(1) 诚信 (Integrity)：从业人员要诚实公平，不能误导或企图误导客户与公众，应该基于合法证据提供咨询意见；

(2) 胜任(High Standard of Service)：从业人员应仅在其专业能力胜任和专业资格允许的范围内提供服务，以确保提供高水准的专业服务；

(3) 尽责(Responsibility)：从业人员有对客户尽职尽责的义务，有适当考虑第三方及利益相关者权益的义务；

(4) 信任(Trust)：从业人员应该在专业沟通中保持真诚，时刻意识到其职业表现对维护公众对行业的信任和信心的重要性；

(5) 披露(Disclosure)：从业人员在提供服务前应该进行利益申明，如果披露后存在不可消除的利益冲突，从业人员应该回避相关事宜或事先获得利益受影响方书面同意，方可参与其中；

(6) 信用(Fiduciary Responsibility)：从业人员在所有财务活动中应保证信用信息的可信度；

(7) 尊重(Respect)：从业人员在提供服务的过程中要尊重客户、第三方和利益相关者对适用法律规范、社会准则和环境问题的要求；

(8) 保密(Confidentiality)：从业人员未事先征得有关方面同意，不能透露保密或内部信息，除非相关法律法规要求；

(9) 透明(Transparency)：从业人员不能在提供的产品或服务条件方面误导客户；

(10) 自省(Verification)：从业人员应持续评估其提供的服务，以确保其行为与伦理准则和实务标准的要求一致。

2. 英国皇家特许测量师学会(RICS)的五个道德标准

RICS 的五个道德标准包括：

(1) 行为诚信(Act with integrity)：行为刚正不阿；

(2) 始终保持高水准的服务(Always provide a high standard of service)：在职业能力范围内提供最完美服务；

(3) 以提升行业信任的方式行事(Act in a way that promotes trust in the profession)：通过专业行为提升公众的信任感；

(4) 尊重他人(Treat others with respect)：用尊重的态度和他人交流；

(5) 承担责任(Take responsibility)：全面承担所有应尽责任。

3. 西方国家对土木工程师职业伦理的共性要求

西方国家对土木工程师职业伦理的共性要求如下：

(1) 公众利益方面：将公众的安全和福祉放在首位，将其作为根本原则来指导自身的专业工作；将保障社会、资源、生态和环境的可持续发展，作为自身的社会职责和行动准则。

(2) 能力方面：在自己资质、能力范围内提供专业服务，恪守法律政策，遵循本行业行为标准；在整个职业生涯中持续提升自己的知识、技能和能力，并帮助他人提升能力。

(3) 正直忠实方面：在提供服务中要诚实、守信、公正、客观、平等，杜绝诈骗、虚假、渎职倾向；对公众、业主、委托单位、合作单位负责，恪尽职守，尊重他人的工作。

(4) 能力方面：能力应与任务相匹配；持续学习政策、法律法规、技能等知识。

(5) 责任方面：配合主管部门打击违反职业伦理的行为；解决方案应维护公众利益。

(6) 尊重方面：不歧视他人。

(7) 公正方面：保守机密信息；行为公平、客观；向利益相关方充分披露实际或潜在的利益冲突；不接受或不提供贿赂，以防影响公平判断；不损害他人或单位的职业声誉、业务。

5.4.2　关于有效实施土木工程伦理规范的建议

工程伦理规范的本质：工程伦理规范不是对工程师个人道德的强制性要求，而是对工程师职业操守的适宜性规定。作为指南的土木工程伦理规范，更多的是诉诸一种形而上的应然存在，朴素性、理想性、非现实性是它的主要特征；而土木工程师真正在工程境域中的伦理表现，更多地指向一种实然的客观存在，复杂性、具体性、现实性是它的题中之义。因此一部好的工程伦理规范，除了应当起到"北斗星"的引领功能，更应当担负起"路标"的指引作用，"画出"穿过道德困境的道路，带领土木工程师走向职业"至美"境界。

1. 严格"自律"，强化"他律"

"自律"与"他律"间存在对立统一的辩证关系。土木工程师的"自律"来源于对"好的生活"的价值和意义的理解，规范的"他律"应建立在尊重工程师的个人意愿与个人心理的基础上。"遵行"的道德要求指，工程师应考虑其与自然、社会、他人的多种联系，评估两者之间的精神联系，激发其内心的道德自律。

2. 立足"现实"，深化"理论"

任何伦理规范都是从伦理理论中逐渐演绎而形成的。伦理理论在职业标准辩护中具有重要作用，通过参考更广泛的道德原则，可以为解决道德难题提供一个指导性框架。ASCE伦理规范提出："仅当通过教育或经验积累而具备了相关的工程技术领域的资质后，工程师才可承担并完成分配的任务"，说明工程社团要引导工程师遵循基于"把好的工程做好"的职业理想来恪守伦理规范。

3. 坚持"理想"，守住"底线"

工程伦理规范要在促进工程伦理建设方面发挥积极作用，它就必须是为了实现职业理想、完善道德追求而制定的，并包含道德底线和道德理想两部分内容。从道德底线的角度看，伦理规范明确规定工程师"不应该做什么"；从道德理想的视角看，伦理规范重在提倡"应该做什么"。工程伦理规范引领工程师按照伦理要求来规划自身职业活动，并走向更高伦理标准。

【案例导入】四季开源酒店倒塌事故

2021年7月12日下午3时33分，某地四季开源酒店发生倒塌事故，造成17人遇难，5人受伤。省政府成立事故调查组对事故具体原因开展深入调查，公安机关对酒店法定代表人、实际经营人、项目负责人、工程设计人员、现场施工负责人等进行传唤，并对相关人员采取刑事强制措施。而小李作为前一天入住的访客，回想这次经历仍心有余悸。

就在事发当天的前1个小时，小李在前台办理了退房手续，此前他已在这家四季开源酒店住了3晚。小李通过线上订房，经过一番对比，最终选择了这家房费适中且网友评价很好的酒店入住。但是入住后，小李发现自己的住宿体验并不好，总是能听到嘈杂的装修声音，特别是最后一晚换到3楼后，声音更大了。在办理完退房手续离开后不久，小李就接到了当地警方的电话，才得知就在他离开酒店1个小时后，酒店塌了。就是这提前的1个小时，给了他足够的幸运，当时他就想，这份幸运如果也落在其他人身上，该有多好啊！非常不幸，距离事件发生已经过去了24小时，据现场报道，在被埋的23人中，8人遇难，9人失联，我们都希望失联的9人能够奇迹生还。但到14日，9人全部被找到，却无人生还。

据附近的居民反映，发生坍塌的地方是酒店的辅楼，这是一栋很老的建筑，少则也20

来年了，几度易手，并且几十年间重装过多次。经有关部门公布的调查结果得知，这是一起由擅自装修改造而引发的坍塌事故。相当一部分坍塌事故都与建筑时间久、装修次数多、违规建造不无关系。相关负责人安全意识缺乏及受到利益诱惑、有关部门监管不力造成了该悲剧，希望该事件能够敲响警钟，警醒"安全无小事"，还大众居住安全。

📝 启发思考

(1) 从工程伦理的角度分析房屋坍塌事故的原因。

(2) 作为一名土木工程师，应坚持哪些原则？

(3) 为避免此类安全事故的发生，应采取哪些防范措施？

(4) 房屋坍塌事故给了我们哪些启示？

📝 案例分析

1. 房屋坍塌事故的原因

1) 工程伦理意识方面

工程师在伦理问题上陷入困境，大多是因为他们没能意识到自身所面对的问题是一个带有伦理属性的问题。也就是说，工程界以及公众的工程伦理风险意识淡薄，这是工程师不能妥善处理好工程项目中事关社会伦理的关键问题进而导致严重后果的一个重要原因。工程界只强调要重视工程师技术伦理方面，而忽略了工程师道德伦理方面。工程界仅仅要求工程师在能力方面达到或合乎所要求的标准，然而，从学校到企业都较少对工程师们进行社会伦理责任的教育熏陶，从社会到政府也较少对工程师社会伦理责任进行评价和对约束指标体系进行制定。企业并未及时地对工程师展开安全教育工作，管理人员没有尽到相应的责任。

在房屋坍塌事故中，坍塌房屋现有产权人安排工人擅自进行装修改造，酒店副楼内部承重墙体也疑似被拆改，建设过程并没有遵守土木工程施工条例，将公众安全置之脑后，没有承担起对社会的责任。在明知可能存在风险的情况下，仍旧选择违规施工，一系列违规行为都表明他们在工程伦理意识方面有所欠缺，对于违规施工可能带来的恶劣后果没有进行充分考虑。

2) 利益与道德的矛盾方面

就个人而言，虽然部分工程师拥有伦理意识，但工程活动中时刻存在社会伦理责任的选择和取舍。比如，工程师面对雇主要求的利润最大化要求与职业操守的冲突，解决产品技术缺陷的巨大经济投入与可能对居民造成的伤害间的矛盾，等等，都在削减工程师坚决秉承社会伦理责任的意志，引诱工程师违背社会伦理责任去获得个人和组织的利益。就组织而言，建设工程项目所涉及的企业和政府等利益相关部门众多，必然会增加安全管理的难度，众多相关单位中只要某一方价值定位出现偏差，忽视工程价值伦理问题和生产安全，将自身利益放在首位，都会导致安全事故的发生。

3) 安全监管方面

建设主体单位施工手续不全，安全措施不到位，违规施工，加之监管部门有时存在监管不到位、日常监督检查不深不细以及不能有效履行安全生产监管等问题。建筑业作为高危行业，企业安全管理部门、相关安全监管部门有时存在责任缺位的情况。因此，需要相关部门及时检查，发现安全隐患，并采取整改措施，从而大大降低事故发生的可能性。

2. 土木工程师应坚守的原则

无论从手段还是从目的看，土木工程师都应坚持"利己"与"利他"的统一，在从事土木工程活动时应遵循以下原则：

(1) 利益主义与人道主义的统一。首先，利益主义要求土木工程师把获得人们的正向评价作为从事土木工程活动的目标之一，最大限度地为人们谋求福祉。这里所说的利益，不是某一国家、某一地区的利益，而是全体人的整体利益。人道主义则要求土木工程师要保障人们的身体健康和生命安全，避免出现危及和损害人们健康和安全的情况。当利益主义与人道主义发生冲突时，土木工程师应坚持不伤害原则：不参与危及人道主义的活动，及时提醒潜在的伦理问题。

(2) 人本主义与自然主义的统一。人是自然界的有机组成部分，其生存的目的是征服自然、改造自然，所以人本主义要求工程活动要以人为中心。自然主义原则要求土木工程活动要考虑生物界植物和动物的生存状况，不破坏动植物多样性，将"善"扩大到生物界。当人本主义与自然主义发生冲突时，土木工程师应坚持和谐原则：尽可能采取措施减少对生物界的破坏，及时拯救生命濒危或生存环境遭到破坏的生物。

(3) 个人主义与集体主义的统一。土木工程伦理要正确反映个体与集体之间的辩证关系，一方面要尊重和保护个体的权力和利益，另一方面要肯定集体的价值和意义，维护集体的权力和利益。当个人主义与集体主义发生冲突时，土木工程师应坚持为大多数人服务的原则：少数服从多数，兼顾二者关系。

3. 防范措施

为避免此类安全事故的发生，应采取如下防范措施：

(1) 发挥媒体作用，创立具有中国特色的工程伦理责任体系。现代社会，新闻媒体起到舆论监督的作用。无论是一般项目还是重点项目，都应做到建设工程中的公开透明，及时向公众公布准确消息。在政府与人民的共同监督下，对违法现象予以揭露。只有在这种监督情形下，工程建设单位和个人才能为了维护自身的声誉，将工程安全、人民利益及生命安全放在首位。新闻媒体发挥其社会舆论监督职能，有助于工程界发挥其专业能力，确保工程项目的透明性，减少其他非工程因素的干扰，构建强有力的工程伦理环境。

学术界应当通过对工程伦理责任体系的理论和实践研究，不断尝试建立针对中国国情的工程伦理责任体系，寻求国家层面上的同步导向的扶持措施。

(2) 确保已有制度落实到位，并新建工程伦理方面的考核机制。随着社会的发展，相关职能部门应该积极推动修改原先存在的不够完善的一些法律法规。法律法规和司法体系不完善可能会导致一些企业、工程建设违规操作，其为追求利益最大化，不惜违反相关法规，因而，保证法律、法规等制度以及司法体系的公正成为维护工程伦理环境建设的根本举措。有了这些基础性规范制度作为基础，全面实施工程伦理制度才成为可能。

国家应不断促进执业注册制度的执行。现今，没有施工许可证施工和资质挂靠等不道德行为在我国法律上已有明确的处罚规定，但此种现象仍有发生，这就说明已有制度落实不到位。应加大处罚力度，一旦违反，就给予严厉的法律制裁，同时要求质量监督站日常分阶段到现场检查落档。

对于工程伦理方面的缺失，国家可以在执业工程师的注册考试中加设工程伦理的阶梯层次水平考试，也可以在对企业进行资质考核时要求企业提交伦理管理内容和相关举措落实情况等，利用法律法规加大伦理理念的落实。

(3) 建立工程社团，制定社团伦理章程。工程社团可以通过提供一个讨论职业伦理问题的场合，向面临伦理问题的工程师提供咨询或者协助工程师理解如何应用伦理标准等方法来推动伦理的建设，让他们强化工程伦理意识，提高伦理推理能力，增强工程伦理方面的职业能力。当然，工程社团的职业技术规范的制定也应当考虑全球化的发展趋势。

(4) 制定与实施伦理政策。首先，企业必须积极维护社会公德，通过道德道义来规范自己的经营行动，应该在国家法律法规的大框架下，对质量和进度等进行更严格的控制，坚持底线，合法经营，自觉维护建筑市场的秩序，争做行业表率。企业自觉遵守和维护社会道德，更能使其赢得市场的认可和获得高信赖度的社会法人人格，凸显企业竞争实力。其次，企业应制定适合本企业的伦理政策并严格执行，通过专职人员讲解、实证研究分析等途径对员工进行教育，培养员工正确的工程伦理意识，真正落实到员工层面。

(5) 加强工程伦理教育，提高国民工程伦理素养。在开展国民素质教育的同时，应该大力普及工程伦理教育，而不应该让工程伦理的教育只成为工程师的专属。利用网络、社区等相应平台开展工程伦理的科普宣传，丰富公众参与工程伦理的内容，使公众能够自主对某项工程进行工程伦理的评判，并成为社会监督的一部分。

4. 房屋坍塌事故的启示

土木工程正以日新月异的速度改变着社会的面貌，渗透到社会生活的方方面面，成为人们社会生活的一部分，但是频频发生的工程事故也让我们看到了土木工程带来的各种伦理问题。土木工程师是推动工程建设的中心人物，他们的专业素养和职业道德所影响的不仅仅是工程本身，还会涉及社会大众的生命财产安全，乃至于自然生态环境的平衡。

因此，对土木工程而言，不论是设计阶段还是施工阶段，工程师们都应该严格遵循职业伦理，在面对价值冲突和工程或职业伦理困境时，作出负责任的价值判断和选择，只有这样，才能够促进社会和行业的信任与信心，对个人职业生涯的长期持续发展也会大有帮助。此外，工程师应秉承良好的伦理道德，建筑企业遵守市场规则，不以牺牲公众权益来换取企业利润，国家应建立健全建筑工程行业制度和法律，为我国的土木工程伦理发展提供一片沃土。

思 考 与 讨 论

1. 结合土木工程及其建设活动的特点，思考为什么土木工程实践中会出现伦理问题？

2. 土木工程建设过程中，常常会遇到与公众利益发生现实或潜在冲突的情况，土木工程师应该如何平衡利益、成本、风险等方面的责任？

本 章 小 结

土木工程与人们生活密切联系，随着科学技术水平的不断发展，现代土木工程呈现出许多新特点。同时，也衍生出了诸如安全伦理问题、设计伦理问题、环境伦理问题、社会责任问题、经济效益问题等许多土木工程伦理问题。这就要求土木工程师在实际工作中通过不断学习专业知识和提高自身素质，加强对伦理问题的认识和理解，并根据实际情况，制定相应的应对措施，确保减少工程建设过程中的伦理问题。同时，土木工程师也需要积极参与行业组织和社会团体的活动，推动行业自律和规范化发展，为社会作出更大的贡献。

本章参考文献

[1]　李生男. 浅谈现代土木工程的特点与未来土木工程的发展[J]. 建材与装饰，2017(41)：197.

[2]　朱海林. 技术伦理、利益伦理与责任伦理：工程伦理的三个基本维度[J]. 科学技术哲学研究，2010，27(6)：61-64.

[3]　潘婵，刘冠民. 工程设计实践的基本原则、价值旨归及伦理意蕴[J].大陆桥视野，2022(07)：133-135.

[4]　赵雅超. 中美工程伦理规范比较研究[D]. 北京：北方工业大学硕士论文，2016.

[5]　黄宏章. 三峡工程首例对日索赔纪实[J]. 四川监察，2001(02).

第6章　水利工程的伦理问题

【影片导入】《天河》剧情概要

《天河》影片从水利工程师董望川的视角切入，用全景式的视角展现了南水北调工程中从决策团队、一线工程建设者，到所有沿线移民的整体风貌。影片中，董望川是南水北调中线工程的副总指挥，他与妻子周晓丹因为工程聚少离多，原本稳固的感情渐渐出现问题。就在技术攻坚之际，董望川最得力的助手兼学生江浩竟离他而去，跳槽到另一家企业，而家乡的亲人也因身处库区而坚决反对搬迁移民。为了确保工程如期保质完成，面对空前压力的董望川选择自己坐镇一线，并推荐妻子周晓丹去接管移民工作。然而，引水中线工程即将全线贯通时，花费巨资的外国设备却突然出现故障。众人一筹莫展之际，江浩毅然归来，向董望川伸出援手。所有人，都在为工程的顺利竣工做着最后的努力。影片情节跌宕起伏、耐人寻味，移民与建设者之间的冲突、小家与大工程之间的取舍，都带着浓浓的催泪情愫。正是无数的水利工程师们深厚的爱国情怀和伟大的敬业精神，使得这项浩大的南水北调工程获得成功，促进了我国南北经济、资源的协调发展，缓解了自古以来南涝北旱的自然灾害，真正实现了南水北调工程惠民惠国的时代价值。

对于该影片，请大家思考如下问题：

(1) 南水北调工程中出现了哪些伦理问题？应如何解决？

(2) 影片中体现了水利工程师的哪些职业伦理？

随着中国社会的高速发展，近年来我国开展了许多大规模的水利工程活动，无疑对社会经济、政治和文化的发展具有显著的推动作用。大规模水利工程的开展过程也引发了一系列伦理困境。

本章将重点探讨水利工程建设中存在的移民安置问题、生态问题、公众权利问题等，并在此基础上找出解决相应伦理问题的有效路径。

学习目标

(1) 学习并理解水利工程伦理的内涵及水利工程中主要伦理冲突的表现形式。

(2) 掌握水利工程伦理的决策方法，分析水利工程中的各种伦理冲突。

(3) 强化水利工程师的职业意识，实现多重角色的统一。

6.1　水利工程的类型与特点

水利工程就是对自然界中的水资源(包括地表水和地下水)进行有效控制、按需调配、持续利用及全面保护的工程，它属于国家基础设施和基础产业，关乎国家安全，影响社会全局。中国以世界7%的水资源和7%的耕地养活了世界21%的人口，为人类社会的发展进步作出了突出贡献，水利工程在其中发挥了关键作用。

6.1.1　水利工程的类型

水利工程通过修建结构物来控制、调配、利用、节约、治理和保护水资源，达到兴水利、防水害的目的。广义上的水利工程，可以从多个视角观察，比如工程建筑类型、国家标准学科分类、高等教育专业门类设置和国民经济行业分类等。在讨论水利工程伦理问题时，一般泛指整个水利工程行业。

水利工程涉及的范围非常广阔。按照承担的核心任务，可分为防洪工程、农业水利工程、供水与排水工程、水力发电工程、港口与航道工程、水土保持工程和河湖生态修复工程等。

(1) 防洪工程按功能可分为挡、泄(排)和蓄(滞)三类，其中挡水工程阻拦江河湖水或沿海潮水可能造成的侵袭，泄(排)水工程通过设置或清理泄洪通道增加行洪能力，而蓄(滞)水工程则是通过调节洪水、削减洪峰来减轻下游防洪压力。

(2) 农业水利工程通过修建水库、堰塘、泵站等设施，完成向农田输水、配水和排水等功能，调节和改变农田用水分布状况，促进农业增产增收。

(3) 供水与排水工程中，供水工程是保证工业和居民用水的关键，关键设施主要包括水库、管井、渠道、水闸、泵站等，而排水工程的主要任务则是排出废水、污水和暴雨引起的短时局部积水。

(4) 水力发电工程一般简称为水电工程，是水利工程的重要组成部分，利用水力来推动水轮机转动，将水能转化为电能。

(5) 港口与航道工程一般简称为港航工程，涉及港口、船闸及航道的设计、施工与运行管理。

(6) 水土保持工程一般简称为水保工程，通过退耕还林及修建梯田、蓄水池、淤地、水坝等措施，减缓泥沙从坡面向河道的输移，大大延长了水利工程的使用寿命。

(7) 河湖生态修复工程致力于解决伴随水利工程建设及经济发展产生的河湖环境生态问题，是新时期水利工程的崭新内容。

水利从业者的工作内容丰富多彩，包括行政管理、科学研究、总体规划、工程勘测、方案设计、建设施工、运行维护、教育出版及社会服务等，其中的核心工作涉及工程的勘测、规划、设计、施工和运行维护。

在过去的几十年间，我国的水利工程建设取得了举世瞩目的巨大成就，为维护国家稳定、推动社会进步发挥了突出的支撑作用。不论是从建设规模还是从技术水平来看，中国已经成为毫无争议的世界第一水利大国和水利强国。中国水利水电企业已全面走向世界，成为国家实力的象征。

6.1.2　水利工程的特点

水利工程涉及的范围宽广、规模不一，水利工程伦理问题主要与大中型水利工程有关，这里仅概括大中型水利工程的特点。

1. 政府主导

水利工程是基础设施、基础产业，具有典型的公益性质，因此大型水利工程规划和建设一般都由政府来主导，具有鲜明的国家行为特征。在中华民族的历史发展长河中，兴修水利一直是治国安邦、发展生产、开拓疆土的重要措施，多由中央政府直接负责组织实施，水利工程建设伴随着时代的起伏与兴衰。在世界其他国家，水利工程建设也同样具有明显的政府行为特征。以美国为例，在"向西运动"的过程中，联邦政府在水利工程规划建设中一直发挥着主导作用；20 世纪 20 年代末至 30 年代的美国经济大萧条时期，罗斯福新政中大力修建公共工程的举措，一定程度上帮助美国顺利摆脱了经济危机。

2. 规模宏大

与其他行业的工程项目相比，大型水利工程的规模要宏大得多。京杭大运河全长近 1800 km，纵贯北京、天津、河北、山东、江苏和浙江 6 个省(市)，沟通了海河、黄河、淮河、长江、钱塘江五大水系。南水北调中线工程的总干渠全长超过 1200 km，沟通长江、淮河、黄河、海河四大水系，穿过黄河干流及其他集流面积 $10\,km^2$ 以上的河流 200 多条，建节制闸、分水闸、退水建筑物和隧洞、暗渠等各类建筑物千余座。三峡工程在规模上更是创下了多项世界之最：坝体总混凝土量最大(1486 万 m^3)，船闸级数最多(5 级)，总水头最高($113\,m$)，移民人数最多(超过万人)。

3. 技术复杂

大型水利枢纽一般都位于深山峡谷区。对坝址及相关区域的勘测包括水文、地质、地貌、生态等多项内容，枢纽规划涉及政治、经济、军事的多目标优化，技术设计需要考虑水文、荷载、地震等多种随机因素，工程施工需要采取截流、导流等手段并承受洪水风险，枢纽运行须综合考虑社会、经济、生态等多重效益，因此水利工程涉及的技术问题非常复杂。以三峡工程为例，大江截流水深达 $60\,m$，最大流量超过 $10\,000\,m^3/s$，截流进程中有通航要求，戗堤基础覆盖层深厚，因此施工难度相当大。二期围堰堰址水深达 $60\,m$，约 $2/3$ 高度的堰体在水下施工，堰址地质情况复杂，世所罕见；导流明渠截流，抛投物不易稳定，江水流量大($10\,300\,m^3/s$)，落差大($4\,m$ 多)，流速高($7\,m/s$)，综合难度大于大江截流。

4. 周期漫长

大型水利工程的勘测、规划、设计、施工周期很长，往往长达几年、十几年甚至几十年、上百年，其使用寿命一般都是几十年、上百年。以三峡工程为例，它承载着中华民族的百年梦想。早在 1919 年孙中山先生就提出了最初的建设设想。新中国成立后,三峡工程规划建设步伐明显加快,1957 年长江流域规划办公室完成了关于三峡工程不同的正常蓄水位选择和不同坝区的枢纽布置的比较方案,1984 年国务院同意三峡工程立即开始施工准备,随后批准了《长江三峡工程可行性研究报告》。1992 年 4 月 3 日,第七届全国人民代表大会第五次会议通过了《关于兴建长江三峡工程的决议》。三峡工程整个施工任务的完成,前后历时 17 年,而三峡水库的设计使用寿命则超过 100 年。

5. 投资巨大

由于水利工程的规模巨大,周期漫长,因此工程建设需要的资金巨大。从水利行业整体来看,自 2012 年以来,每年完成的水利建设的投资规模基本稳定在 4000 亿元。对于单项工程而言,三峡工程于 1993 年经国家正式批准的初步设计的静态总概算为 900.9 亿元(其中,枢纽工程投资 500.9 亿元,水库淹没处理及移民安置费用 400 亿元)。由于三峡工程施工期长达 17 年,且其资金来源多元化,计入物价上涨及施工期贷款利息的动态变化,估算总投资约 2039 亿元(由于我国经济发展、物价稳定、利率下调等有利因素,三峡工程实际总投资约 1800 亿元)。

6. 功能多元

大型水利工程多为枢纽工程,一般具有防洪、发电、航运、供水等多项功能,能够发挥综合效益。三峡工程就是具有多元功能的综合水利枢纽工程,正常蓄水位为 175 m,设计防洪库容为221.5 亿 m^3,从根本上改变了长江中下游防洪形势;水电站总装机容量为2250万 kW,年最大发电能力约 1000 亿 kW·h,将华中、华东、华南电网联成跨区的大电力系统;航运效益也非常突出,水库形成后从根本上改善了大坝上游三斗坪至重庆江段 660 km 的航道,同时增加了坝下长江中游航道枯水季节的流量和航深,保证万吨级船队由上海直达重庆,运输成本大幅度降低。

7. 综合性强

大型水利工程都是枢纽工程,具有很强的综合性,其规划建设基于对国家政治和经济形势的综合判断。工程目标包括防洪减灾与发电兴利等综合内容,技术设计涵盖了水利、土木、机械、电力、电子、环境等多个学科。水利工程产生的影响也是多方位的,以三峡工程为例,共有涵盖 42 个专业的 400 多位专家参与论证,划分为地质地震、枢纽建筑物、水文、防洪、泥沙、航运、电力系统、机电设备、移民、生态与环境、综合规划与水务、施工、投资估算、综合经济评价共 14 个专题,从涉及的范围和层次来看,其综合性非常突出。

8. 影响深远

水利工程规模宏大、周期漫长、投资巨大、功能多元,这就决定了其影响必定是深远的。第一,水利工程对于促进国民经济和社会发展具有全方位的深远影响。第二,水利工程影响的空间范围广大,工程枢纽上下游串成一条线,这条线又带动一个面,会引起空间大范围的连锁反应。第三,由于水利工程的生命周期长,因此产生的影响常常跨越数十年甚至上百年。第四,水利工程对人文和生态环境均产生深远影响,极大改变了库区移民的生产和生活状态,整个河流的环境与生态系统将发生重要的变化与调整。

【案例导入】都江堰水利工程

都江堰位于四川省成都市都江堰市城西，距成都市 48km。著名的都江堰水利工程坐落在成都平原西部的岷江之上，距今有 2200 多年的历史，被誉为"世界水利文化的鼻祖"。都江堰始建于秦昭王末年(约公元前 256—前 251)，是蜀郡太守李冰父子在前人鳖灵开凿的基础上组织修建的大型水利工程，由分水鱼嘴、飞沙堰、宝瓶口等部分组成，2000 多年来一直发挥着防洪灌溉的作用，解决了江水自动分流、自动排沙、控制进水流量等难题，消除了岷江水患，使成都平原成为水旱从人、沃野千里的"天府之国"，至今灌区已达 30 余县市、面积近千万亩，是全世界年代最久、唯一留存、仍在一直使用、以无坝引水为特征的宏大水利工程。它是中国古代劳动人民勤劳、勇敢、智慧的结晶，是全国重点文物保护单位。

都江堰的创建，在我国水利史上具有重要的价值意义和影响。它以不破坏自然资源，充分利用自然资源为人类服务为前提，变害为利，使人、地、水三者高度协调统一，是全世界迄今为止仅存的一项伟大的"生态工程"。都江堰开创了中国古代水利史上的新纪元，标志着中国水利史进入了一个新阶段，在世界水利史上写下了光辉的一笔。那么，在如此伟大水利工程的修建过程中，是否也会面临伦理问题呢？

启发思考

(1) 都江堰水利工程中蕴含着哪些伦理理念？
(2) 都江堰水利工程对现代水利工程有何伦理启示？

案例分析

都江堰作为当今世界上仍在发挥巨大社会经济效益的最古老水利工程，是现代水利建设的典范。都江堰水利工程因势利导，无坝引水，以科学的方式解决了防洪、灌溉、排沙、分流等水力学上的诸多难题，在规划设计、材料工艺和维护管理方面均表现出工程伦理思维。

随着我国经济的发展，水利事业也蓬勃发展，面对资源紧张、环境污染加剧、生态系统破坏等严峻问题，社会对水利工程提出了越来越高的要求，水利工程的伦理问题也引起了社会的关注。水利工程是我国国民经济和社会发展的基础产业，传统水利工程是以除害兴利为目的基础设施，现代水利工程已转变为资源水利工程和生态水利工程。

都江堰水利工程告诉后世：水利工程不是一时之建筑，而是千秋万代之事业。水利工程在建造时，不仅要保证工程的安全和使用功能，而且要保证工程可持续发展的能力，使其成为"功在当代、利在千秋"的伟大工程。都江堰水利工程运行 2000 多年，至今仍然发挥着巨大效益，成为水利工程中人与自然和谐相处的杰出代表，为现代水利工程建设和管理提供了宝贵的经验和伦理启示。

6.2　水利工程中的伦理问题

工程伦理一般从技术、利益、责任和环境等角度进行观察和分析，同时也需要根据具体工程领域的特殊性，对相关内容进行适当取舍，以突出其中的核心伦理问题。大型综合性水利枢纽工程建设规模大，生命周期长，技术复杂，影响深远。水利工程建设需要考虑不同地区、不同行业、不同人群之间的利益分配，同时也要考虑人类社会与生态环境之间的协调，因此，和其他行业相比，无论是从时空尺度还是从复杂性上分析水利工程的伦理问题，都更具挑战性。

6.2.1　水利工程的技术伦理

从手段上看，工程是一种综合性的技术活动。工程伦理首先应该对工程中涉及的主要技术进行价值判断和风险评估，进而对工程本身的合理性和必要性进行反思。

兴水利、除水害，是水利工程的初心。通过对自然径流过程进行工程调控，保证水资源供给，抑制极端干旱和洪水对生产、生活及自然环境造成的严重损害，开发绿色水电能源，开辟低成本的水上运输通道。自古至今，这些典型水利工程的目标是明确的，其价值追求是连贯的、一致的。而通过建造大坝、堤防、泵站、渠道等实体构筑物实现相应的工程控导目标，这是合理的、必要的，也几乎是无可替代的。稍有常识，都不会对水利工程技术的基本价值提出任何质疑。

需要引起重视的是，水利工程无可替代的价值常常容易被低估。当生产生活用水得到百分百保障时，当洪水的风险通过水库拦蓄悄然化解时，社会大众一般不会深刻认识到水利工程所发挥的关键作用；而当持续干旱、超标准洪水引发巨大损失时，公众又可能忙于指责水利工程存在的问题，而不是反省自身平时是否存在对水利工程价值的漠视。

因此，关注水利工程伦理，首先应大力宣扬水利工程本身的技术价值，特别是在水资源保障、水灾害防范方面，宣扬水利工程支撑国家长治久安与全面发展所作出的突出贡献，以提升整个行业的自豪感与使命感。

水利工程技术价值的实现需要付出一定的成本，需要承担一定的风险。在经济层面核算成本和收益只是简单的财务问题，而从更广阔的视角权衡水利工程的价值与风险，深刻思考水利工程的现实意义与前行方向，则是水利工程伦理关注的重点问题。

关于工程的价值判断，可从外部的价值认同和内部的价值冲突两个方面考察。在水利工程的防洪、供水等方面，很容易形成外部价值认同。目前人们主要对水电工程的效益等伦理问题存在不同看法或有所争议。其中的焦点问题是水电在多大程度上算是绿色能源？这涉及水电与火电、核电、风电等其他形式的能源在经济性、安全性和环境影响等方面的深入对比。

影响外部的价值认同最重要的因素是工程建设的环境影响评价。要取得全社会的价值认同，需要保证水利工程建设对环境的影响是正面的，或虽然是负面的但却是可控的、可弥补的。对此，需要制定工程建设相关的环评法规，向实现外部价值认同的工作提供基本保障。值得注意的是，目前社会各界对水利工程建设在环境、生态和人文影响方面的要求越来越高。若无法对其进行有效的回应，则会影响水利工程的健康发展，这方面典型的例子为怒江水电开发和鄱阳湖湖口工程论证项目引发的争议。深入研究水利工程对生态环境的定量影响，合理界定水利工程肩负的生态环境责任的限度，是水利工程建设中的长期任务，相关的内容将在环境伦理部分进一步分析。

水利工程内部的价值冲突，首先体现在同一水利工程在发挥防洪、发电、航运、供水等不同项目效益方面的目标冲突。对于大型水利枢纽建设而言，需要围绕工程的核心目标，通过优化调度，充分发挥项目的综合效益。在大多数情况下，水利工程防洪的优先级最高，其他目标要服从于防洪目标。这贯彻了工程以人为本、生命至上的基本伦理准则，也是行业和全社会的共识。当然，工程实践中遇到的问题要比能简单罗列出的原则性问题复杂得多。比如，三峡工程是具有多元功能的综合水利枢纽，在调度实践中，既有防洪、水位控制的制度要求，又有提升发电效益的现实需求。

从历史的维度看，在不同时期对技术方案的价值判断会有明显的差异。比如，对于城市河流堤防建设，传统的方法是建设标准化的防洪堤将河流渠化，如此防范洪水既安全又经济，目前这种堤防建设仍然是国内大多数城市采用的主流形式。随着时代的进步，目前有部分城市开始摒弃传统的标准化的堤防形式，采用生态友好型方案：下大力气拓宽河道，采用接近自然的河道断面，努力恢复河流生态系统，打造美丽的河流风景线。显然，为达到同样的防洪标准，生态友好型方案的建设和运行维护成本更高。这种价值取向的变化，正是工程伦理历史性特征的具体体现。需要警惕的是，若不能正确认识水利工程价值判断的历史性，则有可能得出一些偏激的论断，比如中国水力发电学会曾公开批评的所谓"大脚革命"理论。

显然，水利工程技术的价值判断与对工程风险的评估密切相关。在技术的层面，主要考虑的是水利工程本身的失事风险(工程建设与运行引起的环境恶化风险将在下文环境伦理部分中论述)。由于水利工程规模宏大，因此其安全问题涉及的范围远远超越水利工程建筑物/结构物本身。水库发生溃决时，可能让水利工程建筑物本身毁于一旦，其设计使用功能完全丧失，更为严重的是，会给下游地区造成重大的人员伤亡、经济损失和环境破坏，对社会稳定的冲击是非常重大的。因此，水利工程建设中，必须以高标准防范风险。

水利工程风险(技术因素风险、环境因素风险和人为因素风险)的识别、评估(专家评估与社会评估)与防范等，过去一般仅从技术层面进行。工程伦理则在技术分析的基础上，重点讨论影响风险客观评估的因素，以强化工程风险意识，落实工程安全责任。

水利工程中，影响风险客观评估的因素有行政导向性、实效紧迫性、公众参与度和责任追溯制度等。

我国大型水利工程建设一般由政府主导，这一点对工程风险评估的影响是巨大的，在工程的不同阶段对工程风险评估的具体影响也会不同。在工程前期论证阶段，过于乐观的情绪将导致实际风险被低估；在工程的运行维护阶段，则常常存在渲染甚至夸大风险的冲动。有效控制或消除不利影响，保证风险评估的客观与准确，是水利工程伦理教育的重要任务。

由于水利工程大多处于复杂的水文、地质条件下，很多风险因素并不是显而易见的，因此准确评估工程风险非常困难。特别是在紧急情况下，由于资料和数据有限，误判风险可能导致的后果异常严重，因此风险评估者在进行风险评判时会更加保守，导致在紧急决策时人为高估面临的客观风险。例如在 2008 年汶川地震唐家山堰塞湖应急处置中，虽然调集了全国的力量进行分析研判，最后实际溃决洪水等级显著小于事前评判的风险。"不惜一切代价"保证人民群众生命安全，是在风险评估时常常需要作出的庄严承诺，其背后则是深层次的伦理追问。

公众参与度会影响风险评估结果。一般而言，普通公众难以正确理解风险的专业表述，难以全面了解自身所面对的风险类型和风险等级。但是，普通公众往往是工程风险的最终承担者，因此在风险评估过程中，应该发挥一定的作用。目前，水利工程风险评估的公众参与机制有待健全，公众参与程度也不高。应该充分尊重公众对风险的知情权，拓宽多方参与风险识别和评估的渠道，完善公众参与风险评价的机制，在工程建设中让公众知情同意的伦理原则落地。

责任追溯的特点也影响风险评估。在水利工程实践中，安全责任的落实以防范风险为主；但对责任的判定，则一般采用追溯制。我们非常熟悉的场景是：发生重大责任事故后，有关方面第一时间成立调查组进行调查，按照责任划分对相关人员进行相应的行政和法律追究。但只要工程不出事，有关人员本应承担的安全责任可能会被完全忽视。工程风险道德评价的"功利主义"做法，导致分析同一问题时可能会得到完全矛盾的结果。以水库在汛期特定时段提高水位运行以提升发电效益为例，若调度运行最终取得的结果相同，对某特定调度方案的风险评估结论是固定的、唯一的；但若调度运行最终取得的结果不同(安全调度增加发电效益或调度运行导致大坝溃决)，则对调度实践进行"追溯制"评判的结果完全相反。这种矛盾的结果，需要从工程伦理的视角进行深刻分析。

6.2.2　水利工程的社会伦理

社会伦理主要关注利益的分配与转移过程。水利工程涉及工程多目标价值的协调，涉及不同攸关方的利益冲突，也涉及国家间的竞争与合作等。因此，从社会伦理的角度看，水利工程涉及的公平与正义问题更为突出。

水利工程社会伦理应重点关注两方面的内容：一是水资源的公平合理配置，二是水利工程移民等受损方的公正补偿安置。

在我国，水资源属于国家所有，由各级政府代表国家进行水资源的规划配置，通过实施取水许可具体落实。中国幅员辽阔，水资源存在巨大的地域和季节差异，因此实施水资源的统一调度管理对维护社会公平具有特别重要的意义。

从本质上看，水资源的配置是利益分配。水资源配置应遵循邻近优先、尊重历史和利益补偿等基本原则。在进行水资源优化配置时，要充分考虑各地区的用水历史，优先满足水源地的用水需求，避免一味地向政治和经济强势区域倾斜。原则上，水源涵养区和水资源调出区有权要求通过征收水资源费和财政转移支付等方式获得利益补偿。

观察水资源配置的伦理问题，可以从 1987 年黄河《关于黄河可供水量分配方案报告的通知》中综合分析当初方案制订时考虑的因素、近年来各个调度周期的实际用水量以及中上游多个省市增加配额的强烈呼吁等。南水北调中线工程的实施也提供了很好的素材，可通过查阅相关技术文献以及关于南水北调工程的相关报道，分析跨流域调水时水资源输出地和输入地如何实现互利共赢。

对于国际河流，流域上下游国家之间的利益补偿问题无法依赖简单的行政安排，一般需要通过政府协商解决，这部分内容涉及的伦理问题更为复杂。

水利工程维护公平正义的另一着力点是保护水利工程移民的切身利益，合理公正地进行补偿安置。移民补偿具有典型的公益征收补偿性质，需要明确补偿安置的责任主体、核定公正的补偿标准以及协调公私矛盾。

广大水利工程移民以国家利益为重，顾全大局，付出了巨大的自我牺牲。依法对移民及时、足额补偿安置，是水利行业及全社会应当承担的不可推卸的责任。

关于移民搬迁的有关新闻报道，存在一个有意思的现象。城市拆迁中，媒体常常聚焦于"钉子户"；对于水利工程移民，主流媒体往往侧重于宣传移民群体的突出贡献和奉献精神，中央电视台《感动中国》2002 年度特别大奖就授予了舍小家、为大家的三峡移民。这个现象值得水利工程伦理深思。

6.2.3　水利工程的环境伦理

前文对技术伦理的讨论中已经提到，水利工程价值的实现会不可避免地影响自然环境和生态系统，防范环境破坏和生态退化等重大风险是水利工程建设的前提。

河流系统是一个有机整体，呈现出典型的周期性。随着季节变换，水流丰枯交替，如此周而复始。河流也呈现出一定的弹塑性：在弹性范围内，具有强大的自我调整与修复能力，能够达成新的健康状态下的平衡；但如果外来的冲击超越河流的弹性极限，则会造成一定的塑性损伤，严重时甚至导致整个系统的崩溃。

大多数水利工程本身就是环保工程、生态工程。应该合理规划、稳步建设、安全运营，充分发挥水利工程的综合效益。如果水利工程对环境造成了实际损伤，必须作出一定补偿，努力将河流恢复到受损前的健康状态。对于可能对环境造成重大损害(塑性损伤)的水利工程，则坚决不予立项。

需要指出的是，在完全天然的状态下，河流并非一成不变，而是会经历一定的演变，有时甚至会发生剧烈变化。比如地震造成的山体滑坡，有可能完全阻断原来的河道形成堰塞湖，造成下游断流；而当堰塞坝体溃决后，一般会形成瀑布或导致原河道的纵比降显著增大，与原有河流相比，水流动力条件和地貌特征均发生了巨大变化。充分理解河流在自然条件下时刻处于动态演化过程，对于正确认识水利工程对环境的影响，具有重要的理论与现实意义。谈工程色变，认为河流经不起任何扰动，是没有依据的，甚至是荒谬的。

当前我国已经建立了关于河流资源开发、利用和保护的基本法律法规体系，为维护河流生态环境提供了制度保障。特别是，通过对涉水事务实行流域统一管理，通过积极开发和利用环境友好新技术，充分保证河流生态用水，有利于维护河流的长期健康，有利于水利行业切实履行保护生态环境的责任。

水利工程建设，需要尊重自然规律，避免无限度索取河流水资源，避免对河流生态环境的严重损伤，人们在这几个方面已经达成共识。在新的历史时期，流域大保护已经上升为国家意志，实现绿水青山成为水利行业的第一责任。

水利工程建设应当承担不可推卸的环境伦理责任，这是明确的，也是没有争议的。水利工程伦理研究与教育需要明确回答的问题是，这种责任源自哪里(立场)，又该如何来确定责任的大小(限度)。现代环境伦理体系中，人类中心主义和非人类中心主义两大立场存在根本的分歧，其中的核心是对大自然价值与权利的评价。

人类中心主义秉承价值主观论，认为人类理性与文化是评价大自然价值的出发点，而实现人类福祉是工程利用大自然价值的终极归宿；工程建设需要重点考虑的是局部与整体、近期与远期的协调，保护自然环境的初衷和目标是让人类明天的生活更美好。非人类中心主义则认为自然界具有"内在价值"，强调自然价值不依赖评价者而客观存在，主张环境伦理要把承认自然界的"内在价值"作为出发点，把道德权利扩大至整个自然界。

由于环境伦理中存在不同主张，目前，对水利工程造成的环境影响进行评价时，人们的观点众多。多元化的环境伦理主张，人的关切对水利工程规划和建设的影响是巨大的。

6.2.4 水利工程的职业伦理

工程职业伦理是工程伦理的重要内容，早期的工程伦理教育基本上等同于工程职业伦理教育。水利工程造福社会，水利工程师承担着相应的责任和义务。水利工程师也应当遵守工程师的职业伦理规范。关于工程师职业伦理规范的研究和教学，前文已经介绍得比较丰富和完善，这里结合水利工程的特点，重点分析水利工程师(从业者)在实践中面临的角色冲突和职业伦理挑战。

水利工程规模宏大，涉及不同地区的不同人群之间的利益分配，涉及国家、集体和个人利益的平衡，也涉及人类社会与自然环境的协调，因此水利工程师面对的职业挑战巨大，在实践中常常需要作出艰难的选择。水利工程师需要努力成为精通行业技术的专家、遵守职业道德的模范和热爱自然山水的智者，实现多角色的协调统一。

首先，要成为精通行业技术的专家。水利工程涉及多个学科，综合性强，这要求水利工程师掌握扎实广泛的基础理论和系统深入的专业知识，并且与时俱进，不断更新知识体系。在实践中，要求水利工程师善于理论联系实际，确保水利工程规划设计的科学性，保证水利工程的质量和安全，从根本上控制水利工程的风险。

其次，要成为遵守职业道德的模范。坚持真理，实事求是，认真负责，是基本的工作准则。和其他行业相比，水利工程师坚持实事求是更为困难。面对复杂的系统问题，水利工程师常常会感到自己很渺小，对自己的专业技术也更容易产生怀疑，在很多时候难以坚持自己的正确认识。恪守职业道德，需要良心，需要智慧，需要勇气。"众人皆醉我独醒"并不是一件容易的事情，需要在掌握扎实专业知识的基础上对问题进行全面分析、深入思考、反复论证，更需要对事实的执着、对真理的坚守。

最后，水利工程师要成为热爱自然山水的智者。自然的山与水是水利工程师施展才华的舞台，一山一水，一草一木，与自然的零距离接触丰润了职业情感，也加深了人与自然和谐相处的情感。

　　水利工程规模宏大、功能多元、周期漫长、投资巨大，对任何社会都有重要的影响。因此要推动水利工程的发展，发挥好水利工程的作用，就要处理好技术、社会、环境和职业伦理等多个方面的工程伦理问题。在水利工程筹建阶段，应在充分考虑现有技术水平的基础上对工程的风险与价值进行充分评估，避免因技术问题引起的工程事故的发生。

　　在社会伦理层面，要处理好水资源配置与移民安置问题，协调好利益相关者的关系，实现个人利益与国家利益的平衡。在自然伦理层面，水利工程建设面临着实现工程价值与保护生态环境的双重要求，因此要坚持水利工程生态伦理的原则，不从事和开发可能破坏生态环境或者对生态环境有害的实践，处理好人与自然的关系，实现可持续发展。另外，水利工程师要不断钻研业务、加强修养，不仅要提高自己的专业能力，也要用更高的伦理道德规范来要求自己。

【案例导入】再认识三峡工程对环境的影响

　　三峡工程对环境的影响具有综合性、流域性、不可逆性、长期性和不确定性的特点。由于这些特点，三峡工程在环境影响方面的报道或研究多呈负面。在大量调查研究的基础上，有专家称长江水域的珍稀物种面临灭绝，白鳍豚几乎完全灭绝，白鲟、中华鲟、达氏鲟、江豚、胭脂鱼等也受到极大的冲击，白甲鱼、中华倒刺口、岩原鲤在渔获物种中比例减少。此外，三峡库区水污染加重，城镇岸边污染带、港口、河湾、坝前、支流(如香溪河等)、底泥(汞污染)等污染更突出，库区分布众多化工厂区对库区水质构成巨大威胁，在被调查的 23 条库区支流中，半数以上出现水华现象。再者，三峡工程引起的一个迫在眉睫的问题是坝下冲刷，这对坝下河岸安全构成威胁。调查显示，三峡工程导致荆江南岸塌岸明显增加，部分河段冲刷量为建库前 10 倍，其后果就是河口土地减少、海岸冲刷、海水倒灌、渔场受损。在此，专家提出，三峡工程在未来的最大受害者就是上海，除了随流而下的泥沙冲积消失外，长江污染、海水倒灌、海岸冲刷加剧，可能会对长江口和东海渔业生态系统造成不利影响……

　　正视三峡工程的负面效应，思考应对办法，采取实际措施，并在此基础上规划今后一段时间以及未来中、长期的应对方案，这也许是当下必须做的。而三峡工程对库区及其周边地区的整个生态系统的影响，如带给库区水环境、坝下侵蚀、河口生态等方面的负面效应，却是可见并亟须解决的。

启发思考

(1) 从水利工程生态伦理观的角度分析，三峡工程为何会引发伦理论争？

(2) 面对水利工程修建中的移民安置问题，相关责任主体应如何解决？

✎ **案例分析**

从宏观上看，水利工程的利大于弊是毋庸置疑的。与其他技术活动不同，水利工程的环境影响往往是难以预估的，三峡工程库区分布的化工厂排放污染物，更多的不利影响是其引起的蝴蝶效应。长江流域是我国珍稀特有鱼类的重点保护区，但三峡水利枢纽的建设会阻断濒危物种及长江特有鱼类的洄游通道，加剧物种的濒危程度，影响生物多样性。如何兼顾水电站建设和保护生物资源是三峡水电站建设面临的重要伦理困境。

对在长江流域土生土长的人们来说，水利工程给他们带来了一些经济、文化上的问题。对此，水利工程的建设不仅要保障移民的权益，还要推动移民活动的顺利开展。

第一，明确责任主体。移民的补偿安置责任应该由谁来承担？这是移民工作中的首要问题。水利移民补偿具有典型的公益征收补偿性质，在计划经济时代，政府是承担补偿义务的责任主体。随着开发投资主体的多元化，水利工程建设责任主体由政府变成项目法人。

第二，核定补偿标准。如何对移民的损失进行计算和补偿是落实公正原则的核心。在实际问题中，同一时间段、同一工程的不同区域、不同群体如何补偿，在整体经济水平不一、物价差异比较大的情况下如何做到公平，是水利移民补偿面临的现实问题。

6.3　应对水利工程伦理问题的方法

水利工程建设给社会发展带来巨大经济效益，符合我国国情。但是，水利工程建设对当地地理景观和自然景观的破坏，对当地居民特有生活方式的影响不容忽视。任何事物都有两面性，水利工程建设在带来正面效益的同时也会产生一些负面影响，因此必须在利弊得失之间作出取舍，寻求利益最大化、危害最小化的最优做法，缓和水利技术与自然环境、社会活动之间的矛盾，使水利工程朝着有利于人类生存与发展的方向前进。

6.3.1　坚持以人为本的原则

以人为本原则在生命安全原则中占据首要地位，假若丧失了"有生命"这一前提，其他一切都是空谈。

首先，坚持以人为本原则就是要保证人民的身体健康和生命安全，确保人民的利益，保障人们的生存与进步。水利工程的实施是在安全原则的指导下进行的，不仅要保障工作人员的安全，还要顾及水利工程附近居民以及渔民的生命安全，确保人们的生命安全不受威胁，保障其生存权益。

水利工程建设是一个复杂的过程，要经历一个由"量变到质变"的过程，施工企业和人员要积极创新技术，淘汰一批落后的、妨碍工程管理效果的旧材料、旧工艺和老设备，从基础上保障水利工程施工安全。水利工程建设规模庞大，牵涉的技术要点和施工方法较多，企业应明晰安全岗位管理责任，避免相互扯皮、推诿现象的发生。定时定期对全体施工人员和监督人员进行安全生产质量保障培训,推行科学施工、文明施工。加强水利工程施工企业安全应急预案的设计以及实施,保障施工顺利有序开展。

其次,坚持以人为本原则就是要让人民群众参与到水利工程的前期决策与后期的环境评价的各个阶段。水利工程的建设过程需要确保群众的知情同意,只有这样,才能增加工程在社会中的认可度,减少民众对工程的反对。水利工程建设中更多涉及的是移民的安置问题,对一个国家而言,水利工程建设起着催化经济发展的功效,然而,对于那些在建设中需要被迫迁移的民众而言,工程的影响无疑是巨大的、灾难性的,它们要承担精神和物质生活方面的双重压力。移民搬迁使他们承受了巨大的压力,他们可能失去工作、失去固有生活、失去赖以生存的土地,导致无法进行正常的日常生活,享受正常生活的风险增大。因此,当出现不公平问题或者移民诉求得不到回应时,移民就会出现抵触心理。所以,处理移民搬迁与安置问题时,最重要的就是要遵循知情同意原则,听取移民的意见与建议,使有抵触情绪的移民参与到移民规划与安置环节中。

6.3.2　树立可持续发展的生态伦理观

马克思主义生态伦理观认为:自然界先于人的意识而存在,承认自然的客观性是人们正确处理人与自然关系的基本前提。生态伦理原则用来限制工程活动,改善和优化自然生态系统,协调人与自然、人与工程、工程与自然三者之间的关系。

首先,建设水利工程必须始终奉行人、社会与自然的和谐统一。习近平总书记强调,"山水林田湖草沙是一个生命共同体。"当前的发展过程不应以人类发展为中心,而应该更加注重对自然的保护。水利工程是一项利国利民的项目,确保人民利益和实现社会进步不能以牺牲生态环境为代价。水利工程建设中的生态伦理就是要考虑自然环境的优化和生态规律的约束。水利工程要与生态环境协调发展,与生态建设和谐适应,实现人与自然绿色发展。只有人类用尊重的态度面对生态环境问题,才能真正实现人类文明与自然的和解,并最终实现人与自然和谐发展的终极目标。所以,人们必须将人与自然和谐共生的理念融入水利工程项目的建设中,在保护环境的基础上实现经济的更好发展。

其次,建设严格的生态法治观念。为了落实生态文明的实现,我们需要改变现有的生产方式,不断解放思想,借助更加有力的制度和法治政策引领健康的生活方式。习近平总书记指出,"只有实行最严格的制度、最严密的法治政策,才能为生态文明建设提供可靠保障。"要想为水利工程披上最坚实的生态铠甲,就必须保证制度的严格性和政策的严密性。健全法律法规,约束公众行为,弥补人们道德伦理的缺失,是保护生态环境最有效的措施。加快生态立法,无疑是人类利用法律达到生态平衡、自然和谐的最有效做法。目前我国在生态伦理方面的法律法规不够健全,虽然有《中华人民共和国环境保护法》《中华人民共和国水法》等相关法律法规,但还需要进一步完善。把生态伦理的基本要素融入法中,健全生态伦理保障体系,用法律的力量约束自然资源的合理利用,对破坏生态者处以重罚,这样才能警示世人,真正实现绿色可持续发展。

最后，宣传环境保护，促进公众参与。就社会而言，水利工程终归是一项利民工程，不仅关系到人民群众的切身利益，更重要的是它与百姓生活密切相关。广泛宣传教育，是为了提升公众的环境保护意识，让人人参与到保护自然的队伍中，使可持续发展理念深入人心，从根源上阻断为了利益而破坏环境的思想。反之，对破坏环境者，应该发挥社会舆论的力量，对这种错误行为及时制止，并进行严重谴责甚至惩罚。此外，要积极开展各项环保公益活动。比如组织民众观看《保护母亲河》的公益电影，开展保护水资源的公益讲座，让民众参与到这些能切身体会的活动中，拉近人与自然的距离，促进人与自然的和谐。

6.3.3　加强水利工程环境影响评价各方的责任意识

在水利工程活动日趋复杂的今天，确定水利工程技术责任主体是困扰人们的一个难题，水利工程师、水利企业以及政府应增强各自的责任意识。

首先，树立水利工程师的责任意识。现如今，工程师在社会中既可能产生积极作用，也可能产生消极作用，因此其身上担负着重要责任。水利工程师必须在职业道德伦理的许可下开展水利活动，必须把保障人类健康安全和保护自然生态系统置于首位，追求社会效益、经济效益和环境效益的和谐统一。

其次，加强水利企业的责任意识。面对更深层次的伦理问题和错综复杂的伦理关系，最有效的解决方法就是要提升工程人员的伦理水平，加强伦理责任。第一，政府机关针对水利领域制定准则规范，加大立法力度。第二，水利企业应承担起相应的责任，对不合适的细则进行优化，提高宣传法制知识的力度。在政府的主导下，充分发挥企业的作用，确保责任意识落实到水利企业的实际行动中。

最后，加大政府的监管力度。由于缺乏强有力的监管，导致环保措施执行不到位，甚至有些企业出具缺乏真实性的环评报告，针对此类现象：第一，严厉惩处相关部门的违法行为，经查发现与事实严重不符的行为，交由上级机关或检察机关给予处分；第二，加大权力的监管力度，优化审批程序，不仅做到事前档案建立，而且要加强后续跟踪监督，从宏观层面进行有效把控。

【案例导入】南水北调工程中的工程伦理问题

南水北调工程是我国一项重要的战略性工程，其主要目的是解决我国黄河、淮河以及海河流域的水资源紧缺问题，供水区总人口 4.38 亿人，年均调水量 95 亿立方米。建设南水北调工程既能充分缓解北方区域水资源紧缺危机，又能极大改善这些地区的生态环境和外部投资环境，从而推动该地区的经济发展。该工程共包括西线、中线和东线三条规划调水线路，中线工程起点位于汉江中上游的湖北丹江口水库，其主要的供水区域对象主要为北京、天津、河南以及河北四个省市。

丹江口水库作为南水北调中线工程的水源地，为了保证对供水区的供水，丹江口大坝的坝顶高程将从 162 米加高至 176.6 米，水库蓄水位也将由原来的 157 米上升至 170 米，水库水域面积由原本的 745 平方公里扩大至 1022.75 平方公里,增加库容约 116 亿立方米，总库容达到 290.5 亿立方米。由于水域面积的扩大，导致湖北、河南省两省新增淹没面积305 平方公里，淹没涉及两省 4 县 1 区 78 个乡镇，淹没区总人口 22.35 万人，全库区规划移民 26.74 万人。

由于工程建设而产生的非自愿移民称之为工程移民，库区移民也属于工程移民的一种。工程移民是一种非自愿的人口流动形式，这种人口流动形式是一个非常复杂且艰难的过程，如果处理不好，必然会导致移民生产生活陷入贫困，并将长期处于社会的劣势地位。

因此，怎样加强库区移民的抗风险能力，修补移民在迁移过程中受损的生计能力，解除移民生计发展的外部约束，是处理移民安置问题的重中之重。

启发思考

(1) 南水北调工程中涉及的工程伦理问题有哪些？

(2) 南水北调工程中涉及的伦理问题对于开展其他工程建设有什么借鉴意义？

案例分析

南水北调工程的兴建，从整体上无疑会促进社会经济的发展，但水源区的非自愿移民却遭受了经济、文化、情感上的较大伤害。基于社会主义的人道主义原则，每个人都有平等地获取利益和享受幸福的权利。南水北调工程在对社会和用水区的人们带来利益的同时，不能以水源区人民遭受巨大的利益损失为代价。将一部分人的利益的实现建立在牺牲另一部分人利益的基础之上，不是南水北调工程建设的初衷。因此，面对水利工程中出现的工程移民伦理问题，应采取有效措施对水源区的移民给予公平、公正的补偿和后续帮扶。

(1) 依托国家开发性移民政策，调动南水北调工程移民的积极性，提高移民群体的主体能动性。利用开发性移民政策来改善、提高移民搬迁后的生产生活水平。依托国家和本地的移民政策进行统筹规划，将移民的生产、生活与本地的经济社会发展有效结合起来，通过鼓励移民积极创业，加大对移民的创业资金扶持与创业培训的力度，发挥移民群体的主观能动性。

(2) 充分尊重移民的财产权利，对移民在迁移中受损的生计资产和生产成果进行统计和补偿。根据国家规定，政府采取前期补偿、补助与后期扶持相结合的举措，使库区移民生活水平达到或超过原有程度。

(3) 借助开发性移民政策，恢复并提高移民生计能力。首先，建立健全移民社会保障制度，科学构建移民社会救助体系，从制度上保障移民的基本生计能力；其次，统筹城乡发展，为移民提供完善的基础设施和公共服务，逐步提高移民幸福生活水平；最后，设立公共信用制度，用于解除移民创业、就业所面临的流动性约束，帮助移民实现生计投资和自主创业。

思 考 与 讨 论

1. 结合水利工程的特点，思考为何水利工程会导致伦理问题。
2. 结合本章案例，思考并讨论如何妥善处理水利工程的伦理问题。

本 章 小 结

　　大型综合性水利枢纽工程具有规模大、生命周期长、技术复杂、影响深远的特点，一般可从技术、利益、责任和环境等角度观察和分析水利工程的伦理问题。应对水利工程中的伦理问题，要坚持以人为本的原则，树立可持续发展的生态伦理观，加强水利工程环境对评价各方的责任意识的影响，使水利工程朝着有利于人类生存与发展的方向前进。

本章参考文献

[1] 张永强. 工程伦理学[M]. 北京：北京理工大学出版社，2011.

[2] 罗用能. 水利水电工程中的伦理问题探究[J]. 自然辩证法通讯，2014，36(02)：71-74，104，127.

[3] 李丹勋. 浅析水利工程伦理的核心内容[J]. 水利发展研究，2020，20(01)：26-31，35.

[4] LEOPOLD A. A Sand Country Almanac：And Sketches Here and There [M]. London: Penguin Books Ltd., 2020.

[5] 曾彩琳，黄锡生. 国际河流共享性的法律诠释[J]. 地质大学学报(社会科学版)，2012，12(2)：29-33.

[6] 冯彦. 国际河流水资源法及相关政策研究[M]. 昆明：云南科技出版社，2001.

[7] 何大明，冯彦. 国际河流跨境水资源合理利用与协调管理[M]. 北京：科学出版社，2006.

[8] 罗用能. 龙滩水电站贵州库区农村移民耕地对接现状调查分析[J]. 贵州水力发电，2008(06).

[9] 曹永强，倪广恒，胡和平. 水利水电工程建设对生态环境的影响分析[J]. 人民黄河，2005，27(01)：56-58.

[10] 朱麟，严伟，邓梨方. 水利工程中的伦理问题研究[J]. 中国水运(下半月)，2019(07)：57-58.

[11] 李永香. 水电工程伦理及其风险规避问题研究[D]. 河南：河南师范大学，2016.

[12] 谢冬. 我国水电工程环境影响评价的伦理向度阐析[D]. 昆明：昆明理工大学，2018.

第7章 化学工程的伦理问题

【影片导入】《烈火英雄》剧情概要

《烈火英雄》改编自文学作品《最深的水是泪水》，故事原型为"大连7·16大火"真实事件。影片中，滨海市石油码头的管道爆炸，牵连了整个原油储存区，一座储油量高达10万 m^3 的储油罐已经爆炸并且泄漏，泄漏的原油随时可能引爆邻近的油罐，火灾不断升级，爆炸接连发生，然而这还不是最恐怖的，火场不远处伫立的危险化学品储藏区，像跃跃欲试的魔鬼等待着被点燃，刹那便能带走几百万人的生命，威胁全市、全省，甚至邻国的安全。在这样的危难时刻，一批批消防队员告别家人，赶赴火场，消防队伍上下团结一心，誓死抗击火情，以生命维护国家及人民的生命财产安全。

对于该影片，请大家思考如下问题：

(1) 从工程伦理的角度看，造成电影中事故的原因有哪些？

(2) 应从哪些方面预防化工事故的发生？

化学工业在国民经济中起到了重要作用。如果没有化学工业，我们无法生产化肥用于粮食生产，无法制造衣服以抵御严寒，无法生产大量汽油、柴油等用于汽车、飞机制造……人类衣食住行的每时每刻都离不开化学工业的生产，虽然化学工业的发展为我国的现代化建设作出了巨大贡献，但安全重大事故仍偶有发生。

本章将重点探讨化学工业发展中的工程伦理问题以及化学安全事故预防、应急、调查等方面的伦理问题，并对经典案例进行分析，并说明化学企业环境信息公开的重要性。

学习目标

(1) 了解化学工程中存在的伦理问题。

(2) 了解化学工程相关主体的伦理责任。

(3) 掌握化学工程事故的伦理分析方法。

7.1　化学工程的作用与特点

化学工程是指以化学知识为依托，以化学品的生产获利为目的，以化学反应为主要生产过程的物质再造过程。在工程伦理学的研究视域下，化学工程是指以一系列的化学理论为背景知识，应用这些科学知识，并结合经验的判断，经济地利用自然资源为人类服务的技术总和。从这个意义上，化学工程是一个系统，既包括了化学科学、化学工程原理，又包括了对化学技术的人文考量。

7.1.1　化学工业在国民经济中的作用

当代人类社会正在享受着化学(工程)工业、石油天然气带来的巨大福利，我们的衣食住行都离不开合成纤维、化肥、染料、涂料、洗涤剂、高性能材料、汽油、柴油、医药等化工产品。在化学工业诞生的 200 多年里，50%的世界财富都由化工行业创造。

化学工业作为我国国民经济的基础产业和支柱产业，产品广泛应用于国民经济、人民生活、国防科技等各个领域。化学工业对促进相关产业升级和拉动经济增长具有举足轻重的作用，为我国的现代化建设和社会繁荣作出了巨大的贡献。

第一，化学工业为农业提供化肥、农药、塑料薄膜、饲料添加剂、生物促进剂等产品，反过来又将农副产品作为原料，如淀粉、糖蜜、油脂、纤维素、天然香料、色素、生物药材等，利用其制造工农业所需要的化工产品，形成良性循环。这就是化学工业与农业的天然联盟，也是乡镇企业发展的主要方向。农业是国民经济的基础，而农业问题又主要是关于粮食、棉花等涉及亿万人民吃穿的问题，它制约着工业的发展，这就决定了化学工业特别是其中的化肥、农药、塑料工业在国民经济中的突出重要地位。化学工业为农业技术改造和发展社会主义农业经济提供物质条件。

第二，化学工业与制药工业是现代化工业，它们彼此之间有密切的关系。药物的生产采用本地原料，应用新技术、新工艺，研究开发符合国情的合成药生产路线，使药品的生产技术不断改良、质量不断提高、产量不断增大、生产成本不断降低。我国某些药品的生产技术和质量达到了世界先进水平。要满足市场和人民健康方面的需要，医疗上不仅要求药品品种多、更新快，而且迫切需要更多地发展一些高效、特效、速效和低毒的新药。高技术、高要求、高速度已成为世界制药工业的发展动向。化学药品属于精细化工，合成药离不开化工中间体和化工原料。某些合成药的生产技术水平的提高有赖于化工中间体生产技术水平的提高。

第三，冶金用的不少辅助材料都是化工产品。目前高分子化学建材生产已形成相当大的规模，其主要有建筑塑料、建筑涂料、建筑粘结剂、建筑防水材料以及混凝土外加剂等。此外，化学工业为运输业、通信业、建筑业等行业提供先进的技术装备。现代化国民经济的发展，要求工业不断地为现代化的交通运输业提供先进的机车、轮船、汽车、飞机以及各种筑路机械和装卸机械；为现代化的通信事业提供先进的通信设备和传播设备；为建筑工业提供建筑机械、传统建筑材料和新型建筑材料，促使这些行业迅速走上先进技术生产赛道。

第四，能源既是化学工业的原料，又是它的燃料和动力。化学工业生产是采用化学方法实现物质转换的过程，其中也伴随着能量的变化。目前化学工业有二十几个行业、数万个品种，其应用范围渗透到影响国民经济的各个部门。在世界范围内，化学工业的发展速度迅猛，产值在国民经济总产值中也名列前茅。化学工业是能源消费的主要领域之一。

第五，国防工业的生产和发展离不开化学工业提供的机器设备和原材料。此外，化学工业产品的很大一部分被用作物质技术基础，用来武装和改造化学工业本身。在常规战争中所用的各种炸药都是化工制品。军舰、潜艇、鱼雷以及军用飞机等装备都离不开化学工业的支持。导弹、原子弹、氢弹、超声速飞机、核动力舰艇等的生产都需要质量优异的高级化工材料。

综上所述，化学工业与各产业、行业之间既有分工，又相互联系，它们在国民经济发展过程中各自起着不同的作用。

7.1.2　化学工程的特点

化学工程属于工程的范畴，和其他工程一样，具有工程的普遍特点。包括：

(1) 以科学为依托。工程是科学理论在现实生活中的具体体现，任何一项工程的设计建造都是根据工程科学的理论、原理来进行的。工程在其设计建造的过程中应严格按照工程建设的科学标准来实施。

(2) 与社会紧密联系在一起，是功利的。工程的特点是在破坏物质原有性质的基础上重新建立具有新性质的物质，工程是一个破立统一的系统。工程的破立过程反映的是人的主观意愿和价值追求，受人类目标的制约。因此，工程是功利的，它必然是利益权衡的产物，体现了工程主体对利益的追求。

(3) 具有独特性。任何一个工程的情况不是已有的科学知识或其他工程知识和类似工程经验所能完全涵盖得了的。这表现在两点，一是每个工程的设计背景和建造环境不可能完全相同。同为水电工程，三峡大坝和三门峡大坝显然不同。二是对于同一工程，不同设计工程师的艺术创造方面的直觉和灵感不同，最终的工程样式和效果也不同。

化学工程又不单单具有工程的一般特点，它独有的化学学科背景决定了化学工程还有着独特的特点。

1. 动态静止性

化学工程区别于其他工程的一个重要特点是：化学工程是一个动态静止的工程。

所谓动态静止是指化学工程在生产流水线、厂房等建成后，从表面看，它类似于一个土木工程，是静止不变的，然而工程内部不断发生由反应原料到生产产品的变化，不断与周围环境发生物质交换。因此化学工程对周围系统的影响是不断进行的，也就是说，化学工程的影响并不是在工程设计阶段就能完全科学预测的。化学工程动态静止的另一表现是化学工程在实际生产的过程中，不可能保证每次反应都完全等同于理论设计的状态。同种原料批次不同，每次生产的温度、压力、湿度的差异，都可能导致生产中的副产品和废弃物成分不同。例如，在硫酸工业中，用 S 作为主要原料和以 FeS_2 作为原料，其主要流程虽然相似，但以 FeS_2 作为原料会产生更多废弃物，不仅会导致催化剂中毒，而且会带来更多的如 As 等环境污染物。而在工业以乙醇(C_2H_5OH)为原料生产乙烯($CH_2=CH_2$)的过程中，温度必须控制在 1700℃，一旦反应温度为 140℃，则会生产性质完全不同的乙醚。

2. 风险潜在性

化学工程的另一显著特点是工程风险极具潜在性。潜在性风险是指化学工程的危害在工程初期一般不能表现出来，而成为工程的隐患。化学品的危害与其浓度有非常密切的关系。很多化学品在低浓度时，对人体几乎无害甚至是有益的。一旦浓度超过人体承受的阈值时，对人体的伤害是致命的。空气中微量的臭氧(O_3)能刺激人的中枢神经，加速血液循环，令人产生清爽和振奋的感觉。一旦空气中臭氧的含量超过 0.00001%(体积分数)时，就会对人体、动植物造成危害。化学品中的有毒无机污染物如重金属汞(Hg)、镉、铅和砷的化合物离子无法通过自然排泄而排出体外，因此化学品即使一直保持在对人体无害的低浓度范围，也会在人体中不断累积，最终爆发，引起人体的重大疾病。这也就是化学上的累积效应。化学工程风险的潜在性还表现在化学废弃物在空气中的氧气、二氧化碳和阳光照射的作用下，会发生一系列的化学反应，其化学性质、毒性亦发生相应的变化。对砷元素而言，毒性较小的硫化物 As_4S_4(俗称雄黄)在氧气和特定的外部条件下，可转化为剧毒的 As_2O_3(俗称砒霜)。DDT(杀虫剂)对生态的破坏在其大量使用许多年后才发现，一些化学品危害性的发现相对于其发明并大量使用而言是滞后的。在化学品发明的初期，由于人们知识的片面和认识的缺陷，人们不能全面把握化学品的性质，人们的视线和兴奋点也容易集中在该化学品带来的新功效上，忽视其负效应。

3. 影响直接且难以逆转

化学工程中的原料、产物、废弃物等对人体的影响更直接。化学工程产生的废气、废水、废渣都会对人体健康造成不同程度的影响。而这些化学品的作用机理或是刺激人的中枢神经系统，或是影响细胞的正常功能，或是影响血液的载氧量，作用的是人体本身。如酸雨的主要形成物质硫氧化物和氮氧化物(SO_2 和 NO_x)会刺激上呼吸道，浓度较高时会引起深部组织损伤，浓度更高的时候引起呼吸困难和死亡。汽油抗爆剂四乙基铅，就是典型的作用于人神经、引起急性精神疾病的剧毒物质。O_3、PAN(硝基过氧化乙酰)、醛类对人的主要伤害是刺激眼睛和黏膜，支气管、肺等器官。这与土木工程等首先影响人的生存环境进而影响人的生存方式显然不同，化学品对人体的危害明显更大。

此外，化学工程的影响难以逆转。化学工程的负面影响并不是通过让工程停产就能消弭的。或许三门峡水利工程的影响会因为三门峡大坝的炸毁而逐渐消弭，但化学工程的影响作用周期长、可逆转性差，需要自然界长时间的自净作用来清除。云南阳宗海的砷污染治理，大约需要 40 亿元，需要 20 年才能恢复到安全水平。

4. 监控难度大

化学工程的监控难度较大。主要有以下几个原因：第一，对象复杂。一般工程的监控对象是工程本身，而化学工程不同，不单单要监控化学工程和工程产生的化学品，还必须针对化学品的不同来源和环境因素(大气、水体等)进行定量和定性分析。第二，化学品组成复杂，技术要求高。化学工程产生的相关化学品不是单一的纯净物而是复合物或物质混合体。它既包括含量较高的主要物质也包括含量较低甚至是微量的杂质和混杂物，需要通过特殊的科学技术手段对化学品成分进行科学分析。

【案例导入】天嘉宜化工有限公司特别重大爆炸事故

　　J 省天嘉宜化工有限公司是一家以生产苯甲酸、苯甲醚等化学物质为主的企业，年生产能力近 2 万吨。但就是这样一家企业，处处存在安全隐患，以致在 2019 年发生了重大事故。小李是这家企业的员工，从事测试工作，2019 年 3 月的一天，他像往常一样进行着测试，突然听到一声巨响，只见空中出现一大片火团。后来得知，是化学储物罐发生了爆炸。由于爆炸区域附近有多个住宅区和学校，爆炸导致居民家中玻璃破碎，部分孩子也出现了受伤的情况。

　　事后，经官方通报，此次事故因该企业在旧固废库内长期违法贮存硝化废料，废料持续积热升温导致自燃，燃烧引发硝化废料爆炸，事故造成 78 人死亡，直接经济损失高达 20 亿元。我们为逝去的生命感到惋惜，同时也要时刻谨记"安全生产大于天"。

✎　启发思考

　　(1) 从工程伦理的角度看，造成案例中事故的原因有哪些？
　　(2) 你认为应从哪些方面预防化工事故的发生？

✎　案例分析

　　天嘉宜化工有限公司无视国家环境保护和安全生产法律法规，长期违法违规贮存、处置硝化废料，企业管理混乱，是事故发生的主要原因；中介机构弄虚作假，出具虚假失实文件，导致事故企业硝化废料重大风险和事故隐患未能及时发现，干扰、误导了有关部门的监管工作，是事故发生的重要原因；江苏省环科院环境科技有限责任公司 2018 年 6 月在为天嘉宜化工有限公司编制《环保设施效能评估及复产整治报告》时，未对旧固废库内的危险废物种类、成分、来源及贮存时间进行查验，出具的报告与事实严重不符，导致天嘉宜公司在没有满足环保条件的情况下复产。

　　由于化工行业自身属于高危行业，面临的危险性极强，化工生产过程需要根据安全生产要求进行，将安全管理放在首位，坚决落实安全生产设计要求，避免化工安全事故的发生，保护企业的竞争价值，实现企业发展。同时，在企业发展过程中，需要建立先进的技术和科学的管理制度，利用科学的管理制度，形成对工作人员行为的约束，利用信息化技术实现对安全生产的预判，实现化工安全生产事故的科学预防，结合建立的管理条例，保障化工生产过程中，人民的生命安全不受伤害。

7.2　化学工程中的伦理问题

化学工程是一个持续变化的工程，化学工程需要不断与周围系统进行物质交换，即对外界的物质进行内化，通过化学的反应、加工、再造等技术手段，形成异于原物的材料。与此同时，化学工程又不断将产生的新物(通常被称为化学废料)重新投置于周围环境中。化学工程是一个造物的过程，也是一个打破系统原有结构从而对生态产生不可逆影响的过程。因此化学工程与环境、生态、人的生命安全等紧密相关，对环境、生态和生命的敬畏和尊重理应成为化学工程伦理的核心理念之一。环境伦理、生态伦理和生命伦理不可避免地成为化学工程伦理的有机组成部分。

7.2.1　化学工程的环境伦理

将环境伦理引入化学工程伦理的范围来考量化学工程伦理，不是将化学工程伦理置于环境伦理的理论框架下，而是将环境伦理中的核心概念和基本原则纳入化学工程伦理的考查层次上。考查化学工程的环境伦理，其关注焦点并不是工程受益与环境消耗的利益平衡，也不是化学工程建设和运营过程中化学工程对自然资源的依赖、与环境物质交换的过程中对环境的破坏等技术问题，而是自然环境与工程主体的伦理关系问题、对自然资源的开发和利用等引发的社会不同群体之间的矛盾与冲突问题。其关键问题是当代人之间以及当代人与后代人在自然资源上的公平分配问题，也就是环境正义和代际公正问题。

化学工程不能同其他工程一样，通过科学的设计、严密的论证和决策、规范的施工来完全规避工程可能对环境造成的破坏。化学工程对环境的影响不可避免，只能将其控制在安全范围。根据化学品的来源和其对环境的作用机理的不同，可将化学工程对环境的影响分为两种：显性影响和隐性影响。

显性影响是指在化学工程中化学品对环境的可见性影响。

显性影响有两种情况：一是化学工程的影响是可预见的，是已知的影响。比如即使采用最先进的工艺、最严密的操作，硫酸工厂必然会产生含 SO_2 的尾气，SO_2 通过一系列的氧化反应会引起硫酸型酸雨。这个结果是明显可见、无法避免的。二是不可预见的影响，但影响结果是明显存在的。比如，2004 年 4 月重庆天原化工、2010 年 7 月四川广元、2010年 7 月云南镇雄分别发生氯气泄漏事故。高浓度的氯气会造成环境的酸度上升，对人的呼吸道黏膜有明显的刺激作用，短时间内对环境的影响明显可见。事故的发生是不可预见的，但对环境的影响作用明显。这种影响，由于作用明显，往往受到公众、媒体甚至政府和工程执行者本身的重视，而能有很好的应对措施从而降低不良后果的破坏力，且这种影响完全可以由工程师在设计和操作过程中通过严谨的设计和规范的操作来降低。

化学工程的另一个影响是对环境的隐性影响。隐形影响带给化学工程隐形风险。这种风险取决于化学工程废弃于环境中的化学品的性质。化学品的有害性与化学品的存在形式和浓度紧密相关。同样是磷的单质，红磷和白磷两种同素异形体的性质迥异。红磷是无毒物质，不易自燃，而白磷是剧毒物质，极易自燃。即使对于同一物质而言，浓度不同影响亦不同。因此有相当一部分化学工程在工程初期是显示不出风险的，其危害的表现需要一段时间的累积和外界环境的辅助作用。这种影响，作用周期长，单纯靠工程师的专业知识和职业技术不能消除，必须靠工程师的职业伦理来规范和约束。

在实践层面，很多化学工程的伦理困境大多发生在经济效益和环境利益的权衡中。环境正义和代际公正是环境利益的主要出发点。环境正义基本内涵在于，在强调人们应该消除环境破坏行为的同时，肯定保障所有人的基本生存权及自主权。化学工程中的环境正义一方面指要关怀被人类破坏的自然环境，另一方面应该强调环境保护的统一标准，克服强势族群对弱势群体肆无忌惮的压迫，即制定环境保护的双重评判标准。

代际公正是化学工程需要考虑的另一伦理维度。可理解为，即使一个化学工程在当代是暂时安全的，如果通过长时间的过度消耗和污染会对后世子孙的生存和安全产生威胁，我们也认为该工程是不合伦理的。我们可以借助 P. Aarne Vesilind 和 Alastair S. Gunn 的一个假想案例来表述这个观点。设想恐怖分子在小学埋藏了一个炸弹，这种行为的不道德显而易见，与不给民众带来伤害这个伦理常识背道而驰。即使埋置这颗炸弹时孩子还没有出生，即使这个炸弹长达 20 年未爆炸，对于孩子们来说，这种行为仍然是罪恶的。同样道理，工程师对现有资源无度开采，将有毒废弃物深埋地下等行为，无疑是侵害了后世子孙的生存利益，会对未来的人们造成生存伤害。很多年后，未来的人们会因无可挽回的工程师行为而受到伤害。

7.2.2　化学工程的生态伦理

化学工程对生态系统的影响主要有两个方面，一方面，化学品的大量投入导致生态环境的变化，比如二氧化碳的过度排放导致环境温度升高、氮磷的过量排放导致水体含氧量降低等，这些自然生存环境的波动会导致局部的生物习性发生变化，生态结构发生转化，导致一些生物被自然所淘汰，破坏原有的生态平衡。另一方面，化学工程的产物通过水体、土壤等被低等生物吸收，并在生物体内累积。低等生物被高等生物以食物的形式摄取，一些难分解的化学品进入生态系统的循环中，在食物链中不断累积，从而给整个地区生物圈带来灾难性恶果。

化学工程活动对生态系统造成的影响决定了化学工程师应对整个生态环境承担责任，担负起对自然生态中其他生物的伦理关注。自然界中除人类之外，还存在着多种其他生物。化学工程不仅影响人类，而且影响着人类以外的其他生物。化学工程的生态伦理是对整个生态系统的关怀，也是对生态链中的每个具体物种的关怀。自然物种及其群落通过与所在地的环境条件长期适应，在漫长的进化过程中形成了与环境吻合的生理结构和生活习性。工程活动所造成的周围环境的改变迫使许多动物和植物失去了赖以生存的自然条件，使之处于濒危境地乃至灭绝，从而引起生态系统中的生物多样性减少。

再者，任何生物的存在都是具有内在目的性的，且这些生物从物种层次、生态系统层次到生物圈层次都相互联系。有机体巨大的多样性，以及其形态学、生理学和行为变异的丰富性，全都是亿万年进化的结果，这个进化历史对于每一个个体都留下了不能抹去的影响，我们今天发现的种种模式，只有按照进化论的观点来看才有意义。生物遵循自然进化法则，即生物要有足够的生存能力，生态系统的自然选择赋予所有生物的生命一种与环境高度统一的存在。美籍德裔学者汉斯·尤那斯据此把责任的范围扩大到全体人类特别是我们的子孙后代，以及包括物种在内的整个自然界。他指出，这是一种新的义务种类，它不是作为个体而是作为我们社会政治整体的责任。

7.2.3　化学工程的生命伦理

土木工程、水电工程等通过改变人类居住环境来影响人的生活方式和生活习性从而间接影响人。化学工程相对于其他工程而言，除了对人类的生存环境有影响外，还会通过人的呼吸、食物摄取、皮肤接触等方式直接进入人体，造成人体的 pH 值等生理指标发生异常或对人的组织黏膜、神经等造成损伤，引起人体器官的病变，诱发癌变。不仅如此，酒精、甲醛等化学品会使男性精子异常进而导致胎儿畸形，而铅含量过高会导致幼儿发育迟缓和多动，对人的种群发展造成消极影响。因此，化学工程的生命伦理研究与生命伦理学研究的着眼点不同，前者不是思考生命过程中的合伦理性，而是研究化学工程在利益获取和生命尊严发生冲突时的伦理选择。基于此特点，我们有必要对化学工程的生命伦理的基本原则赋予更广泛、更严格的要求。这些基本原则包括：

(1) 不伤害/有利原则。化学工程中的伤害不仅包括疼痛和痛苦、残疾和死亡等身体和精神上的伤害，还包括经济的损失、生存环境的破坏等在内的其他损害。不伤害原则包含避免有意的伤害、降低伤害的风险和减少伤害的程度。化学工程中的"不伤害"更深层次上是将对化学品认知的滞后性和化学品的转化和累积效应考虑在内，在不伤害的同时存有对生命的敬畏，是在工程中的"'敬'小慎微"。

(2) 尊重原则。化学工程的技术需要一定的专业培养才能获得，因此化学工程的潜在风险并不一定能被工程师以外的其他人群全面掌握。而每个人都有对自己的生命安全和生存环境自由选择的权利，此时生命伦理中的尊重原则就显得不可或缺。在化学工程伦理中的尊重原则主要包括两个子原则：一是知情同意。包括：① 同意的能力；② 信息的告知；③ 信息的理解；④ 自由的同意。将信息准确完整地告知相关利益主体，保证除工程师以外的人群按照个体的价值和计划进行科学选择这一基础。二是自主性。尊重个人的自主权、知情同意权、保密权和隐私权等，保证个人在无外加压力的情况下决定自身的行动方针。

在化学工程伦理中探讨生命伦理，不应该局限于工程与人、人与人之间的关系，还应包括和人同样的具有生命体征的一切动植物。诺贝尔和平奖得主、德国哲学家、人道主义者阿尔贝特·施韦泽(Albert Schweitzer)认为，一个有道德的人不会恶意地伤害任何生长的生命，只会与自然和谐相处。工程师的伦理道德应该是"尊重动物和植物就像尊重他的同伴一样"。生物中心主义的代表、美国学者保罗·沃伦·泰勒(Paul Warren Taylor)认为，所有活的生物体都有与生俱来的价值，因而都是道德共同体的一部分，否定它们的成员资格，就是对它们的不公平。他将其称为"生命中心说"，该观点依赖于承认所有活体生命在某个地区共同体中的普遍性成员资格。每一个生物体都是生命的一个中心，而且所有生物体都相互关联。

(3) 公正原则。公正原则包括"分配公正""回报公正"和"程序公正"。分配公正指根据实际情况的不同，进行责任和义务的合理分配。回报公正就是收益和负担应当成正比。程序公正要求建立的有关程序适合于所有人。化学工程在选址和论证时，不应依据外部条件不同而采取双重标准，应该公正地对待不同经济环境、生活环境下认知水平有差异的人。随着化学品的危险性逐步被认识，发达国家和地区正开始逐步淘汰高污染、高能耗、高危害的化学工程并禁止新的化学工程立项。但市场对印染、冶金等高污染的化工品需求量仍然相当大，因此一部分地区和企业开始实施产业转移，将此类危害周期长、危害影响大、高污染、受禁止的产业转移到欠发达国家和地区。欠发达地区由于经济落后的压力和发展的迫切需要，往往会降低准入门槛。这个转移过程实际上是以牺牲欠发达地区人的生存环境和健康为代价的，显然违背了公正原则。

【案例导入】"8·12"天津港爆炸事故

2015 年 8 月 12 日 22 时 51 分 46 秒，位于天津市滨海新区天津港的瑞海公司危险品仓库发生火灾爆炸事故，本次事故爆炸总能量约为 450 吨 TNT(一种烈性炸药)当量。造成 165 人遇难(其中参与救援处置的公安现役消防人员 24 人、天津港消防人员 75 人、公安民警 11 人，事故企业、周边企业员工和居民 55 人)、8 人失踪(其中天津消防人员 5 人，周边企业员工、天津港消防人员家属 3 人)，798 人受伤(伤情较重的伤员 58 人、轻伤员 740 人)，304 幢建筑物、12 428 辆商品汽车、7533 个集装箱受损。

截至 2015 年 12 月 10 日，依据《企业职工伤亡事故经济损失统计标准》等标准和规定的统计，事故已核定的直接经济损失 68.66 亿元。经国务院督查组认定，"8·12"天津滨海新区爆炸事故是一起特别重大生产安全责任事故。

启发思考

(1) 工程师的职业伦理规范的首要原则是什么？该事故中出现了哪些伦理责任问题？
(2) 该事故中消防员伤亡的原因有哪些？如何减少事故中救援人员的伤亡？

案例分析

1. 天津滨海新区爆炸事故原因分析

工程师的职业伦理规范的首要原则是安全第一。调查组查明，最终认定事故的直接原因是：瑞海公司危险品仓库运抵区南侧集装箱内的硝化棉由于湿润剂散失出现局部干燥，在高温(天气)等因素的作用下加速分解放热，积热自燃，引起相邻集装箱内的硝化棉和其他危险化学品长时间大面积燃烧，导致堆放于运抵区的硝酸铵等危险化学品发生爆炸。

调查组认定，瑞海公司严重违反有关法律法规，是造成事故发生的主体责任单位。该公司无视安全生产主体责任，严重违反天津市城市总体规划和滨海新区控制性详细规划，违法建设危险货物堆场，违法经营、违规储存危险货物，安全管理极其混乱，安全隐患长期存在。

调查组同时认定，有关地方党委、政府和部门存在有法不依、执法不严、监管不力、履职不到位等问题。天津交通运输、港口、海关、安监、规划和国土资源管理、市场和质检、海事、公安，以及滨海新区环保、行政审批等部门单位，未认真贯彻落实《安全生产法律法规》等，未认真履行职责，违法违规进行行政许可和项目审批，日常监管严重缺失；有些负责人和工作人员贪赃枉法、滥用职权。

天津市委、市政府和滨海新区委、区政府未全面贯彻落实有关法律法规，对有关部门、单位违反城市规划行为和在安全生产管理方面存在的问题失察失管。

交通运输部作为港口危险货物监管主管部门，未依照法定职责对港口危险货物进行安全管理和督促检查，对天津交通运输系统工作指导不到位。

海关总署督促指导天津海关工作不到位。有关中介及技术服务机构弄虚作假，违法违规进行安全审查、评价和验收等。

2. 天津滨海新区爆炸事故反思

(1) 事故企业严重违法违规经营。瑞海公司无视安全生产主体责任，置国家法律法规、标准于不顾，只顾经济利益，不顾生命安全，不择手段变更及扩展经营范围，长期违法违规经营。

(2) 有关地方政府安全发展意识不强。瑞海公司长时间违法违规经营，有关政府部门在瑞海公司经营问题上一再违法违规审批，监管失职，最终导致天津港"8·12"事故的发生，造成严重的生命财产损失和恶劣的社会影响。

(3) 有关地方和部门违反法定城市规划。天津市政府和滨海新区政府严格执行城市规划法规意识不强，对违反规划的行为失察。天津市规划和国土资源管理部门和天津港(集团)有限公司严重不负责任、玩忽职守。

(4) 有关职能部门有法不依、执法不严，有的人员甚至贪赃枉法。天津市涉及瑞海公司行政许可审批的交通运输等部门，没有严格执行国家和地方的法律法规、工作规定，没有严格履行职责，甚至与企业相互串通，以批复的形式代替许可，行政许可形同虚设。

(5) 港口管理体制不顺、安全管理不到位。天津港已移交天津市管理，但天津港公安局及消防支队仍以交通运输部公安局管理为主。同时，天津市交通运输委员会、天津市建设管理委员会、滨海新区规划和国土资源管理局违法将多项行政职能委托天津港集团公司行使，客观上造成交通运输部、天津市政府以及天津港集团公司对港区的管理职责交叉、责任不明。

(6) 危险化学品安全监管体制不顺、机制不完善。危险化学品的生产、储存、使用、经营、运输和进出口等环节涉及部门多，地区之间、部门之间的相关行政审批、资质管理、行政处罚等未形成完整的监管"链条"。同时，全国缺乏统一的危险化学品信息管理平台，难以实现对危险化学品全时段、全流程、全覆盖的安全监管。

(7) 危险化学品安全管理法律法规标准不健全。国家缺乏统一的危险化学品安全管理、环境风险防控的专门法律；《危险化学品安全管理条例》对危险化学品的流通、使用等环节要求不明确、不具体，现行有关法规对危险化学品安全管理违法行为处罚偏轻，单位和个人违法成本很低，不足以起到惩戒和震慑作用。

(8) 危险化学品事故应急处置能力不足。瑞海公司没有开展风险评估和危险源辨识评估工作，应急预案流于形式，应急处置力量、装备严重缺乏，不具备扑救初期火灾的能力。天津港公安局消防支队没有针对不同性质的危险化学品准备相应的预案、灭火救援装备和物资，消防队员缺乏专业训练演练，危险化学品事故处置能力不强；天津市公安消防部队也缺乏处置重大危险化学品事故的预案以及相应的装备；天津市政府在应急处置中的信息发布工作一度安排不周、应对不妥。

7.3　化学工程中的伦理规范

化学工程的合伦理性是多主体群体共同作用的结果。化学工程主体应当是一个复杂的综合体，所有对化学工程有认知力、对工程有影响力、跟工程有责任关联的人都可以称为化学工程主体。我们可以将这个主体群体称为主体共同体。这个主体共同体既包括化学工程师，也包括工程投资者、政府决策者、监管者和公众等对化学工程有作用力的群体。

7.3.1　化学工程中工程师的伦理规范

化学工程师是化学工程的主要执行者和责任人。在化学工程中，各类工程师担当的角色不同，所承担的责任不同，面临的伦理困境亦不同。

1. 化学工程设计工程师的伦理规范

在化学工程中，对化学工程进行科学合理的论证和设计，是降低化学工程风险、保障工程伦理的关键环节。化学工程设计工程师(简称设计工程师)是具备潜在的工程危害知识并能唤起公众注意的职业权威，他们掌握着最为科学的、系统的化学知识，对化学工程的收益和影响有着最全面的了解，在事关工程科学、环境安全和人体健康方面最有发言权。在为其他群体寻找降低工程风险的途径的过程中，化学工程设计工程师起着关键作用。对化学工程的风险控制在工程设计时也最为可行、效率最高。化学工程设计工程师的伦理责任的践行主要有三个方面：科学、谨慎、非功利。

工程设计中的科学性要求是保证工程合理性的重要部分。科学设计的一个维度是以科学的设计程序和技术知识为依托，也就是工艺选择的科学性。比如，在化学工程废弃品的处理上，将化学工程的废弃物通过科学的方法转化为其他工程的原料，或通过一定的技术手段成为可消耗品是最科学的方法。这在现实中可以成为可能的方案或化学设计工程师参考的依据。另外，化学工程施工、运行过程中自然环境或社会因素的变化都可能诱发工程风险。科学全面地预测在工程投产过程中可能遇到的问题、前瞻性地思考问题是向工程师提出的另一责任要求。科学设计的另一个维度是设计目标的科学性。目标设计的科学性，就是指化学工程设计活动必须满足不同群体对工程活动的目标与需求，这需要工程设计者从多方位考虑工程的设计。主要包括：工程委托方对工程设计的目标；相关利益群体与工程委托方、工程设计方的契合；工程活动的社会环境；工程活动中涉及的可选和必需的调查、工程活动可预计的风险和缺陷后果的可接受程度；工程活动不可预计事件的处理。

设计工程师对化学工程的设计应该是谨慎的。设计工程师在对待工程中的工艺选择时，应遵循预防性要求和保守性原则。工程技术本身的缺点是造成工程设计缺陷的原因之一。化学的新工艺通常是新近发现的科学知识或新近由科学知识转化的技术，这类技术往往只是对新科学、新物质的片面认识，工程师没有形成全面的认知结构和体系，因此会存在认识缺陷。化学品亦如此。化学品的影响需要通过一定的反应时间、达到一定的浓度累积才能显现，往往具有滞后性。对新型化学品在性质和功效上的认知缺陷，会导致其带来的影响更难消弭。而新化学品出现初期公众关注的往往是化学品的积极影响而忽略其负面影响，会对工程师的选择产生错误的导向。这要求设计工程师选择使用化学新工艺和新产品时，要避免因追求大型标杆工程和新型化学品带来的社会关注和内心满足而冲动选择。避免在新科技的危害未能完全发现前就对其盲目使用而造成不可逆转的影响。

工程设计时遵循的另一伦理要求是工程设计必须遵循非功利原则。化学工程设计工程师面临的伦理困境存在于作为雇员的伦理责任和作为社会公众的伦理责任的两难抉择中。化学工程设计工程师作为企业雇员，必须优先考虑企业利益，在选择工艺时，成本因素和利益最大化成为最主要的考虑点；而工程师作为掌握高科技知识的社会人，他们又有责任思考、预测、评估工程可能产生的社会后果，承担保护人类环境、维护生态平衡的义务，此时对工艺设计的重要考量标准是工程对人和环境安全的考虑，成本和效益已经被排除在外。在化学工艺设计的过程中，一个重要的伦理困境是关于化学废弃物的处理。从企业利益来看，化学废弃物的处理工艺是高投入、低回报甚至零回报的。此时，绝对成本小，但原料消耗大、副产物多、三废处理投入小的工艺将成为优先选择。而从工程安全的角度出发，选择安全性能高的工艺、加大对废弃物处理的设备投入是降低工程废弃物对环境污染的重要途径，在这里，"利益权衡"的法则并不适用，也就是不能通过量化的收益和消耗的绝对值大小来确定最终的取舍。应该将他人的生存保障和环境效益放在首位。因此相对于传统工艺，更注重产物的循环利用和无害化处理、更适应于节能减排和绿色生产要求的新技术理应成为首选。实际应用中，即使很多时候基于综合因素的考虑暂时不能选择最优工艺，也应优先选择技术成熟、普遍推行、对环境影响小、废弃物处理效果好的工艺流程和工程设备而坚决摒弃即将淘汰、原料消耗大、副产物多的"夕阳工艺"。

非功利原则的另一层面是针对工程师而言的。化学工程设计工程师并非只在受聘的工程前期对工程设计负责，工程师责任应该贯穿于化学工程的始终。对化学工程设计工程师提倡这样一种道德理想：负责任的工程师应该把自己的责任关心贯穿工程的始终，即使工程完工后也要保持与该项目进展的联系。虽然在工程竣工验收的情况下，化学工程设计工程师很难独自进行充分的工程分析和控制，保持对工程的持续关注亦无任何利益上的回报。但是，化学工程风险存在于工程活动的全过程，化学工程设计工程师对于工程活动存在的隐患和可能带来的危害比其他人认识得更清楚，理应与工程方保持联系，并根据化学工程企业定期向工程师提供的真实产品分析数据反馈，及时发现工程中的不安全因素并采取措施加以纠正，对企业的生产进行长期指导和监督。

2. 化学工程执行工程师的伦理规范

化学工程执行工程师(简称执行工程师)包括全力参与、全程跟踪工程活动的化学工艺操作者和化学工艺微调者。对执行工程师而言，在工程中承担的义务有三个：一是严格遵循操作规程。遵循操作规程是执行工程师的基本职业操守。这不仅意味着工程师应该按照已设计好的工艺流程按规实施操作，对于工程设计中未能完全考虑的环节，还应履行建议和主动实施的义务。二是如实反映工程中的隐患。工程师的职业伦理要求工程师对雇主保持忠诚，在化学工程中，这种忠诚不是指对雇主的绝对服从，而是如实地将工程实情告知雇主。执行工程师没有能力对工程中的安全隐患和违规操作实行否决权，只能将情况如实反映给工程决策者和工程监督者，通过科学决策降低工程导致大规模极端影响事件的可能，这对雇主亦是一种保护和忠诚。三是严谨对待生产中的细微变化。作为专业技术人员和化学工程主体的执行工程师，其对化学工程的关注点应该随着化学工程的变化而变化。化学工程中的原料、水质等细微工艺变化，都可能产生巨大的影响。必须及时调整反应工艺流程。对于化学工程中的细微改变，应该是反复做了精密实验并经过论证后实施的，都必须经过"论证—实验室小样—工程中样—结论分析—验收和环评"的分析步骤再投产。

3. 化学工程监管工程师的伦理规范

基于化学工程的不断变化的特点，对化学工程的合伦理性考查不能只着力于化学工程的某一个阶段，对化学工程的科学认定不能"一锤定音"。适时监督化学工程是保障化学工程安全性和合伦理性的重要途径。化学工程监管工程师(简称监管工程师)是化学工程师的重要组成部分。

化学工程监管工程师分为两类：一类是企业内部的质检人员，另一类是政府职能部门的监察人员。企业内部的质检人员，对化学工程起到实际的监测作用。其技术依据和利益着眼点都是以工程的收益和安全为目的的。除了严格按照国家标准要求对原料、产品的每一项指标进行理化分析外，对于原料中的元素组成和含量的变化应该给予重视，并及时将变化反馈给化学工程设计者以调整工艺流程。同时，监测的范围还应该包括设备的安全性能、工程废弃物的有害程度等不影响产品质量的其他指标。政府是化学工程的有力监管者，其面对的利益主体和责任与企业内部的质检人员不同，应当承担更重要的伦理责任。监管部门对化学工程的监测不应局限在常规检测范围之内，不是对企业产品质量和三废排放的简单监控。而应将一些可能对人体和环境产生危害的指标，如砷、汞、有毒有机物等作为监测重点。就监管部门而言，针对化学工程动态变化的特点，监管部门的监测不能是定时定点的，应该是高密度和广范围的。

7.3.2　化学工程中决策者的伦理规范

在化学工程中，设计者和操作者单纯依靠遵从化学工艺和遵守职业道德不足以降低化学工程的风险。工程决策达到预期目标是化学工程合伦理性的根本保证。符合伦理的决策不是凭借简单的道德直觉与洞见，也不是直接参照职业道德守则，而是应诉诸一种复杂的理性上的权衡机制。

在很多工程中，工程师只充当了一个建议者，决策者往往是投资者，国有大型工程的决策者则往往是企业高管。只有增强决策者的伦理责任意识，依据相应的伦理准则和道德规范，通过多层面的沟通，才有可能规避工程的不科学性、降低工程的风险性。

1. 化学工程投资方的伦理规范

化学工程投资方的投资动机受利益的驱动，投资方追求的是在工程中实现资本增值。

在化学工程决策时，投资方会放大工程的经济效益和企业的利益，忽视工程的长远影响和公众利益。美国公共管理专家杰卡尔认为，"管理者往往是不会认真地考虑伦理问题的，除非其能够转化为影响公司利益的因素。"对化学工程投资方来说，化学工程的决策实质是利益权衡、价值取舍、主体的不同需求得到满足的过程。投资者面临的两难境地不是通常意义上的伦理困境，而是不同利益诉求的博弈。

下达化学工程决策时，工程投资者的伦理判断和核心价值决定了工程的走向。将社会公益和人类长久发展作为最高精神满足的投资者与将企业扩张和资本增值作为目标的投资者面对同一个化学工程时考虑问题的出发点和判断倾向是不同的。这就要求投资者在追求资本增值目的的同时，必须将工程安全、环境安全和生命安全放在首位。将环境友好、可持续发展作为投资工程的基本底线。将追求人和自然的和谐，推进科学发展作为投资的目的。

投资决策主体的多元化是克服投资方单维度思考的一条重要途径。投资决策主体的多元化是突破常规仅包括领导、投资者、特定领域专家的限定，将投资决策主体延伸至工程实施主体单位内、外的工程专家，如决策权力部门领导、社会科学专家和其他专家(社会学家、法学界、伦理学家、文物保护专家、环境学和生态学专家、军事专家等)、工程利益相关群体代表(如居住地居民代表、失地农民代表等)。在方案的分析评估阶段，多元主体主要以委员会成员的身份参与民主决策，其决策结果用来作为投资者"利益均衡"的参考。决策应该是投资者综合各方面的利弊，在考虑工程资金收益的同时考虑环境代价、自然资源消耗等非经济因素后的行为。

2. 化学工程中政府部门的伦理规范

简单将化学工程的合伦理寄希望于投资者的自觉行为，寄希望于投资者本身的合伦理行为是不符合实际的。在道德约束和伦理规范尚不完善的情况下，科技的使用缺乏应有的理性，很大程度上已经成为资本增值的帮凶。在化学工程的决策中政府及其职能部门的角色是多面的，充当了化学工程立项、论证和决策的参与者以及工程监督者等多种不同的角色，且利益关联相对较小而决策影响较大。政府及其职能部门必然要承担起监督和管理的作用。

保证决策行为的合伦理性是政府及其职能部门在化学工程中承担的伦理责任的重要部分。选择更合理的决策过程和方式，走程序伦理的道路是政府在化学工程决策中的主要责任。政府及其职能部门不应是工程决策中的实际决断者，而应该是决策的组织者和统筹者。决策程序的合伦理包括两个层次：

①决策程序法律化。这指建立并推行一种合理的体制，以法律文本的形式对化学工程的申请、评估、论证、环评、决断乃至选址建设等必要环节的先后顺序和判定标准予以规定，并明确各环节的责任人在化学工程决策中应承担的责任和义务。当规定工程的利益与风险冲突时，采用利益权衡原则，提供可供参考的量化标准。

②决断主体中立化。这指将工程的最终决策权赋予一个与工程投资方无相关利益联系的、与工程所在地政府无关联的中立的第三方，形成一个专门的评估委员会，以减少利益关联群体充当实际决断者时因优先考虑自身利益而带来的弊端。化学工程的评估委员会应对化学工程的立项进行科学分析和裁决，并对化学工程全程监督。最终由评估委

员会对工程安全负责。这一评估委员会的集体决议应有相当的权威，实际决断者没有充分的理由不得否定。

工程师的资格认证和工程的舆论引导是政府在化学工程中的又一伦理责任。合理严格的工程师资质认证是化学工程合伦理(性)的重要保障。对化学工程的工程师进行资质认证，从源头上克服了由于工程师的知识结构不科学而导致的工程的不合理。这种认证既可以通过对工程师的职业技能认可来降低工程设计的风险，又可通过相关的职业伦理培训使即将从事化学工程的工程师的职业行为更为科学。同时认证的过程亦可将通过工程伦理教育来增强工程师的工程伦理意识变为可能，将工程的合伦理要求转化为内化的自觉行为。对投资者的资质认证可降低投资者投机的可能性，提高投资者在工程中的诚信行为，促使工程整体的科学运行，避免因片面追求经济利益出现违规行为。政府的舆论引导可以改变地区整体的判断倾向。对企业而言，舆论导向会影响企业的投资意向，促成企业伦理政策的制定与实施。对公众而言，舆论引导可以潜移默化地改变公众的价值取向，提高公众的意识觉醒，对工程伦理起到间接的促进作用。就工程师而言，舆论引导可以促成工程师群体成立职业团体，建立工程师的职业章程，形成工程师的职业的内约束力。

对不断动态变化的化学工程而言，工程设计和决策的合规律合伦理还不能完全保证工程合伦理，工程运行中的监管已经成为促成化学工程合伦理的另一个重要环节。监管和问责是政府部门在化学工程中的另一伦理责任。有效的监管体系和问责机制，能大大降低化学工程运行中可能出现的风险。这种监管通过对工程的立项、建设、运行的"定检制"和"送检制"来保证工程实施的科学性和生产的安全性。强有力的监管体系的形成有赖于改变环保和评估部门归于地方政府管理的模式，取而代之的是垂直管理模式，这些部门直接对中央负责，而不必受地方政府诸如财政、人事等因素的牵制。

长效问责制度是化学工程伦理的后续保障和有力威慑。长效问责制度就是实行"责任终身制"或"责任承包制"。将工程责任始终归于工程各阶段的责任主体，克服工程中临时雇用、人员变更等因素导致的责权不明、明哲保身等有违职业伦理的情况，避免监管部门的不作为，以保证工程时刻受到责任的制约。

7.3.3 化学工程中公众的伦理规范

公众是化学工程共同体中的一类独特的工程主体。公众既是化学工程的施影响者又是化学工程的受影响者，是化学工程的最直接利益相关主体。一般公众不能直接从化学工程中获利，但极易受到化学工程的负面影响。投资方最关心的是经济利益，而公众更关心的是居住环境和人身健康，其伦理诉求是建立在捍卫自身健康和生存环境安全而非获利的基础上的。

在工程决策中，公众是相对弱势的一个群体。一方面，公众可能没有相对应的科学知识，没有相应的理论知识背景，通常其决策建议被认为是自发的而非科学的。另一方面，公众被排斥在决策群体之外，仅被划定在参议的角色层次上，其伦理诉求不可能成为工程立项、设计、决策的根本决定因素。同时，公众又是对工程有强势影响的群体。公众的价值取向是决策者价值判断的重要组成部分，公众利益是工程收益判断的影响因素。公众的集体意志和行为左右着工程的最终决策。

公众在化学工程中的角色决定了，一个化学工程的立项、建设、投产理应受到公众的密切关注。公众在化学工程中应承担起应有的责任，对化学工程的合理运行发挥不可替代的作用。公众对化学工程的认定有别于工程其他主体，公众的利益出发点不同于企业和政府，对化学工程的立项、运营提供不同利益诉求下的判断标准。但由于知识背景等诸多因素的限制，公众在化学工程中不承担外化的具体责任。化学工程伦理中公众的伦理责任不是一种主动的承担型责任，而是一种被动的保护型责任。在化学工程中，公众的责任表现为对自身权利的关注、负责和对自身利益的积极响应，进而从外部促进化学工程的合伦理性。即通过对自身健康和生存权的关注，客观上对化学工程投产、运行起监管的作用。

公众的关注会产生外在的影响效应。一是能对化学工程实施实质监督，这种监督有别于监管部门的定时定点监督，是全天候、立体式的监督，以防止企业在利益驱动下"钻空子"，减少企业的投机取巧行为。二是公众主动积极地参与工程决策，是工程决策合理化和程序化的催化剂。公众的关注有助于将公众意见纳入工程立项的最终决议，有利于推动工程的认证和监督在合理机制下进行。公众的关注是推动工程合理决策的外因力，因此，可通过公众参加工程立项的听证会等方式，来保障公众在工程决策时的知情同意，为其提供畅通的公众申诉途径，这对工程的多层次决策是必不可少的。三是随着公众对自身关注和保护意识的增强，公众对企业监督的强化和对不合理工程的抵制，对企业亦有一种威慑作用，促使企业采取更合伦理而非更经济的方法来处理实际生产中的问题。

【案例导入】阳宗海事件引发的化学工程伦理问题

2008 年 8 月，报道称有"滇中明珠"美誉的云南九大高原湖泊之一的阳宗海受到严重的砷污染，成为继"三鹿"事件后的又一热点事件。随后中央和地方媒体高调介入，披露了此事件背后诸如企业违规操作、政府职能部门监管不力等一系列问题，引发了媒体和公众对阳宗海事件的热议。通过对阳宗海事件的主要污染企业(云南澄江锦业工贸有限责任公司，以下简称澄江锦业公司)、主管部门(云南省玉溪市澄江县环保局)以及阳宗海附近的村民等相关利益主体的调查，发现：

澄江锦业公司没有明管或暗管，更加没有使用运输工具向阳宗海倾倒任何废弃物，而且有自己的三废处理设备。各级环保局进行突击检查时，其污染物检测也是合格的。但是阳宗海地区土质疏松，公司的雨水收集池没有做任何防渗透处理，导致含高砷的污水渗透到阳宗海。在公司厂区的外围有大面积的磷石膏堆放场，含砷较高的磷石膏都直接堆放在离阳宗海较近的堆放场上而没有做更科学的深掩埋处理。

澄江锦业公司有硫酸、磷铵和普钙三个生产车间，硫酸车间主要以硫锌矿为原料，年产 2.8 万吨硫酸。我国传统的硫酸生产工艺是以硫黄和硫铁矿为原料的，排放的炉气含有三氧化二砷等尾气，为了防止催化剂中毒，企业会对气体作除尘除砷处理。随着原料价格的上涨，澄江锦业公司选择了替换生产原料的办法，选择了价格低廉、含砷量高的硫锌矿，其磷矿生产线中的原料亦有砷。但公司并未因此做严格的工艺论证和调整，仍采用通行的传统工艺，没有对产物中的砷进行科学处理。

为扩大生产，澄江锦业公司未办理环评手续就擅自建设洗矿设备及蓄水池，洗矿是物理过程，其目的是提高矿石的品位。洗矿中，只是租用了别人的场地，然后加了一套浓缩设备和一套过滤设备。过去之所以没有这个过程是因为当时磷矿资源丰富，只挑选品位(指矿石中磷元素的含量)在 28 以上的。但近年来，磷矿石品位下降，有时候只达到 22，甚至 18，因此不得不加入这个洗矿过程，且未调查以前这套设备是否做过环评。此外，这套设备在 2007 年年中就投入使用，环保部门一直以来都没有提出这套设备存在问题，是在阳宗海水体砷超标以后才将其作为一项罪证提出的。

2005 年底，按照环保部门的要求，澄江锦业公司开始筹建渣场，地址选在鲁溪冲，这项工作也通过了各个部门的检测，但是在即将施工时，遇到了地域划分不清的问题和各种干扰。一方面，渣场地处澄江、呈贡交界，而呈贡的村民在渣场选址处种了许多果树。在澄江锦业公司进行地勘时，为防止个人的经济利益受损，附近村民盗走设备仪器，阻挠勘测进行。此外，施工场地离南方电网不远，若要在那里施工，必定要得到南方电网的同意，协调工作推进得很缓慢。另一方面，在环保局的例行检查中，也发现澄江锦业有违规操作和环保不达标的情况，基于对地方企业的保护和地方经济利益的考虑，每次的处罚仅仅是罚款 10 万元，而这并不能伤及企业的核心利益，不足以引起企业的重视。

在阳宗海砷污染前几个月，企业就发生了 63 名员工的集体中毒事件。但这样一个事件并未得到企业和员工本身的重视，只是简单地当作粉尘过敏进行了处理。工厂关停后，800 多职工收入每月收入仅 300 元，100 多名双职工的收入无法维持家庭正常开销，80 多名外来务工人员无任何收入来源。大多职工都对自己收入的减少表示强烈的不满，同时对企业承担的责任和政府关停企业表示怀疑和不解。不仅如此，周边的村民对澄江锦业公司表示一定的支持，其原因是澄江企业的慈善行为、补偿政策和资助策略为他们带来了实际的经济利益。

启发思考

(1) 导致阳宗海污染事件的表层原因和深层原因是什么？
(2) 应采取怎样的措施才能有效防止类似阳宗海污染事件的再次发生？

案例分析

阳宗海砷污染事件是责任伦理缺失导致的，具体表现在以下几个方面：

第一，化学工程师缺乏伦理责任。作为专业技术人员和工程主体的工程师，在化学工程活动中起着决定性作用。他们直接参与工程活动的每一环节，并且只有他们掌握着专业知识和技能，在事关质量、安全及化学工程可能产生的负面效果方面最有发言权。然而在阳宗海污染事件中，工程师未能承担起应有的责任。阳宗海的主要污染环节是由硫锌矿制硫酸，该生产线由原来的硫黄制硫酸的生产线简单改装而来，对可能产生污染废气的处理装置等没有进行实质改装，最终的生产线未能完全达到科学工艺的要求。企业责任工程师在面对"公众利益—企业利益"的价值冲突时，偏向于企业利益。选择更经济而非更科学的途径。在澄江锦业公司的废物处理中，磷石膏的处理选择了通行的简单堆放方法，而未采取更积极有效的防渗漏措施等。

第二，监管部门履责不到位。政府职能部门对化学工程的监管是防范化学工程产生严重负效应的重要举措。政府职能部门强有力的监管和及时的处罚能起到"防患未然"和"亡羊补牢"的效果。在澄江锦业公司生产的过程中，环保部门每周的例行检查程序都在进行，但效果却不尽如人意。一是由于环保局受制于当地政府，对澄江锦业公司这样一个澄江县纳税大户、"重点保护单位"，其检查停留在表面。二是检查重点放在了对设备和排放工艺的检查，未涉及对污染的真正根源——生产线的全面调查。三是对于一些跨行政区域的环保监管工作，往往碍于阻力而未能很好完成。

第三，公众的责任意识和自我保护意识不强。公众是受化学工程影响的直接利益相关体。公众意见及公众监督对化学工程的立项分析、化学工程的安全生产都是不可或缺的。公众对澄江锦业公司化工项目的建设及生产未给予高度的关注。在阳宗海砷污染事件发生前，企业职工已经有了"砷过敏"现象，但未引起企业管理层和职工本身的足够重视。甚至在调查过程中，企业职工对砷污染的可能伤害依旧不以为意。同时，尽管企业的日常生产已经对附近农民的生产和生活造成了实际影响，但由于企业职工及附近村民的自我保护意识的缺乏，他们对企业的要求只是少量的经济补偿，这导致对企业的砷排放无约束作用。

思 考 与 讨 论

1. 从工程伦理的角度看，造成化工事故的原因有哪些？
2. 你认为应从哪些方面预防化工事故的发生？

本 章 小 结

化学工业在国民经济中起着重要作用。化学工程具有动态静止性、风险潜在性、影响直接且难以逆转、监控难度大的独特特点，对环境、生态和生命的敬畏和尊重是化学工程伦理的核心理念。化学工程的合伦理性是工程投资者、政府决策者、监管者和公众等多主体群体共同作用的结果，这个共同体需要遵循各自相应的伦理规范。

本章参考文献

[1]　李正风，丛杭青，王前，等. 工程伦理(第 2 版)[M]. 北京：清华大学出版社，2016.

[2]　HARRIS C E，PRITCHARD M S，RABINS M J，等. 工程伦理：概念与案例[M]. 3 版. 丛杭青，沈琪，魏丽娜，等，译. 北京：北京理工大学出版社，2006.

[3]　赵劲松，陈网桦，鲁毅. 化工过程安全[M]. 北京：化学工业出版社，2015.

[4]　徐海波，程新宇. 论工程师的伦理困惑及其选择[J]. 自然辩证法研究，2008，24(8)：52-56.

[5]　龙翔. 工程师伦理责任的生成及其表现[J]. 科技管理研究，2008(6)：433-435.

[6]　朱葆伟. 工程活动的伦理问题[J]. 哲学动态，2006(9)：37-45.

[7]　李伯聪. 工程与伦理的互渗与对话：再谈关于工程伦理学的若干问题[J]. 华中科技大学学报(社会科学版)，2006，20(4)：71-75.

第8章 核工程的伦理问题

【影片导入】《奥本海默》剧情概要

《奥本海默》(Oppenheimer, 2023)影片以传记电影的形式，为世人讲述美国理论物理学家"原子弹之父"奥本海默参与研制原子弹的过程及其充满争议的一生。二战时期的军事竞赛极大地促进了科技的创新，为了抢占先机，美国陆军中将莱斯利·格罗夫斯找到量子力学与核物理学领域的扛鼎人物罗伯特·奥本海默，力荐其担任曼哈顿计划的首席科学家以及洛斯阿拉莫斯国家实验室的总负责人。奥本海默受命制造的原子弹便是战争刺激下的极端产物。不仅如此，当众多科学家对原子弹研制仍抱有犹疑之时，奥本海默则认为原子弹才能带来世界和平。奥本海默虽然临危受命制造原子弹，但无论是在研发过程之中，还是在研制成功之后，他都始终保持着科技伦理的自我反思。作为"原子弹之父"的奥本海默，让美国拥有最具威慑力的核武器之后，反而成了美国政客认为必须拔除的"肉中刺"。他在借助原子弹的核威慑赢得世界和平之后，由于所抱持的正义的科技伦理，迅速从核弹制造者转变成反核主义者，甚至通过媒体赢得名誉来换取反核声音的最大化，不仅反对祖国与苏联之间进行战后的核武器竞赛，更是游说国际社会对核能进行必要的管控与协作。前后对待核弹的不同态度，正是奥本海默对于战争伦理与科技伦理的思考与抉择，也是科技及其拥有者所应有的世界担当。

对于该影片，请大家思考如下问题：
(1) 该影片仅仅是核弹研发与爆炸那么简单吗？
(2) 核技术在军事应用中会面临哪些伦理冲突？

核(电)工程作为世界能源供应的"三大支柱"之一，与传统的火力、水电一样，对人类的生存与社会的发展起着举足轻重的作用，不仅可以提供大量的能源资源，也能解决传统火力发电带来的环境污染问题。但同样，核工程研究和发展过程中的伦理问题若无法科学解决，人类将无法承受核技术发展和应用带来的风险。

本章将重点探讨核工程涉及的科技、安全、生态等方面的伦理问题，并对经典案例进行分析，以此提出核工程发展应遵循的伦理原则。

⚙ **学习目标**

(1) 了解核工程的特点、利弊及涉及的伦理问题。

(2) 了解并掌握核工程应遵循的伦理原则。

(3) 认识并明确如何培养核工程师的伦理责任。

8.1　核工程概况

8.1.1　核工程的一般知识

核工程是指利用核反应原理，将核能转化为电能或其他形式的能源的一门工程学科。在当今能源短缺和环保压力下，核能已成为国际上备受关注的一种清洁、高效的能源形式。核工程是一门涉及物理、化学、材料等多个领域的交叉学科。其主要任务是设计、建造和运营核反应堆，将核能转化为电能或其他形式的能源。核工程的主要分支包括核反应堆物理、核燃料循环、辐射安全和核废物处理等。

核反应堆是核工程的核心设施，其基本组成部分包括反应堆压力容器、反应堆堆芯、控制棒、燃料元件等。核反应堆中的核反应是通过核裂变或核聚变来实现的。核裂变是指重核在中子轰击下分裂成轻核的过程，核聚变则是指轻核在高温高压下融合成重核的过程。

核能是在原子核结构发生变化的过程中释放出来的能量，据推算，1 g 的铀 235 裂变可释放出 6.7×10^{10} J 热量，相当于 2 t 标准煤。与其他工程相比，核工程十分复杂，具有规模大、投资高、系统复杂、技术成熟度要求高的特点，其中核工程的系统复杂性特点，不仅与核科学技术有关，还涉及其他学科的综合知识，包括政治、经济、社会、法律、地域、资源、水文、气象、心理等多方面的知识。

由于核工程潜藏着放射性危险，因此核工程涉及特殊的核安全问题，确保核安全是实现核能与核技术利用事业可持续发展的前提和基础。核工程安全性包括：反应堆的安全性；核废料处理、处置的安全性。

8.1.2　核工程的利弊分析

核能的开发和利用，在一定程度上缓解了能源危机和传统火力发电对环境污染造成的影响，但同时也存在负面作用。下面先介绍核能利用的优点。

1. 核能利用的优点

核能利用的优点主要体现在以下方面。

1) 提供稳定可靠的能源

人类进入工业化生产以来，过度追求经济发展，无休止地利用能源资源，这造成了能源匮乏的情况。为了应对世界各国共同面临的能源问题，解决人类可持续发展问题，人类开始寻求一种满足生存需求、提高生活质量的资源，即核能。经济合作与发展组织的国际能源机构(IEA)对 2011 年世界能源作出了展望，指出电能消耗约占所有能源消耗的 79%，全球对能源的需求比之前增加了 $\frac{1}{3}$。由于核能所具有的高效、清洁、可循环的优点，核能成为电力需求最理想的能源，并成为支持世界电力供应的三大能源之一。

铀作为目前核电反应堆的唯一燃料，主要是靠矿井输出获得，其次是通过商业库存、核武器库存，回收处理钚和铀及尾矿等得到，以保证铀矿供应核电运行。根据国际机构的统计和预测，2009 年世界范围内已探明和预测推断的铀矿总量约 1479.3 万吨，而世界产量为 50 572 吨，主要的开采国有 18 个，而铀生产国主要为哈萨克斯坦、澳大利亚与加拿大，合计开采量约占世界总量的 64%，而这样的预测量与开采量差异，说明铀矿在时间和空间上的开采潜力巨大。在我国的西北、西部和北部地区，已勘测到良好砂岩型铀矿地质的存在，更多大型天然铀矿区有待被核实，天然的地理条件为铀资源的开发与合作、铀矿物质的进一步勘探提供了可能。

2) 带来快速高效的经济效益

核能直接或间接地推动着国民经济的发展。首先，核能的利用(简称核利用)能够直接产生巨大的经济效益。利用核电站发电可以节约发电成本，节约煤炭、石油等日益枯竭的化石燃料。其次，核利用能够为相关产业和领域带来巨大的经济效益。与核利用本身所产生的经济效益相比，核利用的带动效应的经济效益更为巨大。例如，煤炭资源大省将煤炭向资源相对短缺但用电需求量大的地区运输时，会造成污染问题、安全事故，产生大量的运输成本。而一座 100 万千瓦的燃煤火电站一年需煤量是核电站需铀矿量的百万倍。因此利用核能、铀矿资源大大节省了运输成本，减轻了运输负担，也带来了巨大的经济效益。

核能作为一种受各国青睐的清洁能源，应用于民用领域，也能带来巨大的经济价值。民用核技术不仅在工业领域应用广泛，还与百姓生活日益密切。近年来，加速器、同步辐射光源等一批科学装置的建成及运转，极大支撑了我国民用核技术的发展，也逐步渗透到经济社会的更多领域，带动一些龙头企业的迅速成长，为全社会提供更多的就业岗位，创造出巨大的经济价值和社会效益。

3) 扩展多元的科技前景

核技术的发展对人类的发展有重要的意义和作用，也给人类探索物质世界的微观领域提供了无限可能。原子核能裂变过程产生的巨大能量，大大推动了核电站的建立以及核技术的应用。不仅如此，核技术也推动了其他科学技术的发展。一方面，核动力技术应用于太空、海洋和交通运输方面；另一方面，以同位素与辐射技术为代表的非核动力技术在消毒灭菌、食品保鲜等方面也得到了广泛应用。

核动力技术在太空、海洋和交通运输方面有巨大的应用价值。一是在太空领域，随着 21 世纪太空发展的持续突破和有益探索，将核能这种能量大、持续时间长的能源作为动力，可为太空探索提供长久动力支持；此外，通过循环利用可将核反应堆废料变废为宝，继续为太空探索提供动力。二是在海洋领域中，核动力技术在潜艇、航空母舰和破冰船中的应用愈加广泛，由于核裂变过程不需氧气参与，所以核潜艇可在深海中长时间工作。

此外，利用与物质相互作用而产生的物理、化学或生物效应的非核动力技术在油田开发、活化分析、无损探伤、材料改性方面也有广阔的发展前景，这里不一一举例。

4) 持续推动社会发展

除以上列举的应用领域之外，人们在日常生活中也利用了核动力技术。首先，广泛应用于医疗卫生领域。核药可利用其物理杀瘤机制通过靶向贴近癌细胞，用 α 或 β 射线打断 DNA 双链来尽可能精准地打击癌细胞，可延长重症癌症患者的生存期。作为辅助技术可提高医生诊断和治疗水平，对于减轻病人痛苦和挽救生命有重要意义。其次，将核技术广泛应用于农业生产领域。将辐射诱变与其他相关技术结合，能够有效提高多种作物的突变频率，扩大作物突变效应的范围，克服原生植物的品种自交不亲和性。最后，广泛应用于环境治理领域。核电与不可再生能源相比具有显著优势，核电资源获取不受地域限制，能够大规模发电且二氧化碳排放量小，有利于解决温室效应问题，减轻全球变暖等异常现象。

2. 核能利用的缺点

尽管核能利用的优点不可比拟，但它也有缺点，主要体现在以下方面。

1) 核物质本身的安全风险

核物质本身存在放射性，加之其探索领域的未知性，使得核能的开发和利用会带来潜在的危害。核开发和利用总会涉及放射性物质，这些放射性物质既可能在有效控制下发挥巨大作用，也有可能在失控条件下成为祸害。在核物质的开发和利用过程中，人们通过一系列技术手段对放射性物质进行浓缩、聚合，增强其放射性，给人类社会和生态环境带来的威胁也随之而来。

2) 核科技本身的安全风险

由于放射性物质研究的复杂性和未知性，在核能开发和利用中核科技本身可能会对人类社会和生态环境造成潜在危害。尽管核科技在能源、工业、农业领域发挥巨大作用并且有广阔的前景，但也隐藏着无法回避的风险。例如核技术在医疗卫生领域和农业育种领域有着突出的价值和作用，能够实现疾病治疗、害虫杀灭，改造优良物种，但是辐射产生的变异基因会通过某种途径扩散到其他自然物种中，不仅污染了原有基因，也会给整个生态系统造成危害。

【案例导入】核试验造成的污染

研制核武器，需要进行核试验获取数据，各国的核武器试验将大量的核辐射物质释放到人类赖以生活的陆地、海洋、天空，这些放射性尘埃会随着风力、水流漂浮很远的距离，范围会非常广，对有些地区已经造成了不可恢复的破坏和污染，有人已受到致命的伤害。

马绍尔群岛(Marshall Islands)位于印度尼西亚和夏威夷之间，西太平洋群岛的最东部，距离夏威夷群岛 3200 公里，由 29 个环礁岛群和 5 个独立小岛共 1225 个岛礁组成，分布在

200 多万平方千米的海域上。1956 年，美国原子能委员会认定，马绍尔群岛是"迄今为止世界上污染最严重的地方"。1946—1958 年，美国不顾岛上居民安危，共在马绍尔群岛进行了 67 次核试验，其中仅在 1954 年，马绍尔群岛的岛屿上就接连爆炸了 3 颗 1000 万吨以上当量的核武器。这些核试验不仅将这个风景秀丽的热带天堂变成了充满核辐射的地狱，也让附近太平洋海域的环境遭到了永久的破坏。

从 1945—1996 年，全球大约共进行了 2000 多次核试验，在此期间，每年核试验的平均爆炸当量相当于近 1000 枚轰炸广岛的原子弹，其中 25%在大气层中进行。1955—1989 年是核武器发展的鼎盛时期，仅美国就进行了约 1000 次核试验，苏联进行了约 700 次核试验。到 1992 年，法国共进行了 192 次核试验，1995 年又重启核试验，共计 210 次核试验。这段时间内，不仅各国核试验的数量在不断增加，而且核试验的区域也在不断扩大，越来越多、越来越广，天空、地下、海洋，几乎无所不包。据美国五角大楼估计，大约 50 万军人和专家在核试验中受到了核辐射的伤害。在美国核试验场区域，内华达州以及周边的犹他州和亚利桑那州，核试验爆炸物的辐射造成许多居民身患癌症，新生儿和儿童智力和体力发育不良。在这些地区，患白血病死亡的人数，是美国其他地区死于同一疾病的平均人数的 21 倍。2021 年 4 月，《科学》新闻报道的一篇研究显示，二十世纪五六十年代进行的核试验产生的沉降物已出现在今天美国的蜂蜜中。

✎ 启发思考

(1) 如何看待核试验的"利"与"弊"？
(2) 核试验中存在哪些伦理问题？

✎ 案例分析

核试验的"利"与"弊"可以从多个角度进行审视。其一，核试验为国家提供了一种威慑力量，一定程度上维护了国家安全和地区稳定。其二，核试验技术的发展有助于提高国家在国际科技竞争中的地位。其三，核能作为一种清洁、高效的能源，有助于国家能源战略的发展。但同时，核试验也存在许多弊端。其一，核试验可能导致核泄漏、核辐射等环境污染，对生态环境和人类健康造成长期影响。其二，核试验引起的核废料处理问题是一项长期、复杂的工程，给国家和社会带来巨大负担。其三，核试验可能引发连锁反应，使全球核扩散和核冲突的风险增加。其四，核试验国家的军事竞赛可能引发地区紧张局势，甚至导致战争，诸如此类的影响还有很多。在权衡核试验的利弊时，要对核试验相关问题持谨慎态度，以确保核试验的安全、可控，减少对环境和人类的负面影响。

在核试验的过程中，必然存在一些伦理问题，因此核试验过程必然要遵循一些伦理原则，尽可能减少核试验对人类造成的负面影响。其一，辐射安全。核试验可能导致辐射泄漏，对试验人员、环境和生物造成潜在的危害。在试验过程中，确保辐射安全至关重要，以减少对人类和环境的影响。其二，生物伦理。核试验可能使生物基因突变，对生物造成遗传损害，影响生物种群的生存和健康。在进行核试验时，应充分评估生物风险，并采取措施减轻对生物的影响。其三，人类安全。核试验可能导致爆炸、火灾等安全事故，对现场人员造成生命威胁。试验组织者有责任确保试验安全，防止意外事故的发生。其四，知识产权。核试验可能涉及敏感技术和知识产权问题。在试验过程中，要尊重相关知识产权，避免技术泄漏和侵权行为。其五，社会伦理。核试验可能引发社会恐慌、环境污染和资源浪费等问题。在进行核试验时，应充分考虑社会成本和环境成本，遵循可持续发展原则。其六，伦理审查。核试验项目应由伦理委员会进行审查，确保试验活动的合法性、道德性和安全性。在出现伦理问题时，应及时报告伦理委员会，并遵循其指导意见进行整改等。进行核试验必须充分考虑核试验给人类和环境带来的负面影响，并尽可能降低其对环境的伤害程度。

8.2　核工程的伦理问题及伦理原则

核工程的开发和利用技术复杂，并且存在多层次的价值矛盾。在巨大的生态和经济利益与风险之间，核工程对生态环境及人类安全的威胁问题备受社会各界的关注，由此引发了一系列价值难题和伦理争议，成为影响核工程发展的关键。

8.2.1　核工程的伦理问题

1. 核工程的安全伦理

核工程的安全伦理问题(简称核安全伦理)主要是指核开发和利用过程对人的生命健康和财产安全造成的负面影响。核工程安全(简称核安全)不仅涉及技术问题和管理问题，而且涉及责任问题和人性问题，因而核安全也涉及伦理道德问题。核安全伦理应以尊重每一个生命个体为最高伦理原则，以实现社会和公众的健康安全、和谐有序的发展为宗旨。保证核工程参与各方的安全并避免风险，是核电工程建设及其设施运行的重要伦理原则。保障安全与避免风险就是为了尊重生命的价值，这也是核安全伦理的核心。

核实践是人类通过一系列技术手段，对放射性物质进行浓缩和聚合，并使其发挥作用的实践活动。核实践在为人类社会作出贡献的同时，也威胁人类的生命安全。一方面，核技术在计算测算、自动化技术等领域有无可替代的重要地位，具有广阔的发展前景，在人类有效控制的范围内，能够更好地满足人类的需求。另一方面，由于放射性物质本身所具有的不确定性，隐藏在其中的安全事故也可能会给人类带来毁灭性的灾难。

2. 核工程的生态伦理

生态意识要求我们从更全面和系统的角度认识自然，了解自然，尊重自然，保护生态环境并推动人与自然的和谐发展。自然生态保护伦理学与现代核能技术的发展密切相关，它强调核能发展必须保护自然生态环境，不能以牺牲人类赖以生存的自然环境和子孙后代的自然环境为代价，要建立一种人与自然和谐相处的生态关系。核电虽然被称为"清洁能源"，但在核电运行、核废料处理等环节，仍然存在一些生态风险，尤其是一旦发生核泄漏事故，将严重危害人类赖以生存的自然环境。因此核技术的不良应用对生态环境的影响不容小觑：它不仅严重影响动植物的繁殖，而且会使动植物的 DNA 序列产生畸形或变异，最终造成生态系统的失衡与紊乱。

面对核技术应用过程中可能面临的挑战与危险问题，我们必须改进相关的技术，使核技术的发展和应用朝着有利于人的生存与保护自然资源的方向前进，实现人与自然的和谐共生。

3. 核工程的不可持续性问题

在人与自然的矛盾中，人们处于一种主动的地位，这也是矛盾的主要组成部分。人与人之间的不道德行为将导致人与自然之间的冲突。这种冲突主要存在于国家和地区之间，不仅危及人的生命健康和财产安全，还会对自然生态系统造成影响。与此同时，国家之间的核武器竞争会对自然资源造成巨大消耗，处置核废物也是困扰人们的痛点问题。2007年，据《中国日报》报道，挪威环保组织"贝隆纳"6月2日警告，俄罗斯存放在科拉半岛的核废料库遭海水侵蚀，随时可能发生爆炸。一些专家表示："如果发生了爆炸，那么爆炸的核废料将传播到欧洲，至少会遍及欧洲北部，造成的核辐射污染将大幅超越切尔诺贝利核电站事故所带来的污染。"截至当前，核废料对当代人及其子孙后代的影响是无法预测的，核技术的糟糕使用是当前可持续发展的拦路虎。因此，我们必须从可持续发展的角度出发，发展核技术。

8.2.2　核工程的伦理原则

发展核电是解决人类面临的能源危机和环境危机的现实选择。核电发展应以现代人类中心主义为前提，遵循正义、安全、以人为本、知情同意、生态的伦理原则，核电的开发与利用应符合人类社会发展的长远利益，实现人与生态环境的和谐共处。

1. 正义原则

核电开发中的正义原则，包含两个层次的含义。首先是正当，即"正当"地发展核电工程。在核能的开发、利用方面，要严格遵守相关的国际公约，并在国际原子能机构的框架下进行，严格规范核电用途。核能利用的正当性表现在目的层面，即出于怎样的目的进行核实践活动，是为了核武器竞争还是为了造福民众。其次是公平，即"公平"地进行核实践。当前越来越多的国家已经认识到发展核电在国家能源安全及环境保护方面的重要性，所以各国在发展核电的过程中，要坚持以公平原则为前提。公平指为了满足本国民众及经济社会发展的需要，任何国家都有和平开发和利用核能的基本权利。这意味着任何国家、集体和个人都享有和平开发和利用核能的权利，没有任何国家、集体和个人能享有特权。公平不单单对于当代人而言，后代人也有公平享有核能资源的权利。

2. 安全原则

核电工程建设及其设施运营的重要原则是保障核电参与各方的安全和规避风险。安全保障与规避风险的最终目的是尊重生命的价值，保护人的财产安全，这也是核电伦理建设的核心。尊重生命价值主要是指满足和维护作为主体的人的生存与发展的要求与权利，将保护人的生命安全放在一切价值的首位。一方面，要求核电工程师积极探索并创新技术，以此开发更多的物质资源，造福人类；另一方面，防止出现安全事故风险，提高工程的安全性，增强对劳动者的权利保护。在关系国计民生的重大工程中，要始终将安全原则置于首位，并最大程度地规避风险，不断实现更高水平的安全。

3. 以人为本原则

从伦理角度而言，核能的开发和利用应当做到：首先，要充分认识核电发展的社会地位。发展核电是国家经济的迫切需要，是人民群众日益增长的物质文化生活的需要。核电作为高效清洁能源，对于推进我国社会进步、发展低碳经济、满足人民群众生活需要具有极其重要的意义。其次，核电建设必须以人为本，就是以人的生命安全为本。因此，从核电站的选址开始，就要做到以人的生命安全为本，远离人口密集区，充分考虑极端事故尤其是极端事故叠加发生的状况对人民安全的影响，大力增强核电站应对自然灾害(如地震、海啸)的能力，确保核电站运行安全。再次，要调动和发挥所有人的智慧、力量和敬业精神。人民群众是历史的主人，是社会物质财富和精神财富的创造者。一切社会活动都离不开人民群众的积极参与。最后，核电企业在发展中要注意关心企业员工的利益，要积极创造条件，改善工作环境，加强文化建设，增加培训机会，努力促进企业员工全面发展。

4. 知情同意原则

2013 年日本福岛第一核电站核泄漏事故中，从本国及他国民众的反应来看，民众对核工程缺乏了解与认识，甚至居住在核电站周边的居民对核泄漏情况亦知之甚少。因此，这要求核电建设与其他重大工程一样，遵循知情同意原则。在发展核电工程的过程中，管理者及建设者要做到：第一，对公众做到信息完全公开与透明，尽可能地使公众完全了解核电工程的基本情况；第二，使公众参与核电工程的决策，让公众在完全知情的情况下享有自主选择权。

5. 生态原则

发展核电要遵循生态原则，这样既能满足人类可持续发展的能源需求，也能够把对环境和生态的破坏降至最低。其实在各种能源中，核能发电是温室气体排放量最小的发电方式。遵循生态原则，就是要使核能的开发与利用有利于保护环境和维护生态平衡。生态伦理思想的核心是强调生态环境的自然权利和内在价值。在核电建设中，要汲取生态伦理思想中的精华，在尊重生态环境的自然权利和内在价值的前提下合理发展核电事业，实现核电建设的生态化。

【案例导入】三英里岛核事故

三英里岛核事故简称 TMI-2 事故，是 1979 年 3 月 28 日发生在美国宾夕法尼亚州萨斯奎哈纳河三英里岛核电站(Three-Miles Island Nuclear Generating Station，TMI)的一次部分堆芯熔毁事故。这是美国核电历史上最严重的一次事故，根据国际核事件分级表，其被列为五级核能事故。事故发生后，全美震惊，核电站附近的居民惊恐不安，约 20 万人撤出这一地区。美国各大城市的群众和正在修建核电站的地区的居民纷纷举行集会示威，要求停建或关闭核电站。

✏ **启发思考**

(1) 三英里岛核事故的原因是什么？
(2) 三英里岛核事故带给我们什么警示？

✏ **案例分析**

三英里岛核泄漏事故是核能史上首次反应堆堆芯熔毁的事故，在核电站建设中，围阻体发挥重要作用，具有核电站最后一道安全防线的重要作用。事故是由设备故障、电站维修人员的失误和电站操作人员的综合判断错误造成的。在整个事件中，设备故障和电站操作人员的综合判断错误是主要的原因。

由于核电站的反应堆内部有大量的放射性物质，如果在事故中释放到外界环境，会对生态及民众健康造成极大损伤，核事故发生后产生的核废料也是影响核技术持续健康发展的拦路虎。因而，核电站运行人员的培训、面对紧急事件的处理能力、控制系统的人性化设计等细节对核电站的安全运行有着重要影响。为实现人类社会和科学技术的可持续性发展，核工程在规划、建设及使用过程中，需要运用伦理学的原则规范和约束。

8.3 核安全与核工程师的伦理责任

8.3.1 核安全文化

1. 核安全文化的内涵

对于核安全文化的内涵，可从以下三个层面理解：

第一，核安全文化的提出不仅针对单位(组织机构)，也针对个人，不仅涉及单位的体制问题，还涉及个人的工作作风问题、工作态度问题和思维习惯问题。因此，核安全文化是单位和个人对核安全作出的承诺。第二，核安全文化是存在于单位和个人的种种特性和态度的总和，是价值观、标准、道德和可接受行为的规范统一体。因此，核安全文化包含单位和个人的道德、行为等方方面面。第三，核安全文化除了要求各层级的每个人遵守规定的法律、规章制度外，还必须按照核安全规定的规范开展工作。因此，核安全文化是对所有在核安全中负不同责任的组织和个人提出的具体要求。

2. 核安全文化建设的范畴

推行核安全文化的建设，要凝聚起全体员工的力量，共同建设企业文化，包括强化安全观念、打牢物质基础、规范行为表现。首先，强化核安全文化的观念。科学技术是第一生产力，生产安全亦是。安全是核工业生产的生命线，是永恒的主题。要树立安全意识、防患意识、底线意识、自我保护意识，面对风险作出科学判断与决策，确保生产安全。其次，打牢核安全文化的物质基础。工艺流程的选择、工程设施的建造和安装以及后续的调试运行管理，是核工程不可疏漏的工序，必须打好基础、保证安全，确保生产的安全性与可靠性。因此，各参与单位与活动主体要保证生产和运行安全，通过精心设计、实施和运行核工程工序，确保指令执行、政策实施和开展活动的安全。最后，规范核安全文化的行为表现。核安全文化要求各单位和个人有良好的道德认知和行为规范，主要包括：第一，全体员工要有强烈的责任心和勇于奉献的精神，树立"安全第一"的意识；第二，相关单位要日常开展多样且高质量的安全培训学习活动，讲究态度，精益求精；第三，各单位和个人要严格遵守法律和安全行为规范，科学开展相关实践活动。

3. 核安全文化建设的要求

依靠全体员工，凝聚共识，加强核安全文化建设，树立企业良好形象，对决策层领导者、管理层干部、基层员工、核设施现场施工人员提出了更高、更严的要求。

第一，对决策层领导者的要求。决策层领导者要制定与发布安全政策，建立健全安全管理机制，提供人力、物力资源，不断自我完善；第二，对管理层干部的要求。管理层是安全生产监督的参与者，要有明确的职责分工，按照相关法律法规对各项生产严格审查，坚持原则，忠于职守，推动生产安全顺利进行。第三，对基层员工的要求。全体员工要在传统安全活动的基础上，积极参与日常安全培训与安全教育活动，开展技能训练，不断增强自身安全意识与素养。第四，对核设施现场施工人员的要求。保持企业良好形象和核设施现场环境的整洁与安全，树立安全标语及安全警示牌，及时公开生产安全状况，体现企业核安全文化素养。

8.3.2　核工程师的伦理责任

1. 核工程决策中的伦理责任

工程师在工程决策阶段的伦理责任，是工程师伦理责任的核心，特别是对于核电这样的重大工程项目的决策、管理活动，核工程师必须对公众、社会和环境负责，要求决策的最优化，确保决策的系统性、科学性、时效性，避免主客观原因影响核工程决策，尤其要兼顾眼前利益与长远利益，确保核工程成果造福人类，而非危害社会与自然。第一，要对核工程项目进行伦理道德和社会价值的评估。在某个核工程项目实施之前，要对其社会应用前景作初步预测，对社会有弊无利或弊大于利的项目，拒绝实施。在评定时，合理预测可能在公众安全、生态环保等方面产生的有害结果。第二，在核工程项目被获准进行之前，要非常谨慎地研制核能产品。应警惕核能研发过程中存在的所有潜在危险，遇到问题时，也不能因胆怯而停止工作。工程师在工程决策中，要公正、合理、客观地向公众揭示一切可能存在的问题，并自觉应用伦理规范对工程研究应用活动予以约束和规范。

2. 核工程实施中的伦理责任

核工程师工作在工程第一线，与工程技术的产生和发展有密切关系，因而核工程师的道德素质就显得尤为重要，核工程师应将服务全人类作为职业道德的最高宗旨。第一，为实现工程造福人类的目的，核工程师必须努力提高身体素质、文化素质和思想素质，承担起核工程实施过程中的责任，引导核工程向着为人们服务的方向发展。第二，在核工程实施之前，合理预测该工程项目可能带来的危害，并考虑一个问题：如果出现危害，如何将危害降至最低？第三，核工程师在工程实施过程中，一切行为都应从保护环境、保护人类健康的角度出发，兼顾眼前利益和长远利益，为子孙后代负责，实现人类可持续发展。第四，核工程师要严格遵守流程，行使工作职责。不能私自省略或修改必要的流程，当工作出现疏漏时，立即向上级报告。

3. 核工程应用中的伦理责任

某项核工程实施完成后，并不能马上投入应用，而要经过多层评估与预测。第一，在某项核工程实施完成后、交付使用前，要开展广泛讨论，尽可能全面地预测应用中可能出现的各种问题，努力做到未雨绸缪。第二，若核工程在应用过程中出现了某种问题，核工程师应依据自身能力和经验，提出合理建议，比如立即停止使用，避免造成不可逆转的后果。核工程师在核工程活动以及核工程技术成果应用于社会的过程中，每一次行为选择都必须符合工程伦理的基本价值准则——确保公众的安全、健康与福祉，促进工程与社会、人、自然的可持续发展。

4. 对公众安全的伦理责任

安全规范要求工程师尊重、维护或者至少不伤害公众的健康和生命，在进行工程项目的论证、设计、施工、管理和维护中，关心人本身，充分考虑产品的安全可靠，确保对公众无害，保证工程造福于人类。在伦理学上，尊重人的生命、一切以人为本的生命价值原则具有逻辑上和经验上的优先性，是最基本、最重要的道德原则。因而，防范可能的技术风险，维护社会与公众的安全成为对工程师的底线道德要求。工程师不仅要考虑技术上是否可行、经济上是否合理等问题，更要考虑施工场所是否安全、核工程产品是否存在安全缺陷、是否会给用户和公众造成伤害等问题。

5. 对环境的伦理责任

世界范围内环境问题的日益严重以及人们环保意识的不断提高，要求核工程师在进行核工程活动时必须遵循可持续发展原则，合理地开发和利用自然，保护和提高环境质量，使自己成为一名"理性的生态人"。在核工程领域，要以尊重和保持生态环境为宗旨，以实现当代人及未来人的持续发展为着眼点，强调核工程师在核开发利用中对生态环境保护的自觉和自律，强调人与自然环境的和谐发展，强调核开发利用在改造自然、发展社会生产力中的突出作用，在不断提高人们的物质文化水平的同时，突出强调尊重和保护环境，不能急功近利，不能造成生态环境灾难，不能以牺牲生态环境为代价取得经济发展。

6. 对政府的伦理责任

工程师不仅要对核工程技术及其应用承担责任，还要对政府承担责任。第一，参与核工程决策的工程师应积极承担起参与核能决策、影响政府行为的责任。第二，为政府提供咨询，政府对核开发利用的决策需要科学技术支持。第三，阻止政府的不良行为，对于国家在制定核工程规划和核科技政策中出现的失误，核工程师应该毫不避讳地指出其负面影响以及潜在的危害，以供政府作出选择或调整，尽力避免有悖于人类进步的核工程行为发生。

【案例导入】切尔诺贝利核事故

切尔诺贝利核事故于 1986 年 4 月 26 日发生在苏联领导下的乌克兰，其境内的切尔诺贝利核电站第四发电机组发生了反应堆堆芯熔化，核反应堆全部炸毁，大量放射性物质泄漏，成为核电时代以来最大的事故。辐射危害严重，导致事故后有 31 余人当场死亡，200 多人受到严重的放射性辐射，之后 15 年内有 6 万～8 万人因核辐射死亡，13.4 万人遭受各种程度的辐射疾病折磨，方圆 30 公里内的 11.5 万多民众被迫转移疏散。事故严重影响了当地居民的正常生活，对当地的生态环境影响也十分明显。

启发思考

(1) 结合切尔诺贝利核事故，思考造成核事故的原因有哪些？
(2) 如何预防核事故的发生？

案例分析

切尔诺贝利核事故的起因，有两种互相矛盾的解释：一是控制棒的设计缺陷，二是核电站操作员的操作失误。经查后证明，操作员违规操作、设计缺陷和管理体制混乱等因素互相叠加，共同导致了这场惊天灾难。核事故可能是由多种因素引起的，例如硬件系统故障、有缺陷的安全设计指南、不完整的操作程序和人为错误。但是，硬件设计者、规范制定者和核电站运作者对核能的安全运行具有不可推卸的责任。

为防止此类事件再次发生，必须对核电的安全运营提出更高标准：① 管理人才专业化，提高工程人员伦理责任；② 政策法规体系化，规避各种潜在风险；③ 监管机制高效化，落细落实监管责任。

8.4 核工程师伦理责任的培养

8.4.1 核工程师伦理责任划分的障碍因素

1. 内在障碍因素

第一，动机和效果相悖。在现代核工程技术中，人们的行为的目的与结果之间的关系变得越来越复杂，核工程技术带来的风险更是难以预测。与传统的工程技术相比，现代核工程是一个十分复杂的非线性系统。核工程所涉及的行业包括电力、机械制造、冶金、电子电器、仪器、仪表、建筑安装等，涉及反应堆物理、热工、水力、机械、电力、电子、辐射屏蔽、放射剂量、应用数学等几十个专业学科的应用。核工程内部的核能运用和工程外部的各种社会、经济、政治、伦理变量总是相互交织在一起，形成了复杂的立体网络结构。任何一个变量的微小变化都可能导致系统的整体发生无法估量的巨变。而且，由于科学技术的发展水平的局限，工程师知识的不完善性，对于核设施的安全设计、设备制造、设备安装，无法保证绝对不存在缺陷。人类的每一次核工程技术的进步都是在试错中完成的。由于人类自身能力的局限，工程师要全面把握核工程技术的规律，巨细无遗地处理好核工程技术与社会的复杂关系，跨越知识不完善带来的障碍。

第二，责任划分的困难。责任划分是责任范畴的重要内容之一，也是责任作为伦理规范发挥作用的重要机制。例如，发生核工程事故，有关部门要进行事故调查，查清事故发生的经过，确定发生的原因，找出造成事故的责任人，并且对他/她进行处罚(经济赔偿、纪律处分、道德谴责，甚至追究刑事责任)，这本无可厚非。但是，这种以事后追究少数或唯一的过失者、责任人为导向的责任观念，在当前复杂的核能环境下遇到了困难，显示出不足。因为在这个交互作用的社会网络系统里隐藏着巨大的危险，而造成这种危险的原因又很难简单地归溯为一种单向的、单一原因的责任。在核工程实践中存在这样两个障碍：一是难以找到具体的责任人。今天的核工程项目技术复杂、规模宏大、分工细密、组织庞大，单个工程师很少能够从头到尾对整个项目实行完整的控制。一项核工程任务或一个核工程项目往往被分解成许多部分，单个工程师所分担的任务仅仅是一个项目中的一个很小的部分，以致很难断定单个工程师在整个过程(成功也好，发生事故也好)中的责任。二是即使找到责任人，他/她也无能力承担巨大的责任。因为随着核工程项目的大型化甚至巨型化，一旦发生事故其后果将极为严重。1984年切尔诺贝利核电站核反应堆事故等类似事故表明，像这样大规模的核工程事故造成的人员伤亡和财产损失，远远超出任何个人所能负担的范围。而且，即使找出应负责任的个人也是于事无补的。总之，在核工程中很容易出现我们所谓的互相推诿扯皮的情况：责任从工程师转到计划者，又最后转到商人。在这个漫长的"踢皮球"的过程中，没有谁真正对技术的所作所为负责、对技术的长期后果负责。

第三，核损害结果的潜伏性和隐蔽性。核损害结果具有显著的潜伏性特征。尤其对于低剂量、小剂量的辐照而言，只有长期存在于人体内外，通过长期累积才能对人体造成伤害，并经过一段潜伏期后才显现出来。核损害的隐蔽性是它区别于其他环境损害的另一个重要特征。放射性看不见摸不着，不能通过人的视觉、嗅觉、触觉、听觉感知，而且无法被完全防护。即使辐射强到直接致死的水平，人类的感官对其都无任何直接感受，必须通过专门的测定仪器才可以探测射线的存在及其所造成的污染，因而其极具隐蔽性。核设施单位信息不公开，监督者又疏于执行监督义务，谁能够判断已经发生了核事故呢？目前，关于核设施的信息透明度并不高，一般的公众很难通过媒体等方式了解核设施内部的信息。当地的老百姓尚且无法知道核事故已经发生，更不用说远在几十公里以外的其他公众了。

2. 外在障碍因素

第一，政治因素。核开发利用是一个非常特殊的领域，涉及敏感的国际国内政治问题，政治统摄着核开发利用的政治决策和政策制定。政府通过政治决策和政策制定来影响或控制核产品的生产与供应，核设施的建造、运行和运输，退役设备和放射性废物处置，安全、安保以及环境保护，核研究与发展，禁止核扩散和实物保护等各个环节。核能在建制上，优先为工业服务，为政务服务，政府和企业对核能的考虑和利用立足于根本的、长远的、整体的社会生态。

在和平利用核能时代，掌握专业知识的工程师对核能实践的社会后果一般较明确，他们可以且应当对其行为后果承担责任。对于有责任感的工程师来说，核能的学术价值与社会价值不可相提并论，在两者起冲突时，学术价值必须让位于社会价值，让位于道义责任。若发现核能活动有可能给社会带来危害，就应停止进行。然而，工程师是受聘者，而非决策者，投资人(决策者)优先考虑的是经济上或政治上的利益，对投资人(决策者)来说，功利因素高于一切。在核工程活动的实施过程中，工程师并没有完全的意志自由，因而不可能完全承担相应的伦理责任。工程师只能有限地履行其伦理责任，因为投资人(决策者)掌控着工程师的任免，现实生活中也确实如此。在核工业企业中，一切或至少重大的决策一般都是由政府和工程分包商负责的。当然工程师对于自身工作中因失职或有意破坏造成的后果应负责任，但对于因无意的疏忽或缺乏根本认识造成的影响分别应负什么责任？更重要的是，在核工程技术活动不是由工程师自己支配的情况下，工程师是否应负责任，应对谁负责？是对核工程本身、对投资人、对用户负责，还是对国家、对整个社会负责？如果核工程本身与公众利益、投资人利益以至社会或民众的长期利益之间有冲突，工程师应首先维护谁的利益？理想状况是，作为核工程共同体的一员，作为社会的一个公民，作为核工程活动中的一个受聘者，工程师应同时承担起以上三个身份的责任，但事实上，它们常常互相冲突。尽管如此，工程师在无权自主采取行动的情况下，应防患于未然，尽其所能地提出建议、指出错误。

第二，经济因素。核工程投资大、周期长。每座核反应堆耗费约 100 亿元至 150 亿元。对一个国家来说，核电决策意味着巨额投资。核电站基建费比相同规模火电厂高 58%。影响核能发电的成本主要来自建设成本，包括固定资产投资费用、运行费用(主要是燃料费用)、外部附加费用等方面。核电的建设周期一般为 5～7 年。在核电决策中，应在更大的时间空间内充分考虑各项经济因素，比如考虑建设中发生的外部附加费用。外部附加费用包括整个国家、地方政府以及当地支出的相关费用，其中最重要的是考虑核辐射对环境的污染问题，必须在成本中考虑为消除这些影响而付出的研究开发费用，特别是对于核废物的长期管理费用。而受资助的核工程技术开发受制于成本—利润原则，这类核工程项目为了单一的经济目标，有时会削减社会成本和环境成本。

第三，社会因素。核工程的实践活动具有相对的独立性，不同领域的工程师彼此联系不多，沟通较少，而与民众的联系就更少了。大多数工程师首先考虑的是核工程技术活动的内在逻辑，而较少考虑其社会价值。公众是一个强大的社会因素，他们既可以成为支持某项工程的强大动力，也可以成为反对其的强大阻力。由于对核能利用的正面宣传不够等种种原因，部分公众对核知识、核信息不了解，仍有"恐核"心理，对核能的和平利用心存疑虑。发展核能正面临着"公众接受"方面的挑战。在一些国家，公众的接受程度低成为发展核电的最大制约。由于曾经发生过的两起重大核事故(三英里岛核事故和切尔诺贝利核事故)及日本核废物泄漏事故，公众对核反应安全和核废物处理感到担心。而与大众生活相关的辐照育种、辐照消毒、核医学等核能应用的安全可靠性，也让不少民众心存疑虑。获得公众的理解是一个普遍而持久的过程。对公众意见的研究清楚地表明：一方面，公众需要可靠供电；另一方面，核电利用仍存在缺陷，这两方面之间存在对立情况。民众大多担心核电安全性，比如，在能源生产中发生的事故和利用核能可能发生的核扩散、核废物的处置方面，核电站给环境、健康的影响等方面，公众显示出较强的担忧。在大多数国家，人们很少自发关注核电，但当被提醒时就对核电表现出担忧和害怕，表现出知识的匮乏和对获得信息的渴望。

8.4.2　核工程师伦理责任培养的途径

针对上述核工程师在处理核工程伦理责任问题时面临的诸多影响因素，如何加强工程师的伦理责任是研究工程师伦理责任问题的核心，具有重要的理论意义和现实意义。培养核工程师的伦理责任需要从以下几个方面进行。

1. 增强核工程师工作中的责任意识

现代核工程与传统意义上的工程相比，有两点不同：一是规模巨大，二是极为复杂。核工程的复杂性主要体现为它的多学科性，它要求掌握不止一门学科，往往涉及多门学科的综合知识，比如政治、经济、社会、法律、地域、资源、水文和气象、心理和生理方面的知识。为了能够在多学科环境下负责任地工作，工程师要知道的东西会随着核工程技术的发展与日俱增。传统意义上专攻一门技术的工程师已经难以满足现代核工程的要求，他们需要具有与从事工程领域工作相关的多学科知识背景，充分认识到自己的社会责任，并在决策中更好地考虑各种相关因素。

多学科知识背景仅仅为工程师履行社会责任提供知识框架，但在具体的核工程实践中，如何根据核工程活动的需要，将理论与实践联系起来；对于核工程给社会相关方带来的损益及其表现的显性和隐性形式如何辨析，这些在一定程度上是思维方式问题。这就要求工程师在核工程活动中运用工程思维。工程师要从主体的价值理念出发，把主客观沟通作为自己的职责，对于核工程活动当中的各相关要素的属性，不论是同类的还是不同类的，不论要素之间是否存在逻辑关系，要从多个前提分别推导，然后加以整合。只有这样，才可以避免遗漏核工程要素，达到把核工程视为一个整体、一个系统来把握的目的。

当前，工程师的伦理责任问题很多，有因责任边界模糊导致责任追究困难的问题，也有因核工程投资人或决策者与公众在核工程建设与环境方面的冲突，还有核工程受益者与受害者、不同的投标人之间以及核工程管理者之间因利益冲突导致的"囚徒困境"问题。我们不禁要问：工程师在处于受聘地位的情况下，动机和结果发生错位、局部利益与整体利益发生失衡时，他们要不要对核工程的后果负责？如果工程师自身利益、工程投资人(决策者)利益、公众利益发生多边冲突，工程师应该怎么办？为此，客观、公正地评价工程师的核伦理责任，唤起他们的伦理意识是加强工程师伦理责任的重要环节。作为技术共同体的一员，作为社会的一个公民，工程师在履行职责时应把公众的安全、健康和幸福等放在首位。

2. 完善核安全法律法规

要最大限度地发挥工程师的核伦理责任，同时又最大限度地减少核工程对人类的负面效应，除了加强工程师的工程伦理教育和道德教育外，还必须制定有关核安全法律法规。核能利用的每一个环节，都需要完善的法律体系来保障。在核安全法律法规的制定和实施中，应当合理借鉴其他国家核安全法中的有益内容。西方国家的核安全立法走在我们前面，已经积累了丰富的经验，值得我们学习。例如，美国、法国的核能立法已经形成一个庞大、有序的体系。要进一步完善核安全法律及法规，进一步明确各政府部门和核相关企业在保证核安全方面的责任。此外，国外核电运行经验和核能的发展对未来的核电厂提出了更高的核安全要求，我们要加快有关标准、规范的修订和完善。

工程师对核工程道德责任的实际承担情况并不遂人所愿。从某种意义上说，现代核工程行为的道德约束陷入了困境。这是因为，现代核工程行为受到"道德"本身特点的制约。因为道德约束不具有强制力和威慑力，很难达到褒善惩恶的效果，这就必然削弱工程师实际承担核工程道德责任的积极性和主动性。显然，仅靠工程师的道德情感是不够的，还必须依托法律。如果仅有道德的感化而缺乏法律的强制手段，人们就会因道德水准的普遍低下而不能自觉地遵纪守法。因此，在道德和法律之间必须"德法兼施""宽严相济"。一方面，要通过道德伦理规范约束和限制工程师的行为，使核工程朝着有利于社会和人类健康的方向发展。另一方面，要通过核行业规范和法律手段来防范和禁止对核工程的非道德和反人类的滥用。只有道德和法律在功能上相互补充、相互依托，才是核工程活动实施的有效保证。

3. 加强对公众的核科普宣传

要从根本上解决核工程建设过程中出现的伦理责任问题，除了要提高社会核能评价能力和加强法治保障外，更要增强全社会的工程伦理意识和公众的核科学素养。公众是强大的社会因素，没有全社会的工程伦理意识和公众的核科学素养的提高，核工程的伦理控制只能是纸上谈兵。世界核电发展的历史告诉我们：在世界能源紧张的宏观背景下，发展核电乃大势所趋。但公众的核恐惧是发展核电的致命阻力。核安全立法和核能利用活动，尤其是核电站的选址和建设与公众安全和健康密切相关。在专业领域，人们公认核能是安全、清洁的能源，但公众并未对核能形成明确认识。加强对公众的核宣传，使其全面了解核能相关知识，形成正确核能认识，是战胜核恐惧的最有力的法宝。

通过充分科普和舆论的正向引导，尽可能客观、正面、专业、负责任地报道事实，比如区分"事件"和"事故"。防止为了提升新闻效果而对负面情况夸大其词。此外，给民众更多的知情权和参与权。决策作为一种公共产品，理应获得民众的广泛支持，代表民意。使利益相关群体中的普通民众真正地拥有知情权、选择权、参与决策权和受益权，通过合理、有效的参与机制的建立，让民众"共享资源，共享决策"，实现不确定性的消除和转化。公众的接受取决于公众能否以一种实际和有意义的方式参与决策，即公众和他们的代表必须参与而且必须知道他们参与了决策过程。

4. 营造良好的社会环境

核工程自产生之日起，就置身于一定的社会环境之下，核工程、核工程师与社会环境等诸种因素相互联系、相互作用。因此我们在讨论工程师要承担的伦理责任的同时，也必须看到各种外在环境因素给工程师承担道德责任造成的困惑。因此，应该为工程师履行核伦理责任创造良好的社会环境。

一方面，营造非功利的氛围。自由民主的学术气氛是表现创造力和履行伦理责任的源泉。社会应承认核工程有其内在的发展规律，将核工程所带来的眼前的、直接的、局部的、暂时的经济、政治、军事等方面的价值置于长远的、根本的、社会的、生态整体的社会价值统摄之下。另一方面，在社会文化生活领域形成崇尚科技与弘扬人文情怀的氛围。科技精神和人文精神是人类文明发展的灵魂。人们在寻求自然界的变化规律和思考人与自然的关系中形成了科学文化，在思考人生的意义和生命的价值、人与他人、人与自然的关系以及寻求思想和情感的表达中形成了人文文化。这两种文化是人类文明的精神体现，它们有共同的根基——人。因此，它们的最高精神境界是一致的。只有科技与人文协调发展，才能带来文明的昌盛和提升，带来社会的进步和繁荣。因此，工程师、公众在关注核能迅猛发展的同时，也应弘扬人文精神，既关注核能带给人类的幸福，也留意其是否侵害了公众的权益，从而实现科技精神与人文精神的统一。

【案例导入】日本福岛核事故

日本标准时间 2011 年 3 月 11 日 14 时 46 分发生了 9.0 级大地震，震源深度约 25 公里，震中位于仙台以东 130 公里的海域，在东京东南约 372 公里。这次地震造成东北海岸 4 个核电站的共 11 个反应堆自动停堆(女川核电站 1、2、3 号机组，福岛第一核电站 1、2、3 号机组，福岛第二核电站 1、2、3、4 号机组和东海核电站 2 号机组)。地震引发了海啸，海啸浪高超过福岛第一核电站的厂址标高 14 米。此次地震和海啸对整个日本东北部造成了重创，约 20 000 人死亡或失踪，成千上万人流离失所，并对日本东北部沿海地区的基础设施和工业造成了巨大的破坏。

地震发生之前，福岛第一核电站 6 台机组中的 1、2、3 号处于功率运行状态，4、5、6 号机组在停堆检修。地震导致福岛第一核电站所有的站外供电丧失，三个正在运行的反应堆自动停堆，应急柴油发电机按设计自动启动并处于运转状态。地震引起的第一波海啸浪潮在地震发生后 46 分钟抵达福岛第一核电站。海啸冲破了福岛第一核电站的防御设施，这些防御设施的原始设计能够抵御浪高 5.7 米的海啸，而当天袭击核电站的最大浪潮高度约达到 14 米。海啸浪潮深入核电站内部，造成除一台应急柴油发电机之外的其他应急柴油发电机电源丧失，核电站的直流供电系统也由于受水淹而遭受严重损坏，仅存的一些蓄电池最终也因充电接口损坏而电力耗尽。第一核电站所有交流电、直流电丧失。

海啸及其夹带的大量废物对福岛第一核电站现场的厂房、门、道路、储存罐和其他厂内基础设施造成重大破坏。现场操作员面临着电力供应中断、反应堆仪控系统失灵、站内站外的通信系统受到严重影响等难以预料的灾难性情况，只能在黑暗中工作，局部位置人员不可到达。事故影响超出了核电站设计的范围，也超出了电厂严重事故管理指南所针对的工况。

由于丧失了把堆芯热量排到最终热阱(接受反应堆排出余热的场所)的手段，福岛第一核电站 1、2、3、4 号机组在堆芯余热的作用下迅速升温，锆金属包壳在高温下与水作用产生了大量氢气，随后引发了一系列爆炸。

✎ 启发思考

(1) 日本福岛核事故存在着哪些伦理问题？

(2) 在核电利用过程中，应遵循哪些伦理原则？

✎ **案例分析**

福岛核事故发生后，从日本在地震、海啸过后的救灾表现以及事故对社会、公众的影响来看，政府在应对危机事件中经验不足，缺乏完善的管理机制。以下将从危机预防、处置、评估三个角度分析日本福岛核泄漏危机事件中存在的问题。

1. 危机预防中存在的问题

由于核电站本身的特殊性，其风险性也随之增加。控制危机，必须在选址、设备、技术等环节严格审批与把关。

首先，核电站设计不合理，抗震标准滞后。由于核电站内部存在大量的核原料，所以核电站从选址到建造的每个环节都需要遵循严格的标准，在选址时，要充分考虑地震及其他自然灾害的潜在影响。一方面，核电站建造地址应选取在近海区域，以保证其有足够的冷却水；另一方面，要选择在地质结构稳定的区域，抗震级别在 8 级以上。日本是世界上地震最高发的国家，作为全球第三的核电大国，在不足 38 万平方公里的土地上，密布着54 座核电站反应堆，而有七成以上的核电站处于地震带上。由此可见，当初在设计和建造核电站时，政府和相关核电公司并没有对其抗震能力作出充分估计。此外，根据东京电力公司文件显示，福岛第一和第二核电站的抗震能力最高只有 7.9 级，远远不能抵御 9 级特大地震的破坏。

其次，核电站超期服役，设备老化。在日本，连续运行 30 年的机组就被评判为"高龄"机组，第一核电站的 1 号机组截至事故发生时，已经投产使用了 40 年之久，早已出现了各种老化现象。尽管日本政府并没有明确规定过核电机组应在什么年限停止使用，仅规定了"高龄"机组应该根据设备的具体老化情况在发电中采取保守使用的方式。因此东京电力公司仍旧将第一核电站 1 号机组作为运行的主力机组，这为核泄漏事故埋下了重大的安全隐患。

最后，管理不善，安全意识淡薄。日本公开的资料显示：1998 年福岛核电站隐瞒控制棒脱出事故 29 年，篡改安全数据 28 次，有 33 组机器没有经过安全检查就直接使用。东京电力公司向日本原子能安全保安院(NISA)递交报告，承认没有检查核电站 6 个机组的 33 个部件。可以说东京电力公司在核电工程中的安全意识、安全管理意识的缺乏也直接导致了此次地震海啸后如此严重的核泄漏事故。

2. 危机处置中存在的问题

危机处置中的预警、响应和善后这三个阶段是相互衔接、紧密配合的，但从整个危机事件的处置过程看，日本政府和东京电力公司的应急处置能力不足可见一斑。

首先，缺乏预警机制。预警的作用就是在应对紧急状况时，能够凭借足够强度的紧急控制和校正控制来阻止多米诺骨牌效应的发生。日本核安全法中对地震的预防作了明确规定，但忽略了对海啸的预防。大部分核电站选择在近海区域建造，将海水作为冷却水，并建有防波堤以预防海浪影响，但海啸的破坏力是远远超过海浪的。福岛核电站采用的是第二代核电技术，倘若发生事故导致紧急停电，必须启用备用电源才能带动冷却水进行循环散热。事故中，福岛核电站在海啸的冲击下，发动机失去了作用，无法提供电力进行冷却工作，导致大量余热无法被带走，最终造成多个机组爆炸和放射性物质泄漏。

其次，善后工作处理不当。日本福岛核电站事故发生后，大量的放射性物质得不到有效遏制，核电站将其排放入海水中，不仅对当地土壤环境造成破坏，而且对海洋生态环境平衡产生极大威胁。据相关报道称，即使此次事件距今已经过去 13 年之久，目前的灾后重建工作仍困难重重。受福岛核电站事故等因素的影响，当前日本仍有约 3.1 万人过着疏散在外、不能回家的避难生活。

最后，公共宣传不力。福岛核泄漏事故是对世界各国有重大影响的公共事件，了解其真实情况是国际社会的共同期盼。然而，日本政府并未向社会及公众主动说明详细情况，而是在国际原子能机构(IEAE)总干事田野之弥多次敦促日本政府后才公开说明详细信息。2011 年 3 月 27 日，日本政府对外宣称 2 号机组积水的辐射超标 1000 万倍，随后，却声称公布的信息有误，真实情况为超标 10 倍，两组大相径庭的数据，无疑严重影响日本政府的公信力。

3. 危机评估中存在的问题

完善的监管体制是应对重大事故风险的重要手段。而国际原子能机构调查团向日本政府提交的调查报告中表明，日本政府在应对福岛核泄漏事故中并没有实施有效的监督管理体制。

首先，监管体制缺乏独立性。日本发生此次事故的一个重要人为原因就是民营企业东京电力公司与监管核电站的原子能安全保安院隶属于同一个上级——经济产业省。虽然表面上，前者属于经济产业省，主要负责安全审查及原子能设施的批准设立工作；后者由 5 名专家组成，独立于其他行政机关存在，直属于内阁府，主要负责电力公司的监管及基本安全方针的制定。这二者相互协作，构成了所谓的"双重核算"体制，但实质上，负责监管的机构仍在经济产业省的领导下工作，并不具备独立性。

其次，监管体制缺乏时效性。在 3 月 11 日下午海啸发生后，日本政府相关工作组从航拍照片和视频中观察到一些沿海村庄已经被淹没在海水中，这一情况引起了当时日本首相菅直人的注意，随后他将注意力转向运行已有 40 年之久的福岛第一核电站，并要求东京电力公司立即作出安全评估。然而，此时东京电力公司早已陷入一片混乱，办公室电话无人接听。在震后的关键几个小时内，政府获取的信息一片空白，甚至在厂区内已经检测出辐射异常时，政府仍茫然不知。

最后，监管体制缺乏实质性。核电的监管是确保核电发展的关键，要将其置于核电安全的首位。由于核电站自身的特殊性，在选址、设计、建造、运行和核废物处理的每个环节都要有严格的规定。此次事故却对核泄漏事故的安全隐患不加重视，导致居民流离失所、公众身体健康遭受威胁、核污染水临近容纳极限，监管体制形同虚设。

4. 核电利用过程中应遵循的伦理原则

第一，以人为本的原则。以实现人的全面发展为目标，这就是说，一切社会活动归根结底都是为了人，为了所有的人。所以，从伦理角度而言，核能开发和利用中应当充分认识核电发展对人们生活带来的益处。

第二，可持续发展原则。正确处理好经济效益与生态效益的关系，既要重视核电的经济效益，又要重视核电的生态效益。从核电站的选址到核电站的运行、核废物的处理以及相关设施的退役处理，都要充分考虑其对生态环境的影响。要加强对核电站的监测和管理，严防核事故发生，杜绝各种核事故对环境可能造成的污染和破坏。

第三，生态原则。在核电运行阶段，审查其产生的污染是否在可控范围，如果破坏程度过大，就必须停止运行，必须保证周围生态环境的安全。

第四，公正原则。核电发展应遵循公正的原则，保障各国发展核电的基本权利。

思 考 与 讨 论

1. 从工程伦理的角度出发，分析并讨论核工程应遵循哪些伦理原则？
2. 核电发展的生态伦理原则应包含哪些内容？
3. 如何实现核工程的可持续发展？

本 章 小 结

伦理学在核工程活动中起着重要作用：一方面，解决核工程存在的矛盾冲突与价值难题，需要伦理学的支持与肯定；另一方面，核工程需要伦理道德的约束和规范，保证核工程的可持续发展。核工程的伦理原则包括正义、安全、以人为本、知情同意和生态原则，遵循社会发展规律，实现人类和核工程的可持续发展。核安全文化强调单位和个人的共同作用，通过强化安全观念、打牢物质基础、规范行为表现，实现核安全文化建设。工程师在工程决策阶段的伦理责任，是工程师伦理责任的核心。如何加强工程师的伦理意识，解决现实环境中的伦理问题，是核工程师责任培养的重要环节。

本章参考文献

[1] 宋嘉颖. 核能安全发展的伦理研究[D]. 南京：南京理工大学，2013.

[2] 林琳. 现代科学技术的伦理反思：从"我"到"类"的责任[M]. 北京：经济管理出版社，2012.

[3] 喻雪红. 核电发展的伦理原则[J]. 广西社会科学，2008，160(10)：47-50.

[4] 张兰兰. 工程师对和平利用核能的伦理责任[D]. 沈阳：东北大学，2008.

[5] 杨晖玲. 日本福岛核泄漏事件的案例分析[D]. 郑州：郑州大学，2012.

[6] 马英辉，李亚民. 从危机管理角度看日本福岛核泄漏事故[J]. China's Foreign Trade，2011(10).

[7] 日本"3·11"大地震 12 周年福岛核事故阴影仍未消散[EB/OL]. (2023-03-12) [2023-12-25]. https://www.chinanews.com.cn/gj/2023/03-12/9969974.shtml.

[8]　杨晖玲. 日本福岛核泄漏事件的案例分析[D]. 郑州：郑州大学，2012.

[9]　礒崎初仁，金井利止，伊藤正次. 日本地方自治[M]. 张春柱，译. 北京：社会科学文献出版社，2007.

[10]　竹中平藏，船桥洋一. 日本"3·11"大地震的启示：复合型灾害与危机管理[M]. 林光江，译. 北京：新华出版社，2012.

第 9 章　生物医药工程的伦理问题

【影片导入】《千钧一发》剧情概要

　　《千钧一发》(GATTACA，1997)影片的主人公文森特(伊桑·霍克饰)是经两性孕育、自然生产的"瑕疵人"。经基因检测，医生认为他有99%的概率会在30岁前因心脏衰竭而死。在冰冷、基因数据为王的未来时代，他的父母感觉好像生出了一个"错误"，对他十分不满意，于是又生下了经过基因修饰后集合父母所有优良基因的弟弟安东，并把所有的爱都给了安东。在这个世界里，基因歧视成为所有行业的潜规则，找工作时面试者在等候区留下的一根毛发或一点儿皮屑，就已泄露了其所有的个人信息和生命密码。基因"低劣"的文森特注定找不到好工作，被迫成为一名清洁工。但他心里总有一个做一名宇航员的梦想，于是他铤而走险，来到"身份黑市交易市场"，认识了太空中心的杰罗姆(裘·德洛饰)。文森特买到了一位因车祸而失去宇航员工作的"优秀基因者"的生物样本，进入太空中心成了一名宇航员。就在距离文森特升空只有不到一周时间，太空中心发生了命案，文森特不小心掉落的一点毛发被搜集到，太空中心开始重新检测所有员工的生物样本。但进行尿液样本检测的医生并未拆穿他的身份，在人性的温暖和文森特的坚强意志和不断努力下，他最终乘坐火箭飞上了太空。

　　对于该影片，请大家思考如下问题：
　　(1) 基因工程技术真的能被广泛用于修正人类的基因缺陷吗？
　　(2) 关于技术与伦理，我们应该如何平衡？

　　现代医学科技的迅猛发展正在对人类固有的伦理观带来新的挑战，面对由各种高科技应用而引发的伦理疑难和冲突，人们迫切需要从科技伦理学的视角重新审视和研究这些高科技应用。医学科技的进步在带给人类诸多福音的同时，也可能引发一些未知风险。
　　本章将重点讨论生物医药工程领域(如基因编辑、器官移植和药物临床试验)存在的伦理问题，并在此基础上提出相应的伦理策略。

学习目标

(1) 识别生物医药工程领域药物增强技术的伦理问题。
(2) 理解生物医药工程领域药物增强技术的伦理准则。
(3) 能分析具体生物医药工程(如基因编辑、器官移植等)的伦理问题。
(4) 掌握应对具体生物医药工程实践伦理问题的方法。

9.1　药物增强的伦理

9.1.1　药物增强的伦理问题

随着现代医学技术的快速发展,人们利用某种技术手段直接增强自身能力的愿望慢慢变为现实,其中药物增强作为一种增强技术受到了广泛关注。人们试图通过药物增强自身的认知、体能和基因,以获得更多快乐和幸福感,然而人们对其中存在的风险并未足够重视。

1. 侵蚀人的自主性和尊严

药物增强的发展与应用,不可避免地会带来自主性与尊严问题。药物作用的对象是人体本身,其目的是实现人类认知、情感和机能的提升,然而其对人体发展规律的改变,必然会破坏人的自主性和尊严。一部分人想要通过药物作用变得愈加完美,但并没有考虑到完美背后人逐渐被工具化的事实,因此我们需要在药物增强的伦理方面作出进一步的思考。

一方面,药物增强违背人类的自然性,破坏人类的自主性与尊严。人类从猿进化到人,是一个经历了自我调节、自我发展的自然过程。而药物增强则是通过科技手段,对个人的基因进行调控,干预人的自然进化与生殖繁衍,企图将完整个体分解为各个独立的部分进行剖析。这种行为表面上是为了使自身实现完美发展,但实际上却是对人存在意义的消解,这无疑侵犯了人的生命自主权与尊严。另一方面,药物增强侵犯了人类知情权。是否进行药物增强要通过增强者的个人同意,但难免也会受其他外在因素的控制。例如,对于限制民事行为能力的未成年,一般都由他们的父母或监护人帮助他们作出决定。通常父母都希望自己的孩子成长为出类拔萃的人,在智力和其他方面超越其他孩子,这个目标无疑是好的,但如果选择使用药物增强来提高孩子的认知和智力水平,那么这不仅干预了孩子自然生长的过程,让孩子失去了自我选择的机会,也不尊重孩子的意愿,并损害了孩子的人身权益。

总之,人是具有独立意识的存在,不能和工具相提并论,一旦人的自主性被破坏,尊严也就随之丧失了。

2. 威胁身体健康和生命安全

任何新兴技术的发展和普及,都存在一定的技术风险,或大或小地对人类生命财产安全造成一定威胁。药物增强是根据人类需要,让药物进入其体内并作用于各个系统及组织,实现提高人类认知、体能的目的,这不可避免地会对人类身体健康和生命安全带来难以预测的问题。

第一,药物增强在提高一种能力的同时也会导致另一种能力的削弱,打破人的身体平衡。人体作为一个独立的系统,自身可以通过恢复体内平衡达到治愈疾病的效果,有利于保持健康。而对健康人进行药物增强的体外干预,会带来不确定风险。例如,哌甲酯增加了复杂空间工作记忆的准确性,但也伴随着与工作记忆相关的大脑区域活性的降低。莫达非尼可以使健康年轻人的工作效率提高、干劲十足,但抑制了其冲动反应能力的改进。

第二,药物增强的潜在风险在短时间内不会显现,但长期来看有可能会给人类健康带来威胁。例如,情绪类增强药物在长期服用后突然停药,人就会出现极不稳定的精神状态,甚至会出现自杀倾向;生长激素在长期服用后会导致内分泌系统失调,若服用生长激素过度,则可能会使人出现器官功能障碍;遭受生活折磨的人虽然可以借助神经药物来麻痹自己,隐藏自己的真情实感,长期服药后貌似变得无比快乐,但生活中的问题仍然存在。显然,药物增强虽然能在短时间内起到明显作用,但其会在人体内长期留存,带来更严重的人格困扰。

以上事例都表明,尽管药物增强可以提高人们的认知、情感和体能,但对生命健康的潜在伤害也不容小觑。

3. 破坏社会公正和平等

对公正和平等的理解,公众大多关注利益的分配,关注自己会得到什么以及自己所处社会地位的平等性。但将药物增强置于伦理学领域对其考量时,其存在的公平和平等问题便会显露出来。一方面,诸如诺奇克的正义观(以权利为核心)把正义的分配看作,在不违背财物拥有者的自由选择的情况下出现的分配。另一方面,其他一些正义观则是建立在对于理想的分配和诉诸之上的。

药物增强的发展和应用对公平和平等的破坏,表现在诸多方面。其一,药物增强提高了人们的认知、情感和体能,这就扩大了增强者与普通人之间的差距,剥夺了一些人公平竞争的机会,失去了社会公平性的意义。其二,假若越来越多的非必需者购买了增强药物,那么缺陷者的购买机会就会减少,导致公共卫生资源分配失衡。其三,在体育比赛中,服用增强药物的运动员在体力、耐力方面都强于未服用者,这样就违背了公平、公正的体育竞赛原则。

9.1.2　药物增强的伦理原则

在面临药物增强的不确定性风险尤其是安全风险的情况下,如果对风险熟视无睹,就等于间接鼓励人们服用这些药物,从而对个人乃至整个社会造成伤害。因此,未来对于增强药物的使用方面,必须确立一系列原则,降低药物的使用风险,促进药物的安全、合法、合理使用。

1. 维护人类尊严

人权是人的基本权利。联合国《世界人权宣言》认为,尊严是世界自由、正义与和平的基础,因此,该宣言规定每个人在尊严上一律平等。

保护人的尊严首先意味着必须保护获得性尊严。以增强药物为代表的人类增强技术在一定程度上削弱了努力奋斗的价值意义，这势必会侵蚀人的价值观念。如果这个社会上大家不再认同勤奋获取成就、努力创造价值的积极价值观，而是选择通过各种捷径和手段获取成功，那么人的获得性尊严将荡然无存。只有将人的尊严固化于人类意识中，人才会在受到技术控制时保持警惕，保护人的尊严不受侵犯。

保护人的尊严还意味着尊重人的自主权。自主权指人具有自我决定的权利，自主权被自我欲望和目标所驱动，而不受其他人的支配和控制。因此，自主权具有无可辩驳的价值，并且每个人都有义务尊重这项权利。在医疗实践中，知情同意是保护人的自主权的前提。邱仁宗认为，知情同意是为了：(1) 保障自主权；(2) 保护病人；(3) 避免欺骗和强迫；(4) 鼓励专业医务人员的自律；(5) 促进患者作出理性的选择。知情同意包括两方面的要素：一是知情的要素。知情的要素要求医生在开出增强药物的处方时，必须告知患者存在的收益、风险及其可能产生的副作用，保证患者能够正确理解药物信息。二是同意的要素。同意是指自由的同意，是基于自己对药物信息的理解和自身需要自主作出的同意，不受外在因素的胁迫。

2. 不伤害

不伤害原则是指医疗相关人员在诊断或者救治患者时，应尽最大可能避免其对患者造成生理上或心理上的伤害。

增强药物和其他药物一样，都有不同程度的副作用，长期服用会增加安全风险。在美国，医院等机构在医学实践中可行使专业自主权，美国食品药品监督管理局(FDA)也承认这种自主权。无论是开处方的医生还是增强者自身，都要科学、理性地权衡其中的利弊，最大程度地避免过度使用增强药物。

3. 促进公平

"公平"是指从公正和平等的角度出发，善待每一个相关对象。在现代人类文明社会，竞争体现的是人们为了各自的利益、与他人之间争夺各种资源，但是这种争夺是在一定规则和制度的约束作用下进行的，具有平等性、规范化和秩序化的特点。现代社会的脑力竞争已经达到了前所未有的水平，这既能推动社会的发展，又可能造成一定的不良后果。例如，服用增强药物的人在认知、情感和体能方面要优于普通人，导致他们在学业竞争中处于优势地位，这种竞争无疑是不公平的。在体育界，为保证公平，也制定了相关法律来限制兴奋剂的使用。脑力竞争与体育竞争类似，如果想要创造公平的竞争环境，就必须反对这类药物的使用。

【案例导入】美国阿片类药物泛滥威胁民众安全

阿片类药物是一类强效止痛药，包括吗啡、芬太尼、羟考酮等。这些药物在医疗领域中被广泛应用于缓解慢性疼痛、癌症疼痛和手术后疼痛等。其中，芬太尼由于价格低廉、生产相对容易，在美国已迅速发展为新型合成毒品，在美国非法毒品市场中甚至已取代海洛因。美国缉毒局在 2022 年查获 5060 万颗含有芬太尼的假处方药和总重 1 万磅(1 磅 ≈ 0.454

千克)的芬太尼粉末，相当于致命剂量的 3.79 亿倍。2021 年，超过 10.7 万美国人死于吸毒过量，其中 66% 的死亡归因于滥用芬太尼等合成阿片类药物。芬太尼滥用如今已成为"美国所面临最致命的毒品威胁问题"。阿片类药物的长期服用可引发精神问题、劳动能力下降、辍学失业、代际贫困、社会歧视等一系列问题，对美国青少年的身体健康和生命安全构成了越来越大的威胁。阿片类药物的泛滥，究竟谁是"幕后黑手"？美国政府的漠视纵容难辞其咎，美国政府非但没有采取行动解决药品滥用问题，反而为这些药品大开"绿灯"。在缺乏有效管制的情况下，要想有力遏制药物滥用的趋势，美国亟须"刮骨疗伤"。

🖊 启发思考

(1) 阿片类药物的滥用会带来哪些风险？
(2) 美国阿片类药物泛滥的原因有哪些？

🖊 案例分析

阿片类药物的滥用会给社会带来巨大危害。一是健康危害。阿片类药物产生的镇静作用会影响人的呼吸神经中枢，过量使用会导致呼吸衰竭甚至死亡。此类药物药效强，容易让人产生依赖，并不断追求药效更强的药物，而且这种依赖性还会从母体遗传给新生儿。它产生的快感也容易让人成瘾，许多患者一开始使用处方药来缓解疼痛，在处方期结束后会转而寻求海洛因等非法毒品。二是经济负担。阿片类药物的滥用给美国个人、家庭和社会带来沉重的经济负担。受害者不仅健康受损，还会失去工作，让家庭陷入贫困。阿片类药物的滥用也给社会带来巨大的经济负担。三是社会危害。阿片类药物的滥用已成为困扰美国社会的严峻问题，导致贫富差距扩大、有组织贩毒猖獗、暴力犯罪上升、社会治安恶化。

在美国的政治体制、经济利益、游说制度、社会文化等多种因素的共同作用下，美国毒品和药物滥用问题日趋复杂。20 世纪末，由于美国国内长期普遍滥用处方止疼药，导致阿片类药物滥用问题在美国日趋严重。然而，美国制药企业罔顾阿片类止痛药成瘾的风险，只一心谋求利益，游说组织极力推动放宽对于处方类阿片药物的开具限制，进而直接导致了此类药物成瘾问题。早在 20 世纪 70 年代，美国政府就已经意识到毒品问题的危害性并对其公开"宣战"，但是毒品问题并未有所改善反而更加严重。在利益集团的大力资助和极力游说下，部分美国政客利欲熏心，选择让政治经济凌驾于民众生命健康之上。除此之外，美国联邦政府和各州政府在毒品问题处理上存在分歧和冲突，可谓是"九龙治水，各自为政"，这也导致了部分毒品治理政策执行不到位，收效甚微。冰冻三尺，绝非一日之寒。由政客、企业、媒体等相关利益集团编织的利益网络，让阿片类药物泛滥问题到了积重难返的地步。阿片类药物制造商向政客的捐款继续影响着政策决定。美国严重的政治极化也阻碍了禁毒进程。鉴于目前芬太尼在美国滥用的严重程度，美国两党都承认需要为应对这一问题作出努力，但双方却相互"使绊子"。在投票组织药物生产的过程中，一方"唱红脸"，一方"唱白脸"，最终解决方案亦未有效实施。

9.2　基因工程伦理

9.2.1　基因检测中的伦理问题

随着精准医学和基因检测技术的发展，基因检测在肿瘤的早期筛查、诊断治疗、预后评估方面虽有独特优势，但目前基因检测的应用效果在临床研究中尚未得到证实，针对该领域，国内还没有形成统一的临床指南和标准规范。因而，基因检测在肿瘤精准医学临床转化中，有可能出现诸如数据共享与安全、利益冲突、信息隐私保护与公正、知情同意等伦理问题。

1. 数据共享与安全问题

数据共享是研究人员、政府和医疗机构等利益相关者，对数据进行整合、加工和分析的过程。在生物医药工程领域，通过对基因序列的检测和分析，可促进肿瘤治疗及相关医药的开发。例如，美国建立癌症基因组数据库，通过与国家癌症研究所与基础药物公司(Foundation Medicine Company)的合作，进一步扩充了国家癌症研究所公共基因组数据库中癌症患者的基因组信息。

但是，和数据共享有关的安全问题也不容小觑。因为基因序列中包含群体的遗传资源，关系种族和国家的信息安全，一旦被泄露，对国家和个体将会造成不可预知的危害。为此，《科学数据管理办法》规定，涉及国家秘密、国家安全、社会公共利益、商业秘密和个人隐私的科学数据，不得对外开放共享。可见，科学合理地解决原有数据的安全性与数据共享之间的冲突，就是基因检测在肿瘤精准医学临床转化中需要重点处理的问题之一。

2. 利益冲突问题

利益冲突(Conflict of Interests，COI)指当事人(个体)需要对两个不同主体表达忠诚或责任，而这两个主体都有可能受这个当事人的科学活动的影响时，当事人就处于 COI 之中。

在临床转化中，医疗监测人员不仅要肩负临床诊治的责任，还要进行医学研究，双重身份存在的潜在利益使得检测人员在临床决策时受到一定的影响。基因检测为靶向药物的应用提供依据，检测费用昂贵且未纳入医保，但是为了严格控制靶向药的耐药情况，又需要进行多次基因检测。这导致有些机构为了获得更多利润而向常规检测中添加其他检测内容(比如基因检测)，甚至向肿瘤患者提供虚假信息，因而损害了患者的经济利益。

3. 信息隐私保护与公正问题

基因检测的信息属于遗传信息，基因检测的结果是相对保密的。但若基因检测信息和结果遭到泄露，一旦结果存在异常，进行基因检测的群体和个人，在就业选择和生存发展方面将会面临重重阻碍甚至遭到歧视。每个人都有公平竞争及自由选择的权利。因此，每个人都有个人信息隐私受到保护的权利。

随着科学技术的发展，人们有可能从基因的角度对全体人类的遗传倾向进行预测，但是，这些遗传信息的揭示和公开，将对携带某些"不利基因"或"缺陷基因"者的升学、就业、婚姻等社会活动产生不利影响。为了保护公民的基因隐私和免受基因歧视，国家要着手立法以规范基因检测，减少可能的社会歧视问题。

4. 知情同意问题

被检测者在进行咨询时，相关咨询医师应当事先询问其是否存在家族遗传史，是否需要做基因检测，并告知基因检测所包含的项目。所有接受基因检测的人都应书面签署知情同意书，了解检测的局限性及潜在风险。知情同意问题主要包括：

其一，是否充分告知基因检测的相关信息。在告知内容上，医生是否将检测的利弊与保密的详细情况全面清晰地告知被检测者；在自由同意方面，医生是否采取价值中立的原则，是否采取身份诱导或劝说的方式使被检测者接受基因检测。其二，是否充分尊重被检测者的拒知权。根据自主知情同意原则，被测者对检测结果拥有自主权，即他们可以自主选择检测结果的解读范围，也可以自主决定不知道结果。所以，从某种意义上，保护被检测者的拒知权在一定程度上能够维护其最佳利益。

9.2.2　基因编辑技术

作为一项新兴技术，基因编辑技术通过对生物内源基因进行定点编辑，极大地促进了生命科学的发展，是人类在生命科学领域的一项革命性突破技术。但这项技术在给人类带来福祉的同时，也不可避免地潜藏着巨大的伦理风险：人之本性被消解、人之完整性被破坏、人之尊严被侵犯。

1. 人之本性被消解

马克思认为，人的本质不是单个人所固有的抽象物，在其现实性上，它是一切社会关系的总和。人的本质是"人的本性"的进一步抽象，既包含人的生物属性，也包含人的社会属性。然而，基因技术让人类超越了其本身的性能，超越了自然人的本质。

其一，基因编辑技术导致人的自然性的丧失。基因编辑技术固然是一种超前的科技，在给人类带来福祉的同时，也引起了广泛的伦理争议。假若基因编辑技术广泛应用于人类生殖细胞后，自然人是否还有原本的自然属性和社会属性，我们不得而知。黑格尔认为：人的躯体与动物的躯体的全部区别在于，按照人的躯体和整个构成来说，它是精神的居所，而且是精神唯一可能的自然存在。这里指出了人区别于其他生物体的特征——人是会思考的动物，人的身心是不可分的，并且人的自然属性不能脱离人的主观意识而存在。使用基因编辑技术增强人的自然属性，这是违背人的自然生长规律的，极有可能导致不可预估的风险。

其二，基因编辑对人性欲望提出挑战。人性是指人所具有的正常的感情和理智，是人与其他动物相区别的属性。欲望则是由生物的本性产生的想达到某种目的的要求。马斯洛的需求理论指出，人类需求体现在五个层次上：生理上的需求、安全上的需求、归属的需求、尊重的需求和自我实现。基因编辑技术要求人类的自然属性趋向完美，并要求剔除自然人基因中的"瑕疵"，使其变为一个近乎"完美"的人。如果基因编辑作用于人类生殖细胞，则人的这一代和上一代之间的情感将不再纯粹，缺失了亲人间的传承。

2. 人的完整性被破坏

"人的完整性"包括自然人的身体完整性和人的基因完整性。前者指人的身体、精神和尊严未受到伤害；后者指人类在自然进化的过程中基因未受到改变。然而，基因编辑技术在一定程度上对身体完整性和基因完整性都造成了破坏。

其一，基因编辑技术破坏人的身体完整性。基因编辑技术的出现，极大地激发了人们想要变得近乎"完美"的欲望，有人甚至想要通过基因编辑技术成为"超人类"。有人说，"在技术的意志下，不再顾及人之生命体的自然本性，随心所欲地制造任何性状的存在者，没有敬畏，不设禁区。"这种颠覆性的基因编辑技术几乎使人丧失了自主意识，彻底沦为了"技术人"。基因技术的颠覆性滥用使人类胚胎完全丧失了自然人的原始的、固化的和淳朴的自然本性，彻底控制和改变了"技术人"的生存方式。

其二，基因编辑技术破坏人的基因完整性。基因完整性是指保持基因组的完整无缺。从生物进化论的角度来看，生物的基因(遗传物质)一直在改变，现在的基因结构不是一成不变的。但从基因编辑技术的本质来看，基因编辑是指改变基因特异性序列，利用酶(特别是核酸酶)对 DNA 链进行剪切，切除已有的 DNA，或插入替代的 DNA，使原有基因遭到破坏。

3. 人之尊严被侵犯

是否具有理性是人与动物最大的区别，可以按照自己的意愿行事是人最值得尊敬的价值，人的价值与尊严是不容忽视的。在康德看来："要始终把每个人当作目的，而不是把他作为一种工具或手段。"

父母都希望自己的孩子赢在起跑线上，成为同龄孩子中的佼佼者。然而，通过基因编辑技术来选择后代的肤色、性别等，获得"定制婴儿"，明显将婴儿当作"物"来实现某种目的，这是对人的尊严的漠视。从严格意义上讲，对人类进行生殖细胞的基因编辑，意味着将人视为"工具"，将自然人变为了"技术人"。

9.2.3 基因治疗

基因治疗是将外源性正常基因转移或整合至靶细胞内，以纠正、删除或修饰缺失基因和异常基因，这是一种以预防、治疗、治愈、诊断或缓解人类疾病为目的的新型疗法。基因治疗依靠 DNA 重组技术不断取得新突破并逐步应用于临床试验环节，增强了对疑难杂症的治疗的有效性，为患有遗传性疾病的患者带来更多的希望。

然而，一些不良事件的发生，使人们意识到基因治疗存在高风险性。1999 年 9 月 17 日，患有罕见鸟氨酸氨甲酰基转移酶缺陷症(一种罕见的遗传性疾病)的 18 岁男孩在临床试验时，因对腺病毒载体产生严重的免疫排斥反应而不幸去世，这给基因治疗的发展带来沉痛的打击。2000 年，法国首次报道了利用莫罗尼小鼠白血病病毒治疗儿童 X 连锁重症联合免疫缺陷症的初步成功，但于 2003 年，部分受试者出现了类似白血病症状。伴随着这两起事件的发生，一些科学家呼吁要重回实验室，寻找更高效、更安全的基因传递技术。纵观基因治疗 50 余年的历史，关于基因治疗的伦理争论从未停止，基因治疗的过程也引发了一系列伦理缺陷问题，主要包括：① 安全有效性问题；② 公平性问题；③ 权利问题；④ 利益导向问题。

因此，基于以上缺陷问题，加强基因治疗的伦理审查是有必要的。首先，遵循有利原则。基因治疗要以维护患者的利益为目的，在不违背伦理原则的前提下，进行科学理性研究，不断寻求新的技术突破。其次，遵循不伤害原则。研究者在实施基因治疗时，要将不伤害患者利益作为最低标准，根据患者临床疗效作出正确决策。最后，遵循尊重原则。基因治疗要尊重患者的基本权利，如知情同意权、自主决定权、隐私权等。

【案例导入】基因检测滥用侵犯隐私

被称为"基因歧视第一案"中的原告，是在 2009 年 4 月参加佛山市公务员考试的周某、谢某、唐某三名考生。当时，参考的三人均顺利通过笔试和面试，并于 2009 年 6 月参加了公务员体检。在公务员体检中，体检医院发现，他们三人的平均红细胞体积偏小，于是三人被要求进行复查，复查的项目为地中海贫血基因分析。复查后，医院认为三人均为地中海贫血基因携带者。因此，佛山市人力资源和社会保障局以"体检不合格"为由淘汰了他们。三人不满人事部门的健康歧视，将佛山市人力资源和社会保障局告上法庭。虽然该案终审败诉了，但是，在判三考生败诉的同时，佛山中院向佛山市人社局发出司法建议：对于没有明显临床症状的地中海贫血患者能否进入公务员序列等问题进行调研，这体现了该案对社会发展的一定推动作用。

启发思考

(1) 滥用基因检测会对个人造成哪些影响？

(2) 导致"基因歧视"的深层原因有哪些？

案例分析

基因歧视是指随着科学技术的发展，人们有可能从基因的角度对人类全体的遗传倾向进行预测，这些遗传信息的揭示和公开，将对携带某些"不利基因"或"缺陷基因"者的升学、就业、婚姻等社会活动产生不利的影响。基因歧视可以针对一个人、一个家族或一个种族。携带肿瘤、心血管病等疾病高发基因，或携带嗜烟酒、犯罪倾向基因的人，只能说其有某种倾向，缺陷基因是否显现是机体发育期中的重要随机事件，因而，在社会活动中受到不利影响和歧视是不公正的。

基因检测是基因技术的一种，从历史形成和发展的过程来看，基因技术进入应用，不过短短几十年时间。在把握基因技术的内涵时，可以看出，基因技术不同于其他高新技术(如网络技术、纳米技术、太空技术等)，人类能(利用基因技术)按自己的意愿设计、改造、改良甚至制造生命(包括人本身)，这使基因技术在使用过程中，存在大量不确定性乃至危险性因素，有可能给自然界、社会和人类带来新风险。这种风险引发了近年来日益尖锐的基因伦理挑战，具体来说，表现在三个层面：

(1) 自然层面。基因技术打破了生物物种的天然屏障，扩展了生命的活动范围，使破坏生物多样性和生态平衡等方面的自然风险大为增加。如转基因作物进入田间，可能通过植物花粉飞扬引起基因漂流，转移到其他植物中，造成"基因污染"，形成新的生态灾难。而人食用由转基因动植物制成的食品后，健康风险也在增加。这些自然风险，在克隆动物、人造生命及人兽嵌合体研究中都大量存在。

(2) 社会层面。基因技术在社会生活中大量应用，并与不同利益主体、商业资本、社会权力互相纠缠，可能带来新的社会伦理问题。比如，参加基因检测后，个人的基因信息特别是致病基因信息存在泄露的可能性，极易造成基因歧视。基因技术还有可能被恐怖分子利用来制造新的基因武器，形成新的生物恐怖。种种社会风险，在基因技术的"应用前"和"应用后"都大量存在。

(3) 人本层面。基因技术的研究主体与客体均涉及人，其技术应用有可能侵犯人的权益，挑战公正、人的尊严等基本社会价值观。比如，转基因食品可能侵犯消费者的知情选择权，基因治疗可能侵犯病人及其监护人的知情权，基因检测和基因诊断可能侵犯个人的隐私权，干细胞研究可能侵犯胚胎的生存权。基因技术给人们的传统价值观念、生活方式、思维模式带来新的挑战。

以上三个层面的基因伦理挑战，既与技术的自主发展轨迹相结合，又与技术的价值选择和社会应用相关联，其特点表现为三个方面：其一，具有贯穿技术发展的全过程性。在基因技术早期开发、社会运用和反馈的过程中，伦理风险都大量存在，难以避免。其二，具有跨越地域界限的全球性。基因伦理挑战，不但涉及不同国家、人类不同世代，还涉及整个自然界乃至整个生物圈的现在和未来。任何一个国家、文化都不能独善其身。其三，具有应对伦理挑战的全局性。解决基因伦理难题，事关人类社会发展全局和人类整体利益，需要不同学科、不同领域、不同地区的人们整体合作，共同应对。

9.3 器官移植中的伦理问题

9.3.1 人体器官移植的供体来源

目前，部分器官移植的技术问题得到了解决，但仍未成熟，寻找移植器官的来源是该技术应用中的最大难题。用于器官移植的供体一般有三个来源：活体供体、尸体供体和其他供体。

1. 活体供体

活体供体在器官移植的来源中占比较高，按血缘关系可分为亲属活体供体和非亲属活体供体，前者一般来自家庭内部，比如父母与子女间的器官移植、兄弟姐妹间的器官移植，后者可包括师生、朋友、夫妻或陌生人间的器官移植。从免疫学角度看，亲属之间特别是直系亲属之间的基因相似性较高，器官匹配的程度较高，排斥反应较弱，所以可在较大程度上提高器官移植成功的概率。

2. 尸体供体

尸体供体是指人在医学意义上死亡后，遵从本人生前意愿或直系亲属的决定，将身体的所有器官或部分器官捐献出来，救治需要器官移植的患者。然而，由于我国有死者须留全尸等观念，加之需要进行器官移植的患者增多，而有意愿捐赠尸体器官的人相对较少，这使器官移植陷入需求增多而供体不增甚至减少的两难境地。

3. 其他供体

除上述所提到的两种供体外，还存在其他供体，如胎儿供体、异种器官供体等。但这些类别的供体在临床应用中比较少，仍处于试验阶段。选择胎儿作为供体的主要原因是胎儿抗免疫能力差，更易成功进行器官移植，但作为器官移植供体的胎儿，我国伦理学界将供体条件限制为不能存活或属淘汰的活胎或死胎。淘汰性胎儿局限在避孕或怀孕失败后流产和小于 5 个月的引产。异种器官供体的首选动物是猪。总体而言，虽然这些类别的供体较少，但在器官移植技术逐渐成熟及供体相对缺乏的背景下，仍在不断发展和进步。

9.3.2　人体器官移植的伦理问题

1. 生命层面

1) 挑战了生命的神圣性

生命的神圣性是指人的生命具有至高地位，是神圣不可侵犯的。人体器官移植技术给生命的神圣性带来了前所未有的挑战。虽然通过器官移植，能够拯救患者生命，但对其他人的生命会造成一定的损伤。康德认为，"你始终要把人看成目的，而不要把他作为工具或手段。"这就要求我们不能把人当作物来看待。人的各个组织和器官组成了人的身体，也就意味着人的器官也是存在尊严和价值的。

2) 背离了生命的自然性

人的生命源于自然，最终又归于自然。按照生命自然的思想，生老病死是自然规律，逝去的生命无法复活，但人体器官移植技术却能够利用逝者的器官使病人重获新生，甚至多个病人能够利用逝者的多个器官。这种生命是自然的吗？另外，当人造器官移植入人体内，他是"自然人""人造人"还是"技术人"？当动物器官移植入人体内，他是"自然人"还是"人兽嵌合体"？

2. 社会层面

1) 供体与受体的关系存在受益比不合理的问题

在器官捐献的供体与受体的关系中，器官捐献者相较于受捐献者存在高风险、低收益的不合理问题。由于器官捐献者挽救了患者生命，因此器官捐献者会受到社会的正向道德评价，这就是器官捐献者获得的益处。但是，器官捐献对于器官捐献者并非完全安全的，也可能会对身体健康造成损害，器官捐献者要承受术后肉体上的痛苦。例如，对于肾脏捐献者来说，虽然摘取了一个肾脏仍然可以正常生活，但免疫力在无形中受到了伤害。对于受体来说，虽然在接受手术后的短期内会面临生活质量不及预期甚至死亡的风险，但他获得了更换器官的权利，甚至能够获得生命的延续。这时，受体的受益大于供体。这种以供体付出极大代价维持的不平衡关系能得到伦理的辩护吗？

2) 器官的商品化

国家明令禁止器官买卖。首先，器官商品化会损害人的尊严。尊严是人之为人的重要依据，是神圣不可侵犯的。如果有人将自己的器官当作商品卖掉，用物衡量自己，就伤害了自己的尊严。其次，器官买卖会加剧社会的不公平。在看似"公平交易"的器官买卖中，虽然供者得到了一笔金钱，但从长远来看，这并不能改变他们的命运，甚至会因丧失工作能力而使生活更加窘迫，进而加剧社会的不平等。最后，器官买卖会损害供者自身的身体健康。一个健康的人在失去一部分组织或器官后，势必他的身体健康会受影响，甚至术后要面临一系列并发症，让其生命健康受到威胁。

虽然近年来器官移植的成功率不断提高，但器官供体短缺依旧是世界各国面临的难题。根据世界卫生组织(WHO)的统计数据，全世界每年有90%以上的器官移植手术患者因缺少器官而苦苦等待，在我国，仅有5%需要器官移植的患者能成功移植。为解决器官大量缺额的问题，人们逐渐将目光转移到了动物身上：通过某种手段将动物的活细胞、组织或器官移植进人体。但跨物种间存在的疾病传播风险、免疫排斥问题，使动物器官移植也非常困难。不过随着基因工程的发展，异种移植所面临的难题正被科学家们逐步攻克。

9.3.3　特殊器官移植中的伦理难题

1. 换头术

"换头术"也称"头颅移植手术"，是一种涉及供体生物功能保存、术中神经功能和血液循环监测，有极高的手术技巧要求的系统工程。1908年，美国芝加哥生理学家查尔斯·古斯里(Charles Guthrie)进行了第一例狗头移植。1959年，哈尔滨医科大学附属第二医院的赵士杰教授挑战狗头移植，双狗头存活了124小时，创造了国内最好的纪录，也开启了中国器官移植的先河。1970年，美国器官移植先驱罗伯特·怀特成功实施了世界首例真实版的猴子"换头手术"，将一只恒河猴的脑袋移植到了另一只猴子身上。2013年，任晓平科研团队进行了首次脑部移植的老鼠实验，并且实验结果和状况良好。但事实上，"换头术"存在很大争议，比如，如何解决人体大脑的低温保存、缺血再灌注损伤的预防问题，以及中枢神经再生的问题。此外，真正的难点不仅仅在于技术方面，更需要通过伦理关。

2. 换脸术

换脸术也称"脸部移植手术"，是指包括鼻、唇、眼睑、头发、皮肤及其表情肌、骨骼等的全脸面或部分脸面器官的同种异体间的移植，也称为异体脸面移植。2005年，法国里昂大学医院移植手术部主任让·米歇尔·杜贝尔纳德教授与亚眠大学医院伯纳德·德沃切尔教授为一名被狗咬伤脸面的女子实施了部分脸部移植手术，这是世界首例脸部移植手术。2006年4月，我国首例(世界第二例)换脸术由原第四军医大学西京医院整形外科主任郭树忠教授带队完成。此后，换脸术引起了人们的广泛关注，全世界范围内已成功开展多起换脸手术。换脸术作为一种治疗面部损伤的新兴有效方式，对提高面部损伤患者的生命尊严与生活质量有重大意义，但也面临着伦理争议。虽然异体脸面移植能够最大程度地恢复面部损伤，但是手术带来的不确定的排斥反应以及长期服用免疫抑制药的副作用都会威胁接受脸部移植手术者的身体健康和生命安全。如何公平分配异体移植的资源？面对成本与效益比的不确定性，个人和家庭应如何作出选择？这些问题也值得大家思考。

3. 异种移植

异种移植是"将器官、组织或细胞从一个物种的机体内取出，植入另一种物种的机体内的技术"。最早的异体移植发生在 1905 年，法国医生布兰斯多将兔肾切片移植到人的肾包膜下用来治疗尿毒症，但结果无效。之后，他又将兔肾移植给一个肾衰竭儿童，术后肾排尿良好，但 16 天后患儿死于肺部感染。其后，也有将猪、羊、猴的肾脏移植给人的尝试，均未成功。2010 年，南京医科大学培育出不含排斥基因的猪。2022 年，美国马里兰大学医学院的医生们，历时 7 小时，首次将一颗经过基因编辑的猪心移植到了一位患者贝内特体内。这是全球首起人类成功接受猪心脏移植的案例，是人类探索异种移植的一个重要里程碑。贝内特在术后存活了两个月。随着器官移植的广泛开展，异种移植后的结果和感染风险也存在巨大的不确定性，人体器官移植范围如何界定，安全性、社会伦理、动物权利保护等如何保障，成为异种移植技术中存在的困境。

【案例导入】器官移植仍面临供体短缺难题

2015 年 1 月起，中国宣布废除死囚器官使用，公民自愿捐献成为器官移植的唯一合法渠道。短短几年时间，在我国通过书面或网络登记进行器官捐献的志愿者人数增长迅速，仅 2016 年，就有 10 万余人登记捐献器官，同时实际捐献器官数量也明显增加。截至 2016 年底，全国累计实现逝世后器官捐献 9996 例，捐献器官 27 631 个。中国器官移植发展基金会理事长、原卫生部副部长黄洁夫说，中国器官捐献事业迎来了春天。

但器官短缺的问题在世界第一人口大国依然严重。中国器官移植数量已位列世界第二，每年实现的器官移植手术有一万多例，但现阶段的器官供需比是 1∶30。中国每百万人口的年捐献率从 2010 年的 0.03 上升到 2016 年的 2.98，位列全球第 44 位，达到国际前列还任重道远。

（素材来源：经济参考报 2017-09-01）

启发思考

(1) 器官移植面临供体短缺难题的原因有哪些？

(2) 解决器官移植难题的措施有哪些？

(3) 器官移植中存在哪些伦理问题？

案例分析

2015 年 1 月起，中国宣布废除死囚器官使用，公民自愿捐献成为器官移植的唯一合法渠道。俗话说，身体发肤，受之父母。在我国，人们对死后捐献遗体器官的看法仍受传统观念的束缚。绝大多数人觉得身体的每一部分都是灵魂所在，必须"死要全尸"。另外，不少捐献者的家人并未得到太多的社会关注和尊重，甚至接受他们器官移植的患者也不知道器官是谁捐献的。因此，公民去世后捐献器官的积极性并不是很高。捐献器官者太少，导致器官移植的数量严重不足，从而出现了一些医院和医务人员通过"假捐献"盗取死者器官、进行地下器官买卖等情况。

影响器官捐献的另一障碍是专业人员相关知识的不足。很多医院对潜在供体维护不佳，导致器官衰竭，并最终影响器官捐献的质量。在急诊、移植和神经内外科之外，很多内科医生或者基层医护人员还是"谈捐色变"，对捐献和移植的医疗效果持怀疑态度，其中既有缺乏相关知识的原因，也有在紧张医患关系下"多一事不如少一事"的担忧。此外，人才短缺问题也亟待解决。在中国器官移植发展的初期，手术只有院长或者主任级别的大夫才可以操刀。可以说，制约中国器官移植事业发展的一大因素是医疗机构服务能力不够。

任何事物都有两面性，器官捐献难免也会给人们带来一些伦理问题，如变相的器官买卖、知情同意的实现、手术的风险利益评估等问题，这也使器官捐献饱受争议，使其不光是单纯的技术问题，也涉及复杂的社会问题。这些问题的解决不仅仅关系器官移植技术本身的发展，更重要的是涉及人类和社会的发展，因此引起了各方面专家和学者的高度重视。在现实的技术水平和形势下，能够体现人类无私救助意义的器官捐献无疑是有善的价值的，如果强行禁止，显然与现实中许多人的意愿相违背。同时，我们也不能忽略在器官捐献中出现的诸多伦理困惑，更不能姑息利用器官移植行使违法犯罪的行为。让活体器官移植技术实现良性发展，不仅需要医务人员遵循普世价值观，还需要相关制定政策法规的政府部门的有力监督，更需要我们每一位公民的内心信念和社会责任感的进一步强化。

9.4　制药工程伦理

9.4.1　制药工程中的伦理问题

1. 药品研发中的伦理问题

药品研发中的伦理问题主要集中在两个方面。

1) 动物实验

药品研发过程中，常常需要进行动物实验以评估药品的安全性和有效性。这些实验往往会对动物造成不同程度的伤害，带来伦理道德上的困扰。因此，科学家们需要确保动物实验符合伦理标准，最大程度保护实验动物的生命和权益。

欧美国家动物实验进行得较早，较早提出实验动物伦理问题。国内实验动物保护意识尚淡薄，对动物福利的宣传教育和科学普及也并未做到位。在动物实验中，保护实验动物的福利，尽最大努力避免动物遭受不必要的伤害，应成为人们的自觉行为。福利伦理专业委员会连续 5 年进行的问卷调查显示，多数从业人员，还简单地认为动物福利就是不虐待动物。对如何科学地保护实验动物福利，如何进行实验动物福利的伦理审查，伦理审查中如何利用国际公认的理念、原则和新技术，需要从业人员进一步思考学习。在我国，保护实验动物福利，尊重动物生命尚未成为全部从业人员的道德共识。要使从业人员从思想上认识到应肩负起保护动物的社会责任，认识到提升实验动物的福利更有利于科研人员获得更真实可靠的实验结果，还有很长的路要走。

2) 临床试验

临床试验是评估药物治疗效果的关键步骤。在临床试验中，研究人员需要进行生命实验，这给人类伦理道德带来了挑战。药品临床试验在我国规范开展的历史不长，部分临床药物试验参加人员缺乏系统专业的培训和学习，特别是对药学试验过程中的伦理认识不足，常导致出现以下伦理问题：

一方面，知情同意不规范。知情同意书是患者表示自愿进行医疗治疗的文件证明。只有在获得书面知情同意书并备有证明文件后，才能开始临床试验。临床试验的一个基础是参与临床研究的个人完全自愿。自愿性是非常重要的，这是受试者根据自身偏好和自我意愿作出的选择。然而，在临床试验直接招募中存在一定程度的潜在强迫和冲突。受试者可能不愿意参加其主治医生进行的试验，但是他们可能会感到对其主治医生说"不"很困难，临床医生可能会发现他们的临床判断与他们将患者纳入试验的愿望相冲突。

鉴于我国目前的医疗现状，受试者对临床研究的认同性不够，知情同意的获取相对困难。部分研究者没有充分向受试者告知试验的内容，或告知不够充分明白，存在欺瞒、诱导受试者的可能；有的甚至在没得到受试者知情同意的情形下就开始试验研究；等等。临床研究试验的目的是评价药品的安全性、有效性，从而最终为人类的健康事业服务。违背人体医学研究的伦理准则进行临床试验与该试验的初衷是背道而驰的。

因此，在进行临床试验时，研究人员必须遵循伦理准则。在进行药物临床试验时，一切以患者的安全和权益保障为原则，科研人员在实际操作过程中要尊重科学，尊重药学伦理和科学伦理。保证试验对象的安全和人权。

另一方面，侵犯受试者生命和健康利益。在进行药物临床试验时，对受试者的生命和健康的考虑要优先于药物临床试验本身。在设计临床试验方案时，若发现风险明显超过患者可得到的收益，或者发生的风险难以预见并难以防范，应当取消药物临床试验。

在进行药物临床试验时，应当由获得资格准入的医务人员对受试者负责。在试验过程中这些医务人员应及时处理各种风险或意外，并将发生的意外和风险及时上报；药物临床试验负责人应及时组织讨论，制定解决措施；同时伦理委员会对上报的问题应进行讨论和再评估，只有在受试者权益能保证的情形下，才允许继续进行试验。一旦发现风险超过可能的收益，伦理委员会和临床试验人员应当停止研究。对受试者造成的伤害，要有后续的补救措施。

2. 药品生产中的伦理问题

1) 物料质量管理混乱

生物制药属于高新技术产业的范畴，这就决定它具有高技术、高投入、高风险等特征。同时，生物制药的物料具有技术性与高效性的特点，这为生物制药企业实现高收益提供保障。正因为如此，药物物料的组成成分和生物制药涉及的核心技术，是生物制药企业生存的基础。物料问题可能造成药物的临床药害事件甚至假药事件，这些会对患者的生命健康造成伤害。因此，药品生产过程中生物制药企业要重视药品质量，物料是药品质量的核心和基础，物料包括添加材料、原材料和包装材料等。物料符合药品质量管理规范，就是原材料和包装材料等符合药品质量管理规范。生物制药企业应该建立较为规范和严格的操作管理规程，严格把控物料和产品的选择、保存、运输、发放和使用过程，防止污染、交叉污染、混淆和差错。必须按照标准化的流程和工艺规程执行所有的操作，科学、规范地处理物料和产品，并保存所有的处理记录。按照严格的标准确定药品的种类和用量，不得出现任何差错，保证物料的质量安全，尽量避免物料使用失误导致的质量事故。

2) 药品生产现场质量管理违规

药品制造及其加工中非常关键的环节就是药品生产现场管理，药品生产现场管理水平的高低直接影响药品最终的质量，同时还影响生物制药企业长久的经济利益发展和持续成长的势头，更有甚者，若质量管理处理不佳，还可能造成社会波动以及安全风险。

一些生物制药企业在生产现场配备的负责生产的工作人员不充足，部分生产工人专业素养不够好，现场实际运作水平不佳，并未依据生产所需标准安排专业素养强的技术人员进行药品的生产以及质量的管控。生产一些药品的阶段中，未强制性地限定监控系统的安装以及监控标准、内容以及相关项目的设置；药品品质检查人员没有定期监控现场药品的制作过程，同时对于生产批次记录这个最紧要的流程，也没有设置专门的质量监察人员重复检查并签字确认，导致不合规的药品和中间体流入下一道流程之中，影响了生产药品的质量。此外，在药品生产现场，物料和人员出入厂区未能保持绝对的洁净，因为生产区的人员流动和物流间的必然交集，造成洁净区的污染。

如果药品生产现场没有严密的质量把控和质量管理，药品的品质根本无法得到有效保障，生物制药企业会失去立足的根本，社会公共卫生以及安全会面临非常大的威胁，所以需要高度关注并严格管控药品生产的现场。

3) 药品生产中的环境问题

生物制药企业的药物门类众多，且企业的排放物的成分非常复杂，废水的处理难度较大，造成的污染危害比较严重。生物制药工业生产各种原料药时，有的甚至需要 10 余步反应程序，使用的原材料涉及数十余种，有的甚至高达 30～40 种。原料产生的"三废"过量问题非常严峻，排放物的成分非常复杂，废水的处理难度较大。生物制药中的发酵类制药产生的废水的化学需氧量(COD)以及氨氮浓度都非常高，因而在发酵废气中，就存在比较严重的恶臭污染问题。生物制药中的提取类制药也会产生环境损害问题以及明显的生物性污染方面的隐患问题。

3. 药品流通中的伦理问题

作为关系公众身体健康的特殊商品，从业人员既需要关注药品使用的针对性，同时也要关注药品的副作用。药品生产企业的生产过程以及药品生产企业、药品营销企业、医院、药店的营销过程是商业化过程，在这些过程中必须注意药品的特殊性。

1) 药品促销引发药品安全问题

目前我国药品促销的主要手段有三个，一个是由药品生产企业或药品代理商的医药代表就某一药品的研发情况、药理作用、临床效果、不良反应、使用方法等向医生宣传，促使医生合理使用该药物，实现销售。另外两个是药品生产企业或代理商通过广告宣传或网络销售等方式，带动消费者去药店或者网上购买药品。后两种促销手段有分布范围广、促销方式隐蔽、辐射力强的特点，一旦出现违法违规营销，会带来严重的药品安全问题。下面具体介绍这三个手段中的违法违规问题。

(1) 医药促销领域的商业贿赂。药品营销领域中的贿赂问题对我国医药事业发展所造成的危害是显而易见的。它使医药企业之间的竞争不再是公平的竞争，而是贿赂、关系网和人情竞争，对整个行业的发展是灾难性的。药品营销领域中的贿赂问题造成了药品虚高定价情况，形成了高定价、高回扣的现象，加重了国家和人民群众的负担，一直被认为是引发老百姓"看病贵"的最主要原因。同时，药品营销领域中的贿赂问题也导致了药品不合理、过度使用，加重了药品不良反应等药品安全问题的出现。药品营销领域中的商业贿赂严重违背了药学伦理道德和商业伦理道德，受到广大群众的非议。

(2) 药品虚假广告的道德缺失。药品是关乎人民身体健康、生命安全的特殊商品，因此，药品广告形式的合法性及内容的真实性显得尤为重要。不少患者缺少对虚假广告的识别能力，虚高定价、夸大疗效的药品给消费者带来健康和经济上的危害和损失。药品虚假广告的道德缺失是造成违法医疗泛滥的主要原因之一。广告道德问题的出现与网络广告主或广告商自身的道德素质水平较低有密切的关系，有些广告主在发布广告时只考虑自身利益，片面追求利润最大化，缺乏道德意识，缺乏社会责任心。

(3) 药品网络销售假药。随着网络的普及，网购药物改变了传统的医患用药的模式，网络本身具有很强的隐蔽性，有些不法分子利用网络销售假药。这些人为逃避药监部门监管，利用网络制售假药的手段渐趋隐蔽和狡猾，有的假药的联系地址和电话往往并不存在，有的假药在城镇民宅、农村边远地区制造，这都加大了查处难度。此外，消费者对药品的认知不足，一些患者不听医嘱，选择自行用药。这些进一步促进了"网上药店"的盛行。网上销售药品给药品生产商和销售商带来了可观的社会效益和经济效益，假药销售网站选择和网络搜索服务商合作看中的正是这一点。一些违法分子利用网络销售假药屡屡得逞，还利用了搜索公司的竞价排名制度——谁出钱多就将谁的信息排在搜索结果的前列，这也促成假药横行网络。

2) 药品价格引发药品安全问题

我国医药生产企业规模小、产业集中度低，缺少具有核心竞争力的药品，普药重复生产严重。医药商业集中度低，药品零售连锁规模小，药品营销费用(包括药品提成、回扣)比例高。医药企业竞争加剧，有时，药品市场竞争比拼的不是药品质量和药品的疗效和稀缺性，却是药品价格和药品营销费用的比例。

生产企业在比拼价格的过程中，加大了对成本的控制，部分企业甚至不惜一切代价降成本，比如，药品原料以次充好，减少必需的生产工艺环节，更有甚者不惜生产假药、劣药。药品比拼价格引发无序竞争，药品价格降低通常是以牺牲药品质量为代价的，最终的结果是药品安全风险被无限放大。在药品比拼价格的过程中，药品的推销费用提高伴随着高比率的药品提成、药品回扣等，进入老百姓手中的药品价格往往"虚高"，导致老百姓必须承受高额的药品费用，加剧"看病贵"现象，成为影响社会安定的一个因素。

3) 药品零售终端引发药品安全问题

在我国，药品进入老百姓手中的零售终端通常是医院和药店。药品是一种特殊类商品，药品的消费者对药品具有低选择性，即老百姓了解的药品信息与药品零售终端所掌握的药品信息不对等。老百姓对药品的自主选择权低，主要依靠医院医师的处方和药店销售人员的介绍。药品不仅具有与人类生命和健康直接相关联的特殊属性，同时还具有双重作用，即任何药品均有毒、副作用。药品使用得当、管理有方可以治病救人，造福人类；而药品使用不当、管理缺失会损害健康，甚至危及生命。药品零售终端若不能向患者正确宣传药品的信息，指导患者合理地选用药物，也容易引发药品安全问题。

4. 药品回收中的伦理问题

目前，国内的过期药品都是不可再回收利用的，但是，由于过期药品会给人体以及环境带来明显危害，部分地区先后开始回收过期药品工作。不过，药店和生物制药企业并非回收过期药品的主体。大多数的生物制药企业认为，回收过期药品需要支付的成本太高，而回收的过期药品只能直接销毁，对于药厂而言，本身无利可图，在这种情况下，愿意主动回收过期药品的企业并不多，这造成药品回收环节缺失的现状。

9.4.2　医药企业的社会责任制约因素

1. 创新力不足制约社会责任感的发扬

在 2015 年医药政策改革之前，由于技术和资金等因素的制约，加之我国往年多以仿制为主进行新药研究开发，我国的创新药制备能力与国际药品研发大国存在较大差距；虽然近几年，我国在医药方面进行了深化改革，但新靶点、新机制的创新药仍显不足，对于 80% 的遗传性罕见病，尚无自主研发的创新药。

虽然医药企业社会责任的履行对其技术创新和企业绩效有正向影响，但企业在资源有限的条件下，倾向于减少社会责任的履行。在一些罕见病药物并未纳入医保的情况下，罕见病药品的研发挑战大、费用高而消费市场狭窄是客观事实。

2. 企业获取信息不对称

由于医药行业具有研发成本高、潜在风险大的特点，企业不仅要及时了解国家政策，还应在政府部门的定价原则、技术原则等方面有强烈的交流意愿，对规定不清、规定与实操不一致等问题，应及时反馈并促使其完善。在医保问题上，对价格昂贵的罕见病用药，虽然有些省份推出阶段性的、部分的解决办法，但仍处于探索性和尝试性的阶段，存在准入原则与路径尚不清晰等问题。企业存在"摸着石头过河"作决策的现象。

3. 企业对发扬社会责任缺乏认知

国内企业对社会责任工作的理解和认识还不够深入，缺乏相应的企业责任组织管理体系和推动力度。事实上，企业责任感的发挥能够促进企业内部形成良好氛围，加强企业创新能力和社会公信力，继而帮助企业得到政府的关注和支持，吸引更多优秀人才，促进企业的长久发展。然而，虽然罕见病治疗手段不断进步，但治疗罕见病的药物多为进口产品，较少出现国有企业自主研发罕见病药物的实例，也较少存在以罕见病产品为龙头的本土企业。

9.4.3　应对制药工程伦理问题的策略

1. 强化企业的伦理责任意识

加强企业责任感，是应对制药工程伦理问题的重要举措。只有从企业内部树立起负责任的意识，才能从根本上遏制其伦理责任缺失的情况。

医药企业最重要的责任是对消费者负责，也就是说，要对用药的人负责。具体而言，应负起以下责任：① 医药产品质量责任。医药企业既要在生产质量方面严格把关，也要在研发时保持严谨，此外，在售后方面也要进行监管。② 产品价格责任。医药企业在进行药品研发的时候，要选择平价的材料，最终定价也应合情合理，切不能漫天要价。③ 产品信息责任。企业有责任向社会提供真实医药信息，消费者应该享有一定的知情权。④ 产品结构方面的责任。在产品结构方面，企业也要有社会责任意识，生产多少产品，应该根据市场需求情况来定，而对于产品的成分选择，也应该选择平价材料或容易获得的材料，保障社会供应。不仅应做到节约社会资源，而且应该为患者考虑，尽量让患者都买得起药，让企业实现社会价值。

生物制药企业的类型多种多样，规模不大，排放物包含大量的有害成分，对废水进行处理比较困难，会对环境产生巨大的不利影响。在此条件下，企业须自觉做好生态环保工作，承担起相应的责任。

强化生物制药企业的伦理责任意识，具体来说，可以从以下三个层面入手。首先，对于企业应承担的伦理责任，应加大教育和宣传，让每个生物制药企业的领导乃至每个员工树立自觉履行伦理责任的意识，将其内化于心。其次，生物制药企业应将履行伦理责任融入企业文化，在日常的生产销售过程中，在让员工了解并认可企业文化的同时，也鼓励企业学习应承担的伦理责任，并将其融入每一天的工作中。最后，行业内部应制定相应的生物制药企业伦理责任规范，并在行业内广泛宣传，通过编写制药企业伦理责任规范书并签字的方式，让这一规范成为行业内认可的约束，从而有效减少生物制药企业伦理责任失范的行为。

2. 强化政府生产规划执法力度

政府各部门须加大生产规划执法力度，对安全风险予以全面的防控，构建严格、完善的监督管理机制，制定严格的监督管理标准，对药品质量及安全予以保障。将生物制药企业考核纳入经济社会发展考核评价体系，既要对经济规模质量效益、废弃物排放达标率进行定量指标考核，又要将重特大事故等纳入考核内容。对各项量化分数按权重计算结果，并将考核评价结果作为科学评价企业和对其施加奖惩的重要依据。将不履行社会伦理责任或者存在伦理责任失范的生物制药企业的信息和行为计入企业诚信档案，并及时向社会公布失信企业的名单。对于长期失信的企业，可以依据相应的规定取消其银行信贷资格。情节严重者，应给予罚款、限产停产等处罚措施。对构成犯罪的，依法追究刑事责任。

建立健全法律体系，成立专业检测部门，形成企业生产运输回收过程的全方位监测。在法律层面对生物制药产品进行全方位监督管理。不管是新药品的研究开发、审核批准，还是原料采购、运输等流程，均通过立法的方式进行约束，同时严格进行监督管理。若公司没有遵循有关法律政策，则严厉进行处罚，以此确保公司在药品安全方面勇于承责。此外，对于药品监督管理行政机构，通过制度的方式对其权力进行约束，并强化监督。

在医疗垃圾处理方面，结合我国现行法律政策，以医疗废弃物为主要对象，构建涵盖其产生、处置全过程的监管机制，对医疗废弃物的收集、运输、存储、监管等在不同时期、不同环节、不同机构的义务与责任予以明确。此外，对于医疗废弃物处置，处理后出现的残渣、废气等污染，对其进行减量化、无害化处置等工作，全面进行监督管理。

3. 强化民众和媒体监督制度

解决制药工程中的伦理问题，不仅需要企业自身的坚持和政府的制度施压，也需要民众和媒体的合力监督。

(1) 消费者须不断增强安全保护意识，加大对药企的监督力度。消费者可借助移动设备、媒体等力量，对有关药品事件予以重视；对不诚信药企的一些药品，消费者可形成团体，全面维护其合法权益；对于药品存在的问题，采取投诉、曝光等手段对药企进行监督。

(2) 企业、社会组织须不断加大宣教力度，提升广大民众维权的意识。加大药品安全教育力度，在出现药品不良反应事件时，企业、社会组织可协助消费者第一时间结合实际进行维权。

(3) 政府机构在制定药品安全监督管理有关规定时，应全面听取民众的看法，全面推行听证制度，且在药品安全预警方面，采取多种多样的途径发布信息，建立信息查询平台，尽可能通过互联网、广播等一系列传播手段将相关信息对外公布，提供举报平台。

(4) 新闻媒体应做好生产制药公司的监督工作，促进药企自觉承担社会责任。新闻媒体通过切合实际的、大胆的、公正的新闻报道，对生物制药公司的医药污染、假冒伪劣产品的生产销售等与社会责任不相符的不良行为进行曝光，在舆论上对该类公司予以约束。对认真履行社会责任的药企，新闻媒体应加大宣传力度，将正能量散播到社会各个角落。对没有承担相应社会责任的药企，新闻媒体可采取强化舆论监督的方式，强制要求其对不良行为进行纠正处理。此外，媒体应对政府机构及有关行业机构进行督促，推动相关部门严肃处理药企的不良行为。

【案例导入】中国诞生世界首例基因编辑婴儿引争议

2018 年 11 月 26 日，中国深圳南方科技大学的贺建奎团队，在第二届国际人类基因组编辑峰会召开的前一日突然宣布，一对名为露露和娜娜的基因编辑婴儿已经于 11 月在中国健康诞生，消息发出后引发全球学界震动。

这对双胞胎的一个基因经过修改，使她们一出生便能抵御艾滋病。这是世界首例免疫艾滋病的基因编辑婴儿，也意味着中国将基因编辑技术用于疾病预防领域实现历史性突破。

在这次的研究中，贺建奎团队首先通过人类辅助生殖技术实现体外受精和胚胎培养，随后采用 CRISPR-Cas9 基因编辑技术对受精卵的 CCR5 基因进行基因编辑。CCR5 是 G 蛋白偶联因子超家族(GPCR)成员的细胞膜蛋白，是 HIV-1 入侵机体细胞的主要辅助受体之一，该基因广泛表达于白细胞表面，与体内免疫息息相关。

科学家对此表现出顾虑与担忧，对人类胚胎的基因编辑可能带来重大风险，包括引入未知突变疾病的风险。

✎ 启发思考

(1) 何种情况下可对病人采取新技术进行治疗？

(2) 哪些疾病治疗新技术是合理且合法的？

(3) 新技术从基础研究到具体应用，应该经历怎样的过程？

(4) 我们应从贺建奎事件吸取什么教训，以防止未来出现类似的事件？

✎ 案例分析

人类胚胎基因编辑技术是一项具有巨大应用前景的高新技术，未来随着该技术的发展，可以治疗人类各种烈性遗传病和传染病。但是，目前将该技术应用于临床治疗上还为时尚早，存在暂时无法解决的技术风险问题。

第一，导致新基因疾病。人类胚胎基因编辑存在的脱靶效应，可能会对非靶位点位置产生切割效应。由于目前的技术还不成熟，靶向率低而脱靶突变率高，一旦将未发现的脱靶胚胎细胞植入母体子宫发育，可能会引发母体后代不可逆的医源性疾病，甚至导致畸形胎儿的出现，且更为突出的问题是这种疾病还是基因遗传病。在此基因编辑事件中，双胞胎婴儿被切除的 CCR5 基因，已经被实验证实会造成免疫缺陷、易感其他病毒，容易引发心血管疾病和肿瘤。

第二，出现定制婴儿。人类胚胎基因编辑技术可以用于基因治疗，人们也会要求利用该技术定制婴儿。在将来，定制的婴儿可能会意识到，自己不过就跟转基因食品一样，是被先天决定的，是被科学家"半制造"出来的，没有了作为人的优越感和自豪感，甚至也可能没有了奋斗的激情，生活的乐趣也将大大减弱，他们的结局将无法想象。对定制婴儿的追逐，势必会造成商业上的非法滥用，引发更大的医学伦理和社会不公问题，增加全社会的不稳定因素。

第三，破坏人类基因库。编辑人类胚胎可能会把有害的基因导入人类基因库，对整个人类的健康甚至生死存亡造成巨大的潜在威胁。目前，人们无法预测人类胚胎基因编辑技术的安全性，一旦编辑后的基因进入人类基因库，其影响将是无限制的和不可逆转的。如果基因改造过程中出现遗传信息丢失，进而出现遗传变异，这对整个人类来说风险巨大。

此外，人类胚胎没有思想意识，不能知情同意科研人员或医生编辑自己的基因，因此人类胚胎基因编辑存在权利由谁行使和责任由谁承担的问题。人类胚胎基因编辑技术的应用也会导致人类社会的不平等。不管是基因治疗还是基因增强，都需要昂贵的医疗费用，不是每个人都能享受的。而哪些人的后代能够获得基因编辑，这将会带来突出的社会不平等问题。

面对基因编辑技术，医学研究者应遵循不伤害原则、有利原则、尊重原则和平等与公正原则。降低科研动机的功利性，尊重客观事实，实事求是，合理竞争。

思 考 与 讨 论

1. 以某一项生物医药工程技术为例，讨论它在设计和实施中存在哪些突出的伦理问题，诱因是什么？

2. 生物医药工程领域，药物增强的伦理准则有哪些？

3. 基因编辑是福音还是祸源？以基因编辑技术为代表的前沿生命科技存在哪些道德伦理难题？

本 章 小 结

随着生物医药工程技术的发展与日渐成熟，以药物增强、基因编辑技术、器官移植为代表的前沿生命科技，在给人类生活、健康等方面带来福祉的同时，也引发了诸多复杂的伦理问题与风险。面对各个工程领域的伦理与风险问题，相关研究人员、机构既要遵守相关伦理原则，又要承担起相应的伦理与道德责任，保证各项技术安全实施。

本章参考文献

[1] 邱仁宗. 人类增强的哲学和伦理学问题[J]. 哲学动态，2008，(2) ：33-39.

[2] ELLIOTT R，SAHAKIAN B J，MATTHEWS K，等. Effects of methylphenidate on Spatial Working Memory and Planning in Healthy Young Adults[J]. Psychopharmacology，1997，131(02)：196-206.

[3] TURNER D C，ROBBINS T W，CLARK L，等. Cognitive-Enhancing Effects of Modafinil in Health Volunteers[J]. Psychopharmacology(Berl.)，2003，165(3)：260-269.

[4] SAVULESCU J，SANDBERG A. Neuroenhancement of Love and Marriage：The Chemicals Between Us[J]. Neuroethics，2008，1(1)：31-44.

[5] 恩格尔哈特 H T. 生命伦理学基础[M]. 范瑞平，译. 北京：北京大学出版社，2006.

[6] 联合国. 世界人权宣言[Z]. 1948-12-10.

[7] 邱仁宗. 生命伦理学[M]. 北京：中国人民大学出版社，2020.

[8] 刘朵. 认知增强药物的伦理问题研究[D]. 郑州：中原工学院，2022.

[9] KESSLER D A. The Regulation of Investigation Drugs[J]. New England Journal of Medicine，1989，320(5)：281-288.

[10]　王坚. 2010 世界制造业重点行业发展动态[M]. 上海：上海科学技术文献出版社，2011.

[11]　国务院办公厅. 国务院办公厅关于印发科学数据管理办法的通知 [EB/OL]. (2018-04-02)https://www.gov.cn/zhengce/zhengceku/ 2018-04/02/ content_5279272.htm.

[12]　GOOZNER M. Conflict of Interest in Medical Research，Education，and Practice [J].Environmental Health Perspectives，2010，118(2) ：A92.

[13]　马克思，恩格斯. 马克思恩格斯选集(第一卷) [M]. 北京：人民出版社，2012.

[14]　黑格尔. 法哲学原理[M]. 北京：商务印书馆，1961.

[15]　黑格尔. 美学(第一卷)[M]. 北京：商务印书馆，1997.

[16]　拜尔茨. 基因伦理学[M]. 北京：华夏出版社，2000.

[17]　陶应时，王国豫. 人类胚胎基因编辑技术的伦理考究：基于人的完整性视域[J]. 科学技术哲学研究，2019，36(01)：77-82.

[18]　徐莎. 基因增强技术的伦理问题探究[D]. 天津：天津医科大学，2016.

[19]　周辅成. 西方伦理学名著选辑[M]. 北京：商务印书馆，1996：372.

[20]　EDELSTEIN M L，ABEDI M R，WIXON I. Gene Therapy Clinical Trials Worldwide to 2007:An Update[J].Journal of Gene Medicine，2010，9(10): 833-842.

[21]　CAVAZZANA-CALVO M，HACEIN-BEY S，GROSS F，等. Gene Therapy of Human Severe Combined Immunodeficiency(SCID)-X1 Disease[J].Science，2000，288(5466)：669-672.

[22]　陈忠华. 人类器官移植供体来源的发展历程[J]. 中华移植杂志(电子版)，2009(4)：264-267.

[23]　史峻诚. 揭秘另类手术：百年"换头"史 [EB/OL]. (2015-11-17)[2017-06-26]. http://news.youth.cn/gj/20151117_7219135.htm.

[24]　马恬，芦笛，韩岩. 我国首例异体颜面复合组织移植[J]. 中国美容整形外科杂志，2019，30(10)：573-576.

[25]　雷瑞鹏. 异种移植：哲学反思与伦理问题[M]. 北京：人民出版社，2015.

[26]　张田勘. 猪心移植给人，是个重要的里程碑[EB/OL]. [2022-01-13]. https://m.gmw.cn/baijia/2022-01/13/35446355.html.

[27]　王红倩，张峥. 企业社会责任履行对医药行业技术创新影响研究[J]. 技术与创新管理，2016，37(2) ：198-203.

[28]　张晔，王翔宇. 从罕见病行业发展看医药企业社会责任及政府激励作用[J]. 医学与哲学，2021，42(04)：9-14.

[29]　徐晓腾，李利，戴伟. 疫苗临床试验的几点思考[J]. 世界最新医学信息文摘，2018，18(A0)：327.

[30]　蒲强，罗嘉，沈林圆，等. CRISPR/Cas9 基因组编辑技术的研究进展及其应用[J]. 中国生物工程杂志，2015，35(11)：77-84.

第 10 章 信息与大数据技术的伦理问题

【影片导入】《圆圈》剧情概要

　　《圆圈》(*The Circle*, 2017)影片中，梅·霍兰德有一份人人羡慕的工作——在全球最厉害的 IT 公司"圆圈"上班。但在这种貌似光鲜的工作之下，员工必须同意公司收集他们的个人信息。同时，该公司也在秘密收集用户的个人数据和隐私，以牟得暴利。公司的核心价值理念是"信息全透明"，倡导在线真实身份的全开放透明生态。公司通过一个成本极低、可以实时把 4K 画质图像上传到见证平台的摄像机，随时随地地直播生活，并将人们的所有社交账号整合到一起，提供社交、搜索、电子邮件、即时通信、购物等一站式的服务。

　　梅·霍兰德按照工作安排主动带上了一个摄像头，她成为第一个毫无保留地与世界分享自己生活的人。因为摄像头，梅父母的私生活展现在世界所有人的面前，他们责怪梅，并且很久都不与她见面。梅的好朋友亚瑟曾经送给梅的父母一个鹿角挂灯，梅觉得好看就拍照分享在了互联网上，有人便出来指责她射杀动物。其实那个吊灯是用木头做的，只是因为手艺太好过于逼真才被误认。然而网友都处于正义的狂欢中，没有人在意她的解释。亚瑟去公司找到梅，想让她放弃这里的工作，但是梅不愿意，他们之间的谈话还被一群人围观拍摄并发布。亚瑟一气之下离开梅的公司去了远方，他不想让自己毫无隐私地暴露在世人面前，被人评头论足，所以面对这么一群人，他只有不停地向前跑，最后造成事故，就此身亡。经历过一系列事情，梅意识到了每个人需要有自己的隐私，就像需要衣服蔽体一样。影片最后梅提醒守在大屏幕之前的员工：我们希望自己生活在云端之上，但是只有领导我们的人生活在那里。

　　在大数据时代，除了圆圈这样的公司，众多互联网新创企业同样依赖个人网络行为的海量数据，它们对这些数据进行技术处理后，向个人用户推出即时的、与地理位置相关的各式各样的"私人定制"服务。在这些"大数据"背后，我们不禁要问：其获取是否有明确的授权？其存储和使用是否安全？其应用是否平等、惠民？这些问题揭示了信息技术尤其是大数据创新正面临诸多新的伦理问题。

请大家思考如下问题：

(1) 以牺牲部分个人隐私换取提升整个社会生活质量的公共政策和商业创新是否正当？

(2) 大数据的物理架构和管控模式是否会进一步集中信息安全风险进而引发高度集中的社会风险？

学习目标

(1) 理解信息与大数据应用中的伦理问题及成因。

(2) 能分析信息与大数据技术带来的具体伦理问题(如信息隐私、信息安全等)。

(3) 掌握应对信息与大数据伦理问题的方法。

10.1　信息与大数据技术概述

10.1.1　信息与大数据技术的概念和特征

什么是信息与大数据？大致可以从两个层面理解，第一个层面，可以从字面上理解，从规模上其体现了庞大到无法衡量和预计的信息数据，也可以从传统意义上的尺度来看，其涉及的信息数据无法进行简单的度量且需要更新工具才能够把握和运用；第二个层面，从本质内涵来看，信息与大数据背后所附带的价值是难以估量且巨大的，从社会、政治、科技等全方面对人类产生影响，甚至影响人类对世界进行思考的方式，即形成一种数据化的世界观。

信息与大数据技术的快速发展，推动数据呈现出"4V"特征，即体量(Volume，数据体量大)、速度(Velocity，数据处理快)、多样化(Variety，数据多样化)、价值(Value，数据的经济有效性)。信息与大数据蕴含的信息价值成为 21 世纪的"新石油"，被各国政府视为一项重要的战略资源，也是当前世界各国综合国力的象征，正在以前所未有的方式被人们挖掘、开发和利用。然而，信息与大数据技术是一把双刃剑，它给个人、社会和国家带来福祉的同时，也进一步加剧了信息隐私、信息安全、信息污染、信息异化、信息鸿沟等伦理问题。

10.1.2　信息与大数据技术的发展及社会影响

大数据是从数和量上不断演化形成的，是对一般数据的延伸和扩张，是信息技术的必然产物，并且具有数据量大和数据结构复杂等特性。关于大数据的发展过程，国际上，图灵获奖者、著名数据库专家 Jim Gray 1998 年从学术权威的角度阐述了数据在未来发展中的定位及方向，提出了科学研究的第四范式，它是以大数据为基础的数据密集型科学研究。*Nature* 2008 年出的关于大数据的专刊，在学术界引起关注和探讨。在国内，2012 年，"大数据"这一事物引起国人的广泛关注，"大数据"的内涵和大数据技术开始被国人知晓并广泛传播和利用，众多行业参与其中，同时也引起政府和相关部门的高度重视，通信和计算机等行业的相关机构也先后组建了大数据分析应用的相关机构。

随着大数据的广泛应用和飞速发展，以及智能设备的广泛使用，大数据对社会各方面都产生了重大影响。首先，大数据从多个方面改善了人们生活水平。其次，大数据助力产业发展。大数据能通过对海量数据收集、整理、整合、分析、交换，从海量数据中提取并整合出新的信息、新的知识，从而产生新的价值。大数据迅猛发展会对数据的存储、管理、处理技术提出更高要求，大数据已经渗透到社会各行各业，正是如此，更加要求大数据企业创新能力、精准管理、加大研发，以适应大数据市场的变化。各行各业也能够通过大数据准确掌握市场情况，推动其他产业的发展。最后，大数据可提升政府社会管理能力。大数据促进人与人之间、物与物之间、人与物之间的交流，交流的过程又推动了数据的共享。社会管理、城市交通、医疗等随着大数据发展，越来越智能化和数据化。同时随着需求增多，更加需要政府有更强的社会管理能力，合理规划和分配信息资源，提高管理效率，提高综合服务水平，促进各行各业更加规范使用大数据。

【案例导入】"数字伙伴计划"助力上海老年人跨越"数字鸿沟"

"数字伙伴计划"秉持"弥合数字鸿沟，共建人民城市"的愿景与目标，在 7 月 8 日的 2021 年世界人工智能大会开幕式上正式发布，针对数字化程度不同的老人，开展三种不同方式的数字助老行动："随行伙伴"计划，围绕交通、医疗、金融、文娱、政务办事等与老年人日常生活密切相关的领域，立足老年人、残疾人的实际生活体验，丰富满足其需求的政务移动互联网应用(APP、公众号、小程序)的种类和功能；"智能伙伴"计划，倡导设备厂商研发更多适老化产品，让智能设备更智慧，为老年群体等提供可触、可感、可及的适老化、个性化的产品服务；"互助伙伴"计划，支持上海智慧城市发展研究院等相关社会机构和公益组织引入专业技术服务资源，开设针对老年人的数字化产品使用培训班、兴趣班等，手把手地指导老年人使用数字化产品。

根据第七次全国人口普查的结果，中国 60 岁及以上的老年人超过 2.6 亿。随着中国社会迈入新的阶段，中国的人口老龄化也在不断推进，跨越"数字鸿沟"是时代命题，也是城市数字化转型的全新课题。老年群体在使用新媒体的过程中遇到的困难主要有操作困难，网络用语看不懂、不理解，学习能力减弱，记忆力不好，等等。究其原因，主要源于老年群体的媒介参与缺乏广度和深度，以至于逐渐被边缘化，面临严重的数字融入困境，进而形成了"数字鸿沟"。如今，数字化技术不断更迭，未来的新媒体应用种类会更加多样，想要真正弥合"数字鸿沟"，需要全社会的共同努力，形成从媒体到企业、从社会到家庭齐谋划、共参与的良好合作模式，帮助老年群体完成从"数字难民"到"数字新移民"的转变，实现以人为本的数字包容。

启发思考

(1) 数字时代老年人被加速边缘化的原因是什么？

(2) "数字鸿沟"会被彻底消除吗？

(3) 数字时代，我们该如何以人性化、精细化的社会治理让每一个人方便、安全、有尊严地生活？

案例分析

在中国，数字化浪潮兴起的同时，恰逢一场即将到来的老龄化浪潮。让智能技术的发展与老龄化社会的需求协调，让老年人共享社会治理成果，首先要找出阻碍老年人跨越数字鸿沟的障碍。忽视老年人需求，是数字时代老年人被加速边缘化的原因之一。由于对网上操作流程不熟悉，部分老年人无法使用外卖送餐到家、网购送货上门等贴近老年人生活特性的服务。其次，老年人对新技术的恐惧心理也是造成数字鸿沟的重要原因。部分老年人由于担心手机丢失，不放心将钱存入手机银行，外出购物仍采用现金支付的方式。虽然手机应用给人的生活带来便利，但对于大部分老年人来说，财富的安全问题才是首要问题。

要彻底消除数字鸿沟仍存在挑战，但通过政策支持、技术创新、教育普及和基础设施建设等多方共同努力，我们可以逐步缩小数字鸿沟，促进信息技术在不同群体之间的普及和应用。

在信息技术开发领域，政府、企业和社会组织可以推动政策支持、资金投入和技术研发，以促进信息技术在不同地区、不同社会群体之间的普及和应用。比如，在信息技术应用领域通过教育、培训和实践活动，提高人们的数字技能，缩小数字鸿沟；降低网络费用，提高网络覆盖范围和质量，特别是对于农村和偏远地区，这也是消除数字鸿沟的重要措施；特别关注老年人、残疾人等特殊群体，提供适应他们需求的技术产品和解决方案，使其更好地融入数字时代。

10.2 信息与大数据技术应用中的伦理问题类型

10.2.1 隐私安全问题

一般而言，隐私权是指自然人享有的私人生活与私人信息秘密依法受到保护，不被他人非法侵扰、知悉、收集、利用和公开的一种人格权，但以互联网、大数据、物联网、云计算为基础的人工智能对隐私权等基本人权带来了前所未有的威胁。除了人脸识别技术威胁隐私权以外，在个人信息采集、各种安全检查过程中，例如在机场、车站、码头等常见的全息扫描三维成像安检过程中，乘客的身体信息乃至隐私性特征被"一览无余"，隐私的泄露、公开往往令当事人陷入尴尬境地，并常常引发各种纠纷。云计算将个人的学习和工作经历、网络浏览记录、聊天内容、出行记录、医疗记录、银行账户、购物记录这些看似没有什么关联的数据整合在一起，就可能"算出"一个人的性格特征、行为习性、生活轨迹、消费心理、兴趣爱好等，甚至"读出"令人难以启齿的身体缺陷、既往病史、犯罪前科、惨痛经历等"秘密"。可以说，人工智能系统往往比我们自己还了解自己，存储着我们及我们的交往对象的全部历史，知悉我们嗜好什么、厌恶什么、欲求什么、排斥什么、赞成什么、反对什么……

随着网络传播技术和大数据时代的到来，公民的隐私面临着巨大的挑战，信息技术的发展无疑进一步加剧了个人隐私权利被侵害的危险。然而，应该依据什么样的伦理原则和道德规范采集、存储和使用个人信息？如何协调个人隐私与社会监督之间的矛盾，避免演变为尖锐的社会伦理冲突？这些没有确定答案的问题，对人工智能社会的伦理秩序构成了威胁。

任何一种新兴技术的出现都是一把"双刃剑"，人工智能也如此，公民的隐私面临着巨大的挑战，个人隐私权利随时面临被侵害的危险。这催生出的一系列问题对于我们正确识别和规制人工智能安全风险有重要借鉴意义。请思考：在现实生活中，你是否会主动开启人脸移动支付、人脸识别锁屏？

10.2.2　数字身份困境

身份是一组属性，它可以界定一个人是谁，他具有什么样的特征，归属哪类。身份包括社会身份(学生、老师和朋友)、合法身份(身份证、出生证明)和物理身份(DNA、外貌)。"数字身份"一词是随着信息与大数据技术的发展而产生的，它指的是人们在互联网上使用的身份，也被称为"在线身份"。这是一个在互联网领域非常流行的概念，可以用来描述一个人的数据集，也是关于一个人所有数据信息的总和。在一项新的研究中，麦肯锡全球研究所通过一个框架了解到用户数字身份存在的巨大经济价值和创造潜力，对于一个典型的成熟经济体或新兴经济体来说，充分利用数字身份将为社会创造 3%～6%的经济价值。在宏观层面上，数字身份也将带来政治效益和经济效益，其对国家的影响是其他方面无法比拟的。

然而，随着信息与大数据技术的发展，个人数字身份不仅给人们生活带来方便，也会引发部分伦理问题。数字身份盗窃是利用现代信息技术和数据信息资源进行的一种非法身份盗窃。从数字身份盗窃的信息载体的角度来看，数字身份盗窃是指通过非法的途径，擅自使用、占用、交易和伪造数字身份信息、文件和标志，包括在世人的数字身份甚至已故人的数字身份，其目的是"非法牟利或非法逃避义务和责任"。在我们的日常生活中，很容易发生通过网络钓鱼、流行的木马病毒或者黑客技术进行盗窃，以及利用恶意软件在后台非法收集用户的个人数据等个人数字身份被严重盗用的事件。

10.2.3　信息污染问题

信息污染是指在信息活动中混入有害性、误导性和无用的信息元素，它是信息生态系统运转中产生的负效应。大数据时代，由于信息量激增，在信息采集和利用过程中发生信息污染的概率大大增加。信息污染主要以三种形式呈现，即信息骚扰、有害信息污染和违反道德伦常信息侵扰。

信息骚扰主要是指将一些无用的或者毫无价值的信息传播给用户，占用网络空间的同时也造成信息传输受阻。大数据时代，信息泛滥成灾，一些过时而失去价值的信息总是无孔不入，对用户的正常活动中的信息获取带来不良影响，比如，用户时常受到"短信炸弹"的骚扰。保险公司在做广告时，没有做到精准投放，不间断随机推送营销短信、电话和邮件，对于没有购买保险需求的用户来说，这种推送已经构成信息骚扰。有害信息污染主要指发送破坏社会秩序的违法信息。例如，通过网络编造和散布虚假、恐怖信息，扰乱正常的信息秩序，给广大信息受众造成心理恐慌甚至经济损失。违反道德伦常信息侵扰主要指发布违反公共伦理道德和人伦纲常的、具有潜在危害的信息，例如：散布网络暴力信息，发布丑化英雄和烈士、对其进行恶搞的信息等等，从而造成信息污染。

10.2.4　数据异化问题

我们讨论的所谓"异化"，是指人被其生产的劳动产品所支配，劳动对象沦为商品，劳动不再凝结人的本质，物的关系支配人，这种物对人的统治就是"异化"。数据异化是指信息生产者和使用者因对信息过分依赖和盲目崇拜而丧失信息活动的主体地位，成为依赖和崇拜信息的奴隶。大数据技术的推动和人工智能设备的应用，使人们在面对海量信息时丧失创造性、智慧和个性。人是信息的生产者和使用者，信息最终的价值指向是人的生存与发展，因此，人作为信息的驾驭者，这才是人的信息主体地位的体现。然而，随着人工智能技术的发展，物质条件越来越丰盈，人越来越沉醉于智能技术带来的舒适环境与各种智能服务体验，人的自我实践能力衰减，生活方式发生变化，人变得颓废、堕落本来完善的人的主体性也产生畸变与异化现象。表面上物质充裕、丰富多彩的生活却因失去自我价值实现的本性与初衷而变得空虚与无奈。人类被技术奴役的现象日益凸显，个体在复杂智能技术面前的渺小感、无助感和绝望感油然滋长。智能技术挤压人的个性化发展，迫使人沦为科技的工具，削弱人的社会责任感，无论对人自身还是对整个社会都危害极深。

在现实生活中，沉迷于网络游戏、甘愿成为"低头族"或者因担心信息量太少而盲目下载资料等行为都是数据异化的表现。身处于大数据信息时代的我们，不能成为数据的"傀儡"，在从传统的经济理性转向新时代数字理性的过程中，应重塑一种新的数字时代存在方式。这也是数字时代的新人类去寻找通向未来社会的路径的一种方式。

10.2.5　数据鸿沟问题

数据鸿沟，也被称作"信息鸿沟"，这一概念于 1996 年由美国前副总统阿尔·戈尔最先提出，意指"信息富有者与信息不足者之间的差距"。大数据技术的迅猛发展和人工智能设备的广泛应用，导致信息鸿沟问题愈加突出。在大数据时代，不同群体和个体在信息技术的拥有程度和应用程度等方面的差异，导致一些群体和个体能轻易获取和利用大数据资源，而另一些群体和个体则很难占有和利用大数据资源，造成信息鸿沟。例如在信息资源的全球配置中，发达国家与发展中国家出现极其严重的信息不对称；在国家内部，不同性别、群体、阶级和地区等在占有和利用信息资源方面出现明显的两极分化。数据鸿沟实质是信息资源的分配不公平与不平等。在国际上，信息鸿沟容易形成信息霸权，即信息富有的强国控制国际舆论，对信息匮乏的国家在信息方面存在操控或干涉等行为；在国内，信息鸿沟容易诱发社会矛盾，不利于和谐社会的构建。

因此，数据鸿沟已不只是国家间或国家内部在信息基础设施、数字技术的使用、电子化服务方面存在差别的问题，它牵扯整个社会的贫富差距、信息资源多寡和资金、文化、就业、生活质量等问题，牵扯国家或地区科技参与能力的强弱、经济的增长方式等更深层次方面的社会问题。我们必须认真审视数据鸿沟带来的严重社会后果，把它作为一项巨大的系统工程、一个严峻的社会问题来考察。

【案例导入】数据泄露导致 5 亿用户信息被盗

2016 年雅虎公司声称，两年前遭到黑客严重攻击，超过 5 亿用户的账户信息被窃取，这是迄今为止互联网公司公布的最大的个人数据盗窃案，超过 5 亿用户的账户信息(美国网民占大多数，账户信息包括姓名、电邮、手机号、出生日期、安全问题与答案等)被盗。

实际上，数据泄露快成为互联网公司最常见的安全问题了。2015 年 10 月，网易邮箱被曝泄露大量用户数据。有媒体报道称，不少 iPhone 手机用户反馈，自己使用网易邮箱绑定苹果身份账号的手机被锁，并被远程删除数据。2016 年 6 月，大麦网也有用户声称数据泄露并遭遇诈骗，而随后大麦网称，网站遭遇撞库，将对用户损失进行赔偿。

只是这次，雅虎创造了史上最大单一网站信息遭窃的纪录。在账户信息遭窃的历史上，只有俄国黑客 2014 年窃取 12 亿账户信息的数据盗窃规模大于此次事件，但那是从数百个网站窃取的。就单一网站信息遭窃而言，雅虎稳坐第一。在此事件之前，排名前三位的单一网站用户信息泄露事件分别是 MySpace 的 3.6 亿、LinkedIn 的 1.67 亿，以及 Ebay 的 1.45 亿。

盗用用户的个人数字身份不仅直接侵犯了他人的数据信息所有权，而且侵犯了数字身份主体的主观意志，造成数字身份主体的财产和声誉双重受损，严重削弱了用户的个人权利和自由。

启发思考

(1) 大数据时代的伦理问题应如何应对？
(2) 大数据时代，个人如何减少隐私泄露？

案例分析

最有效减少大数据伦理问题发生的办法是不断创新科技。加强隐私保护和信息安全，需要通过加强事中与事后的监管实现。但最有效加强隐私保护和信息安全的方法是技术的预先保护。首先，应鼓励以技术进步来消除大数据技术的负面效应，从技术层面提高数据安全管理水平。对涉及个人隐私方面的信息数据进行加密和认证保护。将隐私保护和信息安全技术作为技术开发过程中的重点。其次，加强隐私监管保护机制。进一步完善大数据发展战略，明确规定大数据产业生态环境建设、大数据技术发展目标以及大数据核心技术突破等内容。最后，加强隐私保护意识。大数据时代，人们的思想观念也随之发生变化，一些网络用户喜欢在网络平台上分享自己的日常生活，在拉近与他人之间的关系的同时，一些隐私信息也暴露在公众平台上，若是被有心之人恶意利用，很容易造成财物的丢失与信息的盗用。因此，大数据时代，我们要更加树立隐私意识，在分享快乐的同时，保护自身的信息安全，防止个人信息被有心之人利用。并在此过程中，不断提高广大人民群众的网络素养，逐步消弭数据鸿沟。

10.3　信息与大数据技术的伦理原则

伦理原则是处理人与人、人与社会、社会与社会之间利益伦理关系的准则。不同的伦理思想下的人们，对合乎道德行为的认识不一样，选择遵循的伦理原则也不一样。但从人类整体出发，工程伦理将社会成员整体的安全、健康及福祉放在首要地位。在网络信息社会，我们需要遵从以下几个原则，保障大数据技术在发展过程中使社会成员更好地享受应有的权利。

10.3.1　以人为本原则

大数据技术作为先进的科学技术手段，必须以促进全人类的幸福和提高全人类的生活水平为最终目的。必须确立人在大数据技术的研发、应用、创新过程中的全面价值取向。以全社会共同利益为出发点，增进人类福祉，尊重个体差异价值。坚持知情选择权，尊重人的自由选择的权利。信息收集必须得到当事人的同意授权，尊重个人对自身数据的决定权。普通公众与政府机构或掌握数据技术的组织相比，在数据决定方面处于劣势，但无论是公众还是机构、组织，保护隐私，均要做到为他人的信息保密，不侵犯他人隐私，尽力防止非法泄漏他人隐私，促使大数据技术朝人性化的方向发展。在大数据技术的发展中密切关注人的全面发展，弘扬科学精神，使科学精神与人文精神有机统一起来，只有这样才能使大数据技术更好地为人类服务。

10.3.2　责任与信任原则

网络社会作为人创造的另一个社会空间，和现实社会一样，具有一定的秩序和要求。网络社会的自由、开放性，使得更多的网民加入其中。我们在追求网络自由权利的同时，也要承担一定的义务和责任。在网络中，我们能够自由地对某一个或某一类的事件进行文字、图片、视频的编辑与传播，在发布这些信息内容时也应该能承担这些内容产生的负面影响。生活场景的多样性使个体在社会上的身份不断发生变化，无论我们如何变换社会身份或角色，遵守法律是社会公民应有的行为底线，承担责任、履行义务、行为合理、合乎道德是人的道德准则。因此，任何一个社会成员都应共同承担起建设安全、可信、平等、可及的大数据社会的责任，避免在发明、使用过程中对其他成员造成伤害，履行自身的社会职责。或者说，责任原则是指社会成员无论出于何种目的，都要为他所做事情的结果负责。

信任原则与责任原则是密不可分的。社会成员在网络注册时往往会提供一些较为敏感并具有识别个人身份的信息，这类信息能够很快被系统记录并收集，而后系统会通过各种技术手段向行为者提供推送服务等。也正因为如此，社会成员的个人信息也不断充斥在网络之中，技术故障、内部员工进行数据信息的买卖以及信息管理者操作不规范等会导致大量数据信息泄露，在事件曝光之后，各机构之间相互推卸责任，使信息提供者和信息采集者彼此间的信任度大大降低。信任原则以社会各成员都能较好履行自己的职责为前提，信息提供者为信息采集者提供所需数据；信息提供者相信他们能更好地管理和利用数据，而信息采集者相信能够通过这些数据为信息提供者提供更好的服务和多样的选择并获取更多的数据信息，可以说这是一种良性循环，使双方都能受益。因此，在大数据技术的未来发展过程中，每一个社会成员要牢牢地记住自己的责任。网络主体的责任意识也会在网络用户的信任下不断提高。

10.3.3　公正公开原则

公正原则要求对所有社会成员进行公平公正对待。应对有限的资源进行公平分配，以消除数字鸿沟和信息霸权为目标，让每个人公平公正地享受数据发展带来的便利，并且还要防止因数据泄漏产生的歧视和污蔑。同时，大数据技术的研发、设计、制造和销售等各个环节以及大数据产品的性能、参数和设计目的等相关信息，都应该是公开透明的，以保障公众对数据的知情权。

在大数据时代，信息权利的实现通常是不平等的，这主要涉及了三个方面的问题。其一，普通民众与大数据专业技术人员对大数据知识的了解与掌握程度不同；其二，作为信息采集者的信息商与信息提供者的民众在数据接触方面存在差异；其三，不同地区、不同经济、文化等差异造成数据资源分配的不公平。在数据采集、分析和使用的各个环节，国家对公众、企业对用户、团体对个人都应保持透明，避免暗箱操作。大数据时代是开放和共享的时代，数据在不断的分析和共享中能够实现新的价值，不同数据之间的相互作用与相互结合也可能会产生新的价值，所以，开放和共享是大数据未来的趋势。

【案例导入】H 市野生动物世界"人脸识别第一案"

H 市野生动物世界强制要求会员郭先生刷脸入园，并表示如果不进行人脸识别注册将无法入园也无法办理退卡退费手续。郭先生称，园区升级年卡系统后使用人脸识别，而个人生物信息属于敏感信息，一旦遭到泄露或滥用极易危害消费者人身和财产安全，并要求园区退还年卡费用。双方协商无果，郭先生最终将 H 市野生动物世界告上法庭。

当地人民法院二审公开宣判，H 市野生动物世界被判删除郭先生的面部特征与指纹信息。并鉴于野生动物世界停止使用指纹识别闸机，致使原约定的入园服务方式无法实现，故二审在原判决的基础上增判 H 市野生动物世界删除郭先生办理指纹年卡时提交的指纹识别信息并为其办理退费。

启发思考

(1) 人脸数据收集存在哪些伦理风险？
(2) 人脸数据收集应当遵循怎样的伦理原则？

案例分析

技术是一把双刃剑，人们在畅享技术带来的便利的同时，也面临着个人隐私泄露的风险。

其一，人脸识别生物信息无节制使用引发科技伦理问题。人脸识别生物信息具有唯一性、永久性，一旦被捕捉，不可替换，终身无法修改，而且一旦泄露即终身泄露，即便维权成功也难以恢复原状；公开外露的人脸在无感时就能被采集数据；该技术存在先天不可控性，企业安保水平与能力参差不齐，人脸照片、视频及伪造 3D 头套等都可能被机器识别。其二，人脸识别技术被大量使用，存在公共安全隐患。人工智能具有广泛渗透性和技术颠覆性。人脸识别的无限制使用可能带来严重的公共安全隐患，一旦被用于不法领域，势必危及公众人身与财产安全。

当今时代，人脸收集越来越普遍，进入小区需要"刷脸"，支付要"刷脸"，游乐园、写字楼、车站出入都要"刷脸"。在人脸信息收集过程中，需要遵循相应的伦理原则：一是无害性原则，即大数据技术发展应坚持以人为本，服务于人类社会的健康发展和人民生活质量的提高。二是权责统一原则，即谁搜集谁负责、谁使用谁负责。三是尊重自主原则，即数据的存储、删除、使用、知情等权利应充分赋予数据产生者。现实生活中，除了遵循这些伦理原则，还应采取必要措施，消除大数据异化引起的伦理风险。四是人道原则。人道原则强调人是一切的出发点，发展大数据时必须尊重人、关怀人，促进人的全面发展。大数据技术的应用、创新和研发必须以促进人的幸福和提高人的生活质量为最终目的。

10.4　信息与大数据技术伦理问题

10.4.1　信息与大数据技术伦理问题的成因

1. 信息与大数据技术使用主体伦理意识薄弱

大数据技术的普及与应用在给人们生活带来便利的同时，也使其商业价值属性得以呈现并日益受到信息主体的重视与青睐。在利益的驱使下，作为信息行为主体的"人"逐渐发生异化，发生弱化道德或违反信息伦理的行为。具体表现如下：其一，大数据技术带来的经济利益，使得作为大数据应用主体的"人"为了满足自身不断膨胀的私利，而漠视和侵犯他人利益，道德责任感丧失；其二，在信息活动中，人是信息行为的主体，而信息是客体，信息本身没有价值目标，只有人才能赋予信息价值属性。但是随着大数据技术的发展和人工智能设备的应用，人的主体地位被削弱，引发主体异化和弱化，具体表现为人对信息过度依赖，成为信息的奴隶，导致人的物质欲望高涨；其三，大数据技术的开放性与共享性，使其成为所有公民都可以利用的技术，虽为人们的生活带来便利，但也方便了道德责任感不强的使用者利用大数据技术谋取个人利益。

2. 信息与大数据技术本身的局限性

大数据技术不是完美无瑕的技术，它具有两面性，它既是大数据发展的动力，也具有先天的局限性。这些局限性成为大数据时代伦理问题产生的根本原因：其一，大数据没有自动甄别信息和管理信息的能力，无法保障信息源的真实性、可靠性与规范性；其二，大数据技术在推动海量数据的快速处理的同时，也为不良信息的传播提供了载体，数据共享更是增加了信息泄露和信息失真的可能性；其三，大数据技术的加密和匿名功能为不法分子提供了隐藏便利。

3. 外部规约的不足

大数据技术的迅猛发展下，相关法律和制度不能满足解决信息伦理问题的现实需要，信息活动中的法律机制不健全，道德自然也会失去坚强的后盾。具体表现如下：其一，伦理规范不统一。对于大数据的采集、存储、管理和使用方面，在大数据行业内部还没有形成一套完善和统一的伦理准则，所以大数据企业往往根据各自的标准，对个人隐私、信息安全和用户权利进行认定，这种采用多重标准的情况难免会引发冲突和伦理问题。其二，信息立法滞后。尽管我国陆续颁布了《互联网文化管理暂行规定》《互联网信息服务管理办法》《计算机信息系统安全保护条例》《中华人民共和国网络安全法》等一系列网络领域立法文件，但是在大数据时代，现存网络法律法规制定与法治化治理稍显不足。例如，诸多有关网络空间的立法依旧处于空白状态，网络立法范围狭窄、效力层次不高，操作性有待进一步加强。其三，社会监督机制缺失。由于大数据技术及其应用的迅猛发展，相应的社会监督机制存在滞后性，对大数据企业的行为缺乏第三方监督，这也是造成大数据伦理问题的原因之一。

10.4.2　大数据行为主体的伦理责任

网络技术的发展，使社会成员的观念产生变化。大技术的发展给社会正义带来了巨大的冲击，引发了贫富差距加大、代际生存危机、区域间发展的不均衡以及国际信息交互与协作不协调等问题。由于数据信息工程师、网络规划者以及用户在观念上的变化，这一类问题不断发生，这需要社会成员在整体的发展过程中树立公平的道德观念。在大数据技术的发展和使用过程中，要以社会主义核心价值观为引领，树立正确的网络道德观念，制定并完善网络社会的道德伦理体系。

1. 工程师职业伦理责任

工程师作为工程活动的灵魂人物，需要对工程活动中各方的利益进行协调和分配，尤其是在社会公众与其他利益相关者有利益冲突时进行协调或表达立场。在我国，工程师大部分受雇于政府、企业等，拥有职业人的身份，他们在产品开发、决策的问题上需要服从上级领导的命令，不管技术能力有多强，必须注重公司整体利益，否则工程师可能受到排挤或解雇。又由于工程师在社会中承担其他角色，是家庭正常运转的主要力量，在生活、家庭、教育等各方面有巨大的经济压力，许多工程师会更偏向于服从决策层的决定，提升受雇方的利益，有时可能使公众利益受到损害。随着这种思想长时间的发展与"传承"，在一些工程活动中，工程师更多地倾向于考虑如何为企业、自己以及投资方争取更大的利益，忽略与工程活动有关的成员、环境、其他公众的利益可能受到侵害的情况，使一些工程活动中的风险承担者与公众的利益得不到保障。久而久之，这种利益观念让工程师的观念发生了改变，即便后来技术不断发展、新事物的不断产生，工程师仍然更多考虑的是自身和雇主的利益，将公众利益置于脑后。虽然大数据技术相比以往工程活动，其利益群体并不多，但是数据工程师更多的仍是通过技术为社会成员提供便捷服务。

国外对于每个行业都有自己的职业伦理要求，他们都有自己的协会或组织机构，在承担工程活动中，赋予工程师更多的自主决定权，而且较少存在因公司利益受损而被雇主开除的情况。因此，国外将正直、公众利益、责任、公平、尊重等作为职业的伦理要求，例如美国计算机学会的工程师伦理准则要求是，为社会和人类福祉作出贡献；避免伤害他人；诚实可信；公正和非歧视行为等。而我国在职业活动中缺少能够保障工程师利益的组织，导致工程师在长时间的工作中形成一种将公司利益放在首位的情况。如果想要改变现有工程师的职业道德观，就要制定大数据时代的工程师职业制度。制定规范合理的制度，不仅是规范工程师的职责和具体要求的措施；而且是保障工程师的利益，避免企业和公众之间产生利益冲突的重大举措。这样工程师才能更好地为社会公众谋取更多福利，避免一部分人因某些原因无法使用新技术产品。

2. 信息使用者的道德义务

信息的使用是以整个信息活动为依据的，不存在任何一个企业或机构无缘无故地收集和使用数据，他们必然是出于某种目的，利用数据对猜想和预期结果进行验证。信息使用者主要包括政府、企业和社会成员。在现代社会的信息使用者中，拥有数据最多的是政府机构，因发展、安全、经济、保障等因素，会收集不同的社会成员的信息数据。同时，企业或机构也会收集用户的信息资料，对资料进行分析与预测，并提供对应的需求和服务。因此，这一类信息使用者是数据的富有者，掌握着社会、个人等的许多私有数据。由于网络社会的开放性，个人数据信息更加容易被获取，也正是这一因素，导致社会成员信息的泄露。

因此，构建信息使用者的道德义务需要保证信息的安全和真实，尊重每个人的基本权利。个人需要合理使用信息资源，明确自身责任与义务。只有改变原有利益至上的理念，构建新的道德观念，才能避免公众受到"伤害"。一个良好的道德观，既能规范自身行为，又能保障各方权利不受侵犯，为社会成员发展和使用新技术提供便捷，促进社会整体的发展，保证各利益集团的利益。

3. 企业的责任意识

什么是责任？责任是一种能力，是一种精神，是要求一个人在担任某一角色时履行应履行的义务，对自己行为的后果承担责任。随着新时代社会经济的发展，尤其大数据技术的快速发展，企业所提供的服务也在不断地增加，企业所承担的责任也将从企业之间变为企业对个人、社会、自然三者的责任。首先是企业对个人的责任，企业要对个人提供好的产品和服务，对每个个体都一视同仁，不能差别对待，尤其是要对一些弱势群体提供人性化服务，并且保障他们的权益不被侵害。其次是企业对社会的责任。企业在发展的同时要开拓和提供更好的社会公共福利，为更多的社会成员提供更优质服务并从整体上提升社会成员的生活质量，减少地区发展之间的不均衡问题，提供服务的同时要保障社会成员的信息安全和产权，善于利用并结合当地产业特点，融合自身的优势力量带动企业周边地区的社会成员的生活水平和生活质量的提高。最后是企业对自然的责任。企业在发展的同时也避免不了污染，那么企业需要不断优化技术和工艺，合理利用环境进行生产，尽可能地避免污染环境，保护自然平衡发展。

10.4.3　信息与大数据技术伦理问题的应对策略

随着信息与大数据技术技术的不断更新和发展，新的伦理问题也随之出现。需要及时、认真地审视我国信息与大数据技术发展带来的伦理问题，并围绕引发的伦理问题积极探索相关策略，提高公民的信息与大数据技术伦理意识，提升信息与大数据技术安全技术，强化信息与大数据技术相关社会机制，加强数据信息立法，完善信息与大数据技术伦理。

1. 提高公民的信息与大数据技术伦理意识

加强引导信息与大数据技术领域从业人员的伦理道德的培养，要坚持以中华民族核心价值理念——和谐为指导的发展方向，同时通过开展信息与大数据技术伦理道德教育，增强社会公众的自我保护意识。

1) 坚持以中华民族的和谐伦理思想为指导的发展方向

信息与大数据技术的发展和应用中，构建与现实社会的和谐关系是构建数字中国的基础。所谓"和谐"并不是说不存在矛盾，而是在法律和道德的约束下能够合理、有效地解决所发生的矛盾。理想的、和谐的社会环境应该是一个促进人全面发展的平台。社会上的每个人都能够在这个平台上享受展示和表达自我以及持续发展的机会。同时，和谐的社会环境必须以与时代发展相适应的伦理道德为指导、以法律制度为约束。和谐的社会环境有利于人们形成良好的道德修养，而动荡不安的社会环境则可能使人们放弃对道德修养的追求。

在引导信息与大数据技术领域的从业人员形成良好的伦理道德规范的过程中，我们应坚持社会主义核心价值观，把实现个人价值与社会发展和国家富强相结合的伦理意识加入新型和谐社会的伦理道德之中。必须坚持"以德治国"，在道德自律的指导下，推动信息与大数据技术产业的发展，提高从业人员的伦理道德修养，形成有利于信息与大数据技术发展的社会环境。

2) 开展信息与大数据技术伦理道德教育

在科学技术飞速发展的时代，仅仅依靠外部力量解决信息与大数据技术应用中伦理失范的问题，难以得到有效的结果，还需要从根源治理，增强社会公众的网络道德意识，减少或避免信息与大数据技术应用中的伦理问题。

由于信息与大数据技术的发展，人们原有的思维和观念也发生了变化。为使思想适应时代发展，公民要积极了解并关注信息与大数据技术的发展，自觉主动学习科技伦理知识，能够明辨是非，在面对信息与大数据技术应用中的伦理失范问题时，不受舆论的影响。① 政府方面，应鼓励信息与大数据技术相关专业学者举办相关讲座，帮助社会公众加深对信息与大数据技术的认识与理解；通过网络社交媒体等广泛宣传信息与大数据技术应用过程中应遵循的伦理道德规范及其重要性；通过树立典型，表彰信息与大数据技术领域表现优秀的工作人员，鼓励人们自觉向优秀典型学习并遵守信息与大数据技术伦理道德规范，提高信息与大数据技术伦理问题的治理水平。② 企业方面，开展从业人员信息与大数据技术伦理教育活动，提高从业人员对用户数据信息的保护意识，使从业人员形成良好的信息与大数据技术伦理意识，不得损害他人利益牟取暴利。③ 学校方面，加强信息道德教育，对于非信息与大数据技术专业学生，教师应教育学生合理使用网络工具和数据，规范网络行为；对于信息与大数据技术专业学生，除专业知识外，教师还须引导学生认识行业发展的重要性、不当的专业行为对他人和社会的危害以及自身的使命和责任。

通过社会各方面的努力，逐步形成以信息与大数据技术伦理道德为中心的道德规范，形成有利于信息与大数据技术发展的社会氛围。一般来说，在良好的社会氛围中树立良好的信息与大数据技术伦理道德意识，在面对新的伦理问题时，信息与大数据技术领域的从业人员能在该伦理道德意识的指导下作出正确的行为判断，从而有效地减少信息与大数据技术应用中的伦理问题。

3) 增强社会公众的自我保护意识

牛津大学教授维克托提出：数字技术和全球网络的发展正在瓦解我们天生的遗忘能力。但对人类而言，遗忘一直是常态，而记忆才是例外。大数据的信息力量让人类住进了数字圆形监狱。因此，社会上的每一个个体都要学会在网络活动中保护自己，增强自我保护意识。

增强个人隐私保护意识。信息与大数据技术的潜在好处容易影响网民的行为判断。用户沉迷于一种全新的网络体验，容易忽略其为个人隐私和安全带来的隐患。用户个人应有意识地保护自己的隐私，清楚认识到个人数据信息安全的重要性，阻止一切可能泄漏个人数据信息的方式。例如，用户应明确哪些网络行为可能暴露个人隐私，并在利益和伦理道德方面作出正确的价值选择和价值判断。

维护自身的合法权利。公众需要学习与信息技术、大数据相关的法律知识，充分意识到自身的合法数据权利，保护自己的合法权益。当自身数据权利受到侵犯时，采取有效措施保护自身合法权益，而不是任由侵犯个人隐私的行为发生。人们消极地对待侵犯隐私事件，保持沉默，不仅严重降低了侵犯隐私的成本，而且严重损害了整个社会的利益。只有加强保护自我隐私的意识，深入研究和理解关于保护隐私的法律法规，才能在数据权利受到侵害时，及时、准确地维护自身的数据权利。

坚持开放与共享精神。面对信息与大数据技术的广泛普及和应用，我们需要保持开放的心态，体验新兴科学技术带来的积极成果。数据信息资源共享是当今社会各领域发展的主旋律。与传统资源相比，数据信息资源通过共享后，数据的使用价值不仅不会减少，而会保持永恒甚至增加。在信息与大数据技术蓬勃发展的时代，大家要具备奉献精神和共享精神，使数据信息数量越来越庞大，类型越来越丰富，数据信息资源就越能发挥最大价值，不断促进人类社会的发展与进步。

2. 提升信息与大数据技术安全技术

有效预防信息与大数据技术应用中的伦理问题，加强对信息与大数据技术安全技术水平的提升是有效的治理办法，其中包括提高专业人员网络安全技术水平、提升公众网络安全技术能力和加强政府层面的防护技术投入，达到预防各类信息与大数据技术伦理问题发生的目的。

1) 提高专业人员网络安全技术水平

为了避免由于信息与大数据技术使用不当引起的伦理问题，最先要做的就是发展新的有关信息与大数据技术的安全技术，不断提高科技人员的科学技术业务水平。

首先，不断提高数据信息安全技术水平。社会需要建立一个更加安全的网络环境，消除影响信息与大数据技术安全发展的潜在威胁，不断创新和发展数据信息安全技术。在这个过程中，充分发挥政府的主导作用。政府可以建立信息与大数据技术研究基金，组织调动大学和研究所积极研究和发展信息与大数据技术，促进信息与大数据技术的不断升级。同时，政府加强与具有相关技术能力的高校和企业的合作，向专业人员提供实践机会，合理利用其研发成果。

其次，国家加强信息与大数据技术安全，完善信息与大数据技术管理流程。国家组织有关研究开发队伍，加强防火墙、漏洞扫描系统、计算机杀毒系统等网络信息安全设备的检测水平，通过改进数据信息销毁方案、分布式网络访问控制系统、攻击跟踪危险数据信息技术和数据信息访问审计技术，保证互联网关键部分技术节点的数据信息安全。同时，可以对相关的网络环境进行操作和技术控制，达到净化网络环境的目的。

最后，加强保护核心数据信息文件。对于涉及国家军事安全和经济安全的核心加密数据信息，根据其具体情况建立多级数据信息管理系统，限制相关数据信息管理员的个人最大权限，最大限度地维护数据信息安全，保证数据信息库的正常运行。

2) 提升公众网络安全技术能力

随着信息与大数据技术渗透到社会生活的各个方面，网络环境变得越来越复杂，因信息与大数据技术引发的数据信息安全事件越来越多。作为使用互联网的普通社会公众，也应了解网络安全的概念，学会使用常用的网络安全工具，养成良好的网络使用习惯，维护个人数据信息安全。

首先，了解网络安全的概念。网络安全不仅是计算机网络专业人员应该关心和学习的专业问题，也是社会公众需要关心的社会生活问题。部分用户的个人数据信息泄漏事件，实际上是由用户个人安全意识薄弱或用户自身操作不当引发的。因此，社会公众必须具备网络安全意识，注意维护个人数据信息的安全。

其次，学会使用常用的网络安全工具。当今社会，掌握相关网络技术的门槛很低，例如，黑客将存储秘密数据信息的电脑网络线连接电源线，便可以轻易窃取所有的数据信息。

或通过各种各样的攻击软件就可以恶意攻击安全防护等级低的网站，获取所需要的数据信息，损害他人的利益。为了避免损失，公众有必要学习一些简单易用的网络安全工具，保护个人的数据信息安全。

最后，养成良好的网络使用习惯。如果每个人都能摆脱不良的网络使用习惯，整个网络世界的安全性将大大提高。良好的网络使用习惯包括，在办公室或个人电脑安装安全管理程序，有规律地对电脑进行扫描、检查，并不断升级电脑安全系统；不轻易打开他人发送的不熟悉的网址或程序，以避免病毒入侵；不浏览不安全的网页和来源不明的电子邮件；在工作或与他人共享信息时注意保护数据信息，不要私自泄露重要的机密信息。

3) 加强政府层面的防护技术投入

国家关于科学技术的资金投入和政策出台，无疑是对科学技术创新最有力的支持。在信息与大数据技术快速发展的大背景下，对于加强网络信息安全技术、保护人们的隐私方面，政府的帮助和支持尤为重要。

一方面，政府须加大财政投入。为进一步推进政府数据信息安全保护技术的发展，政府必须提供一定的资金支持，拓展融资渠道，加大研发投入，不断更新软硬件系统，促进我国数据信息安全保护技术的提高。同时，通过合理的财政配置和支持，积极建设电子政务平台，进一步促进政府数据信息安全保护技术的发展。这是一个长期计划，意义重大。

另一方面，积极完善有关信息与大数据技术的安全技术标准和认证机制。目前，工业部门和行政部门已逐步建立了自己的信息与大数据技术平台，在未来几年，相关平台应用的数量将呈爆炸式增长，迫切需要建立与完善信息与大数据技术的安全技术标准和认证机制。具体包括：一是结合行业和地区的特点，从国家层面制定统一的有关信息与大数据技术的安全技术标准，重点在信息保密、权限控制、可信度筛选、安全保护、攻击源跟踪、数据信息管理和应急响应等方面形成基本的安全准则。二是各行业、各行政区域的管理部门根据各自的信息与大数据技术业务应用特点和安全保护要求，制定全国统一的各行业、各区域的信息与大数据技术的技术规范和保护标准，进一步规范信息与大数据技术在区域和行业中的应用。三是实现信息与大数据技术的安全认证机制，建立和完善信息与大数据技术的安全认证系统、认证机构。任何组织、企业和个人只有通过地区、行业指定的信息与大数据技术安全认证机构的评估和认证，才能够被允许在信息与大数据技术平台上开展有关信息与大数据技术的业务。

3. 加强信息与大数据技术相关社会机制

只有加强信息与大数据技术行业的自律机制建设，建立信息与大数据技术行业的奖惩机制，建立政府与公众的长效合作监督机制，才能更好地服务于社会的发展。

1) 加强信息与大数据技术行业的自律机制建设

国内信息与大数据技术行业的自律机制建设还存在不足，有必要提高现有的信息与大数据技术行业的伦理道德标准，加强相关行业的伦理道德建设。着重提高信息与大数据技术从业者的社会责任意识和道德自律意识，严格规范信息与大数据技术行业的实践活动，加强对信息与大数据技术领域的从业人员的监督和教育。

马克思说过，科学绝不是一种自私自利的享乐。有幸致力于科学研究的人，首先应该拿自己的学识为大家服务。这要求科技工作者利用先进的科学技术帮助人们解决问题，造福于人，提高人们的物质生活水平，充实人们的精神世界。科学技术工作者应按照伦理道德规范自己的科技行为，对科技成果承担伦理责任，不仅要为相关组织、企业的活动承担一定的工作责任，还要考虑自己所负责的技术是否会给社会带来风险。科学技术工作者必须具备良好的职业伦理道德，必须加快提升自身的道德素质，更加清醒地认识自己所应承担的伦理责任，更加积极地参与到信息与大数据技术伦理建设进程中。如果信息与大数据技术技术领域的从业者能够在技术的研究、应用和普及中始终遵循伦理道德规范，并能够参与新的伦理道德的形成，这将有力推进信息与大数据技术伦理建设。此外，收集数据信息的组织、企业必须告知被收集数据信息的一方，收集数据信息的用途、所需要承担的风险，并申请获得授权。任何数据收集者都不能利用非法手段获取用户的私人数据信息。另外，对于涉及个人隐私、组织秘密和国家秘密的数据信息，要求整个搜集、应用过程是公开、透明的，并接受全社会的监督。

2) 建立信息与大数据技术行业的奖惩机制

对于因滥用信息与大数据技术而造成侵犯、盗窃和贩卖公民个人数据信息、个人数字身份等的行为，政府应制定与法律法规适配且科学、有效的惩罚机制，有效规范信息与大数据技术行业行为。鼓励信息与大数据技术行业从业人士关注信息与大数据技术的伦理问题，使滥用公民个人数据信息的违法犯罪行为得到追究，严厉惩处侵犯公民个人数据信息资料的行为，增加违法犯罪分子的犯罪成本，减少有关信息与大数据技术的违法犯罪数量，这也是信息与大数据技术发展中保护个人数据信息不受侵害的关键点。

奖励可以通过税收激励方式来实现，严格依法经营的信息与大数据技术企业应比那些投机违反法律法规的信息与大数据技术企业获得更大的奖励。惩罚主要是加大惩罚的强度与力度。例如，对于非法收集和使用个人数据信息的信息与大数据技术企业，可以采取"公示"和"列入黑名单"的措施，使有问题的信息与大数据技术企业失去用户市场，若其行为恶劣，构成严重犯罪，还应处以吊销营业执照等惩罚。另外，加大对信息与大数据技术产业引发的伦理问题的发现力度、曝光力度和惩罚力度，根据具体情节和所造成的后果，依照法律法规的规定，依法给予警告、罚款、吊销营业执照等处罚，确保违法的信息与大数据技术企业受到的惩罚远远大于非法使用用户私人数据信息产品所获得的经济利益。只有这样，惩罚措施才能对信息与大数据技术行业的非法活动形成有效的威慑，从根本上切断犯罪分子的犯罪思想，实现净化信息与大数据技术行业发展环境的目标，促进信息与大数据技术行业健康、规范的发展，使保护公民数据信息的安全目标达成。

3) 建立政府与公众的长效合作监督机制

政府和公众的协调监督能够更好地发挥法律法规和伦理道德对信息与大数据技术发展的重要作用。政府在进行具体工作的过程中，需要注意以下两个方面：

一方面建立管理信息与大数据技术应用的研发机构。信息与大数据技术的发展和应用仍处于自由市场之下，只要具备一定的经济资源，就可以开发、利用信息与大数据技术，从而获得商业效益。在这种情况下，信息与大数据技术的发展和应用很容易失控，造成负面影响。因此，有必要建立管理机构，制定相应的技术研究和应用标准，坚持以人为本的理念，坚持促进人的全面发展。同时，有必要明确监管机构的独立性、权责关系和监管方式。

另一方面，建立公众参与的监督制度。信息与大数据技术的应用具有社会化特征，社会中的每个个体都将成为信息与大数据技术应用的受益者。建立有关信息与大数据技术的管理监督机构，让公众参与信息与大数据技术的管理监督工作，并为他们提供一个表达诉求的平台。

建立长效协同监督机制需要政府和社会各方的共同努力。首先，政府必须有协调意识和监督意识。政府作为长效协同监督机制的领导者，必须充分发挥其引导作用，采取多种方法和措施，鼓励公众参与信息与大数据技术应用的监督过程，如聘请公众代表来担任信息与大数据技术监督员，参与企业信息与大数据技术应用过程等。其次，要充分发挥社会公众在信息与大数据技术应用过程中的监督作用。建立长效协同监督机制不能只靠一方的努力，双方都必须充分发挥各自的作用。公众监督比政府监督更为广泛，公众监督方式可引导信息与大数据技术的应用朝着更符合公众利益的方向发展。信息与大数据技术的普及化应用将广泛涉及公众的切身利益。作为社会的一员，为了维护自身利益和全社会的利益，需要参与信息与大数据技术应用的监督过程，努力保障信息与大数据技术的健康发展。

4. 加强数据信息立法，完善信息与大数据技术的伦理道德规范

信息与大数据技术伦理只是社会层面的一种软控制手段，它的实施取决于人们的主动性。在解决涉及使用信息与大数据技术引发的违法犯罪案件时，信息与大数据技术的伦理道德规范的力度较薄弱，只有通过健全相关法律法规，适时发挥法律法规的影响力，才能促进信息与大数据技术的健康发展。

1) 平衡各方利益，实现双赢

在信息与大数据技术的具体应用中，不同社会群体对个人数据信息的利益诉求不同，同一社会群体对个人数据信息的利益诉求也不同。就公众而言，公众有保护个人数据信息的意识，但不能被剥夺个人数据信息使用的便利，如数据信息查询、个人的身份信息验证和个性化服务等。就商业组织和从业人员而言，不仅要通过收集和使用个人数据信息为商业组织创造更多的商业价值和社会价值，而且还需要法律保护他们所持有的数据信息，防止他人非法剥夺和使用。就国家而言，国家、社会的发展需要使用各方的数据信息，不断提高治理能力和治理水平。同时，国家也要加强对信息与大数据技术相关行业及从业人员的管理，加强对各方数据信息的保护，防止包括政府机关在内的各种组织、企业和个人肆意侵犯个人数据信息，并承担保护个人数据信息的责任。

在信息与大数据技术快速发展的过程中，国家不仅需要利用数据信息促进社会发展，而且需要保护数据信息，有效管理信息与大数据技术产业的发展。因此，在立法过程中应注意协调不同利益相关者之间的关系，合理有效地协调个人数据保护同信息与大数据技术发展的关系。

2) 实行差异原则，突出规制重点

一方面，个人数据信息是信息与大数据技术分析的原材料，其使用价值是在不断开发利用的过程中逐渐显现出来的。个人数据信息的使用已成为不可阻挡的趋势。通过充分流动、共享和交易个人数据信息可实现其价值的最大化，但是，不合理地使用个人数据信息可能会损害当事人的隐私权和其他权利。

　　个人隐私和个人数据信息是相互关联的，但两者之间也存在差异，例如，法律对二者的保护存在差异。一方面，必须区分数据信息的类型。个人数据信息叶，机构或个人可分为敏感性、重要性和一般性三个等级的数据信息。保护不同等级的个人数据信息在保护态度、开发利用水平、侵权责任等方面存在差异。例如，对于敏感和重要的个人数据信息，应予以高强度的保护，在收集、处理、转移、及时删除和其他实践过程中应严格依据法律执行。而对于一般性的个人数据信息，应在最大限度上发挥其在社会公共管理、商业等方面的价值与作用，但应防止不当使用。另一方面，有必要区分数据信息的收集和利用等环节。收集和利用是个人数据信息应用过程中的两个主要环节。与收集数据信息相比，非法使用个人数据信息(这里泛指数据信息)是当前个人数据信息遭到侵犯的最常见现象。从问题导向入手，区分数据信息的收集和利用，认识到数据信息的利用是目前最需要控制的环节。在这方面，需要根据所收集的数据信息的性质和范围建立适当的应用条件，并加快制定关于收集和使用数据信息的条例；在收集特别敏感性的数据信息之前，需要获得有关部门的授权；数据信息采集人员应具备相应的专业资质，并明确其权利、义务和法律责任，数据采集人员不应无边界地采集自己想要的数据信息，需要遵守法律法规所规定的数据采集范围、方法等。

　　3) 体现域外保护法律效力，加强国际协作

　　网络空间是一个国际空间，我国对个人数据信息的保护与世界各国的法律法规密切相关，在个人数据信息保护领域，域外保护法律效力和国际协作的程度受到广泛关注。

　　一方面，当前我国在新兴商业形式、个人数据信息产业等方面的发展位居世界前列，因此个人数据信息保护中的域外保护法律效力十分突出，许多关于保护个人数据信息的国家法律都包含域外内容。在这方面，我国同样应考虑有关公民个人数据信息保护的立法。在保护公民合法权益的同时，国家战略层面的数据信息安全也应得到保护。

　　另一方面，当今世界呈现高度一体化的发展趋势，国内立法必须考虑国际环境，注重法律的域外效力，如通过签署双边协议等方式加强国际交流与合作，共同处理信息与大数据技术应用中与个人数据信息安全有关的各种问题。

　　解决信息与大数据技术的伦理问题是一个漫长的过程，在未来的发展中继续讨论信息与大数据技术的伦理问题，不断跨越信息与大数据技术行业所面临的伦理困境，寻求提升信息与大数据技术领域从业人员职业伦理的有效途径，促进信息与大数据技术不断创新，更好地为人们的社会生活服务。

【案例导入】大数据"杀熟"事件

　　随着互联网技术的日新月异，各种在线购票软件逐渐受到人们的推崇，点一点就可以完成在线购票、退票、订房等业务，让更多人享受到"指尖上的便利生活"，但是最近陈先生在某出行软件购票时却遇到了奇怪的现象。

　　据陈先生称，3 月 10 日 10 点 47 分在购票软件首次搜索机票时，价格显示 17 548 元，准备支付时却发现自己没有选择报销凭证，然后就退回去修改了，再去支付却发现被告知

没有票了。当他重新搜索时，价格却变成了 18 987 元，竟比之前高出近 1500 元。陈先生不禁想起以前看到过的网站杀熟，于是他退出、再登录、再查，看到的还是同样的价格。随后，他又在其他购票软件上查询，同样的行程，价格竟然比上一个软件要便宜不少。

于是，陈先生联系了官方，却得到了这样的回应：全球购票系统中，每一次点击"支付"，即便是没有付款，都会暂时预定空位，如不付款，这个"占位"将于 40 分钟后释放回系统。由于陈先生第一张订单没有支付，但是已经"占位"完成，所以才会导致搜索出现无票的情况，在无票的情况下，系统又自动推荐了更高舱位的机票，并承诺绝不存在"大数据杀熟"的现象。但是令陈先生不解的是，为什么机票重新查询价格会变呢？某研究员给出的答案是：这主要是由数据传送的缓存问题引起的。一是航司变价导致的，尤其是国际航班，由于全球旅客都在搜索预订，舱位和价格变化更为频繁；二是航空公司在 GDS(全球分销系统)上更新不及时，造成了两次查询价格不一致的现象。

除了不同购票软件搜索同一行程出现不同价格外，购物软件也被质疑存在"杀熟"现象。韩女士在某电商平台购物，下单时使用的是自己已经用了 12 年的账号，价格显示为 122 元；结账时用了另一部不常用的手机账号结账，却发现便宜了 25 元。后来仔细一看，发现该电商平台给普通账号派发了一张"满 100 减 25 的优惠券"。这时，韩女士非常气愤，于是向客服投诉。客服表示："系统会跟进账号信息，会向新用户自动发放优惠券"。韩女士觉得这就是"大数据杀熟"。

面对消费者的质疑，互联网企业应如何修正其在消费者心中的形象呢？

启发思考

(1) 网络平台的"大数据杀熟"行为会对我国社会经济产生什么危害和影响？

(2) "大数据杀熟"发生的诱因是什么？

(3) 如何应对信息技术发展导致的伦理问题？

案例分析

所谓"大数据杀熟"，通俗来说就是平台(主要是电商平台，例如案例中的某购票平台)充分利用自身所掌握的大数据技术对消费市场进行更为精准与细腻的划分，在此基础上主要对熟人(习惯、依赖该平台的较为忠诚的用户)进行不当的利益宰割，从而使大数据技术成为部分经营者追求超额利润的有力工具。

在大数据时代，各网络平台的"大数据杀熟"行为更加隐秘和复杂，其利用大数据将经济利益、工具理性置于社会责任和伦理规范之上，引发了一系列的信息伦理问题。如何应对"大数据杀熟"呢？

第一，互联网平台层面。遵守行业内部运作规范是互联网网络空间经营者的义务，所以平台要以负责任的创新态度去推进大数据技术的发展与应用，平台的算法工程师、科研工作者群体也要以负责任的创新态度审慎地对待大数据技术。首先，平台在获取用户信息时，要建立健全差异化保护机制。例如要区分敏感信息和非敏感信息，对于身份证号码、手机号码、银行账户密码等敏感信息，应禁止收集、共享，并且保证在每次收集时都向数据原主明确告知数据收集与使用的范围并取得用户的单次授权。其次,平台内部应建立自律制度,加强对用户信息的保护,减少用户过度让权的情况发生。

第二,消费者层面。用户需要培养独立思考与批判的能力,提升自身权利意识。首先,消费者对一些违反法律法规、职业道德的行为要有足够的敏感度,只有意识到这种行为是不合理的,才能及时发现问题并捍卫自身合法权利。例如,案例中的陈先生就及时意识到了这一点,才引起了相关部门的重视。其次,消费者需要提升自身维权意识。消费者通过媒体、短视频等平台,了解"大数据杀熟"案例以及维权途径,形成自身伦理意识,善于并敢于维权。

第三,加强社会管理监督。发挥社会管理监督的引领作用,是实现大数据背景下网络信息伦理问题治理的重要保障。首先,建立常态化的信息伦理制度、信息伦理责任评价体系,普及信息伦理知识,加大信息伦理宣传教育。其次,加强和完善信息活动相关法律。法律是道德的保障,信息空间的伦理准则、伦理标准和伦理规范需要法律规制,而我国的信息立法相对大数据技术的发展存在滞后性。这就要求国家和政府通过统筹协调、共同商榷的方式出台大数据保护、交易方面的相关法案与惩处标准,建立健全大数据相关的法律法规,在制度层面约束互联网平台收集、利用数据信息的行为,规范其定价行为,使大数据的发展有法可依、有法可行。

思 考 与 讨 论

1. 信息与大数据技术伦理困境有哪些?
2. 信息与大数据技术伦理问题的诱因是什么?
3. 应对信息与大数据技术伦理问题的策略有哪些?

本 章 小 结

信息与大数据技术应用中存在隐私安全、数字身份困境、信息污染、数据异化、数据鸿沟等方面的伦理问题。信息与大数据技术伦理问题的成因主要包括信息与大数据技术使用主体伦理意识薄弱、信息与大数据技术本身的局限性和外部规约的不足。在遵循以人为本原则、责任与信任原则、公正公开原则的前提下,从提高公民的信息与大数据技术伦理意识、提升信息与大数据技术的安全技术、强化信息与大数据技术相关社会机制、加强数据信息立法等方面采取应对策略。

本章参考文献

[1]　BRANDEIS L D，WARREN S D，CHEMERINSKY E. 隐私权[M]. 宦盛奎，译. 北京：北京大学出版社，2014.

[2]　MAYER-SCHÖNBERGER V，CUKIER K. 大数据时代：生活、工作与思维的大变革[M]. 盛杨燕，周涛，译. 杭州：浙江人民出版社，2013.

[3]　巴拉巴西. 爆发：大数据时代预见未来的新思维[M]. 马慧，译. 北京：中国人民大学出版社，2012.

[4]　王海明. 伦理学原理[M]. 北京：北京大学出版社，2001.

[5]　李仁武. 制度伦理研究：探寻公共道德理性的生成路径[M]. 北京：北京大学出版社，2009.

[6]　杨建国. 大数据时代隐私保护伦理困境的形成机理及其治理[J]. 江苏社会科学，2021(1)：142-150.

[7]　付立华. 大数据与司法社会治理：应用及其伦理[J]. 山东社会科学，2021(4).

[8]　陈仕伟. 大数据时代透明社会的伦理治理[J]. 自然辩证法研究，2019，(06)：68-72.

附录　ASCE1996年修订的涉及环境的条款

美国土木工程师学会(ASCE)1996年修订的规范中涉及环境的条款如下。

准则1：工程师应把公众的安全、健康和福祉放在首位，并且在履行他们的职业责任的过程中努力遵循可持续发展的原则。

在这一准则下，4项条款进一步说明了工程师对于环境的责任：

c. 工程师一旦通过职业判断发现情况危及公众的安全、健康和福祉，或者不符合可持续发展的原则，就应告知他们的客户或雇主可能出现的结果。

d. 工程师一旦有根据和理由认为，另一个人或公司违反了准则1的内容，就应以书面的形式向有关机构报告相关信息，并应配合这些机构，提供更多的信息或根据需要提供协助。

e. 工程师应当寻求各种机会积极地服务于城市事务，努力提高社区的安全、健康和福祉，并通过可持续发展的实践来保护环境。

f. 工程师应当坚持可持续发展的原则，保护环境，从而提高公众的生活质量。